Das große Buch vom Schnitzen

Richard Bütz

Das große Buch vom
Schnitzen

Otto Maier Ravensburg

Ich möchte allen Holzschnitzern danken, die mir im Laufe der Jahre ihre Zeit und ihre Erfahrung zur Verfügung gestellt haben. Ihre Bereitwilligkeit, die Geheimnisse ihrer Zunft mit jungen Holzschnitzern zu teilen, wird die Kunst des Holzschnitzens vor dem Vergessen bewahren.
Auch möchte ich allen danken, die mir dabei behilflich waren, historische Abbildungen für dieses Buch zu beschaffen, insbesondere Darrel D. Henning von Vesterheim, The Norwegian-American Museum, Mary Doherty vom Metropolitan Museum of Art, Tom Shelton vom Institute of Texan Cultures in San Antonio, Ed Gallenstein, dem Präsidenten der National Woodcarvers Association, sowie Craig und Alice Giborn und den Angestellten des Adirondack-Museums.
Ferner möchte ich meinem Nachbarn Emery Savage für all seine Hilfe und Unterstützung danken.
Und ein Dankeschön auch an Ellen, meine Frau, für die vielen Stunden, in denen sie für mich als Fotografin tätig war, sowie an meine Tochter Juliana für ihre Geduld und ihr Verständnis, die sie mir in den vergangenen drei Jahren, in denen ich so eifrig beschäftigt war, bewiesen hat.

Richard Bütz

Die Originalfassung erschien 1984 unter dem Titel »How to Carve Wood«

Übersetzung: Karl H. Schneider
Bearbeitung: Sabine Sarre
Redaktion: Lothar Beyer
Alle Fotografien stammen, sofern nicht anders vermerkt,
von Richard und Ellen Bütz
Illustrationen: C. Heather Brines
Umschlag: Ekkehard Drechsel, BDG
Gesamtherstellung: Appl, Wemding
Printed in Germany

91 90 89 88 5 4 3

ISBN 3-473-42557-5

Inhaltsverzeichnis

Ellen gewidmet für ihre Hilfe, ihr Verständnis und ihre Unterstützung.

Einleitung

Um schnitzen zu können, muß man kein erfahrener Handwerker oder Künstler sein. Man braucht eine angeborene Neugier, den Willen zum Lernen und etwas Muße. Im Gegensatz zu anderen künstlerischen Betätigungen benötigt man auch keine große Ausrüstung, sondern man kann mit einem Taschenmesser und einem Stück Holz beginnen. Jahrhundertelang bereits haben Menschen überall auf der Erde mit diesen Mitteln Dinge von eigenständiger Schönheit geschaffen. Andererseits kann man sich aber auch im Laufe der Zeit eine ganze Anzahl verschiedener Schnitzwerkzeuge zulegen und mit ihrer Hilfe ausgereifte Kunstwerke herstellen. Die Möglichkeiten, die Holz bietet, sind grenzenlos.

Ich schrieb dieses Buch für alle, die sich für die Kunst des Holzschnitzens begeistern und sie meistern wollen. Man findet in ihm nicht nur die Informationen über die benötigten Werkzeuge, über Hölzer und Formgestaltung, sondern erhält auch Anleitungen, mit deren Hilfe man die Fertigkeiten erwirbt, die die Grundlage für das Holzschnitzen bilden. Das Geheimnis besteht darin, seinen eigenen persönlichen Stil zu entwickeln, indem man sich so lange mit den Werkzeugen und Techniken befaßt, bis man vollkommen vertraut mit ihnen ist. Erst danach verfügt man über die erforderliche Geschicklichkeit bei der Formgebung des Holzes. Als Anfänger sollte man mit den Kapiteln Figurenschnitzen und Kerbschnitzen beginnen. Gehen Sie dann im Buch weiter voran, so werden Sie merken, daß die Aufgaben komplizierter werden. Aber wenn Sie erst einmal die grundlegenden Fertigkeiten erworben haben, wird das Ganze nicht mehr zu schwierig sein.

Jeder einzelne Arbeitsgang wird am Anfang eines Kapitels beschrieben und dann im weiteren Verlauf Stufe um Stufe erläutert. Die Bildbeispiele sind so gestaltet, als führte man selbst die Werkzeuge oder sähe dem Schnitzer über die Schulter. Am Ende eines jeden Kapitels werden für die angeführten Beispiele eine zusammenfassende Übersicht gebracht und weitere Anwendungsbeispiele genannt. Man sollte sich nicht gezwungen fühlen, jedes Beispiel genau zu kopieren, sondern es nach Möglichkeit variieren. Noch besser ist es, sich selbst etwas einfallen zu lassen.

Ich wünsche allen Lesern viel Freude beim Durcharbeiten des Buches. Dies muß keinesfalls Seite für Seite geschehen. Wenn Sie beim Durchblättern ein Anwendungsbeispiel finden, das Ihnen besonders gefällt, fangen Sie ruhig damit an.

Möge Ihnen dieses Buch ein hilfreicher Führer sein, tiefer in die Geheimnisse des Holzschnitzens und die Befriedigung, die es vermitteln kann, einzudringen.

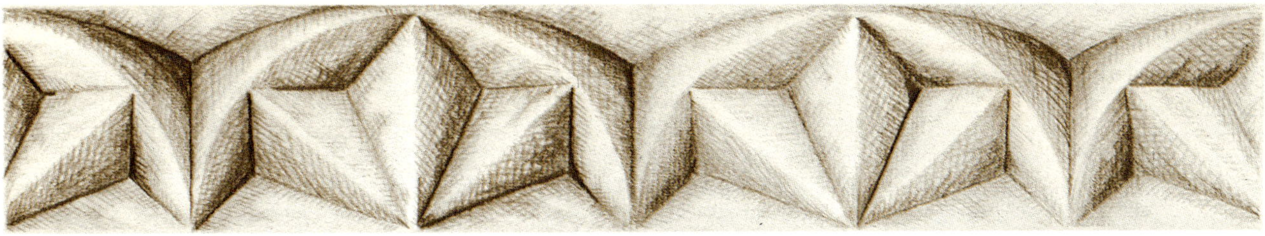

Das Werkzeug und der Arbeitsplatz

Seit jenen längstvergangenen Tagen, in denen unsere altsteinzeitlichen Vorfahren sich das erste Mal eines scharfkantigen Steins bedienten, hat sich unsere Fähigkeit der Benutzung von Werkzeugen ständig weiterentwickelt. Die Möglichkeit, uns Werkzeuge geschickt zunutze zu machen, ist die Quelle unserer Macht geworden, unsere Umwelt zu verändern, und ist letztlich das, was den Menschen vom Tier unterscheidet. Wir Menschen haben die Gabe, schöpferisch tätig sein zu können. Wir können Ideen verwirklichen, wir können Substanzen so formen, daß sie Gestalt annehmen. Und dann können wir zurücktreten und uns an dem erfreuen, was wir geschaffen haben. Wer weiß, vielleicht würde auch meine Katze gerne holzschnitzen – aber Katzen sind dazu einfach nicht in der Lage, denn ihnen fehlen die körperlichen Voraussetzungen, Werkzeuge in den Griff zu bekommen. Jacob Bronowski, Autor von »Ascent of Man«, beschreibt das so: »Das charakteristische Merkmal des Menschen ist dieVervollkommnung seiner werkenden Hände ...«. Vielleicht sollte man noch präziser sagen, daß sein charakteristisches Merkmal die Vervollkommnung der von ihm benutzten Werkzeuge ist.

Werkzeuge sind das A und O des Holzschnitzens. Früher oder später werden Sie eine geradezu innige Verbindung zwischen ihnen und Ihren Händen feststellen. Je stärker diese wird, desto größer wird auch Ihr Respekt vor den Werkzeugen sein. Ein solches Gefühl werden Sie jedesmal dann bekommen, wenn Sie die Werkstatt eines erfahrenen Holzschnitzers betreten. Das enge Verhältnis, das ein Holzschnitzer zu seinem Werkzeug hat, ist förmlich zu wittern. Umfangen von dem würzigen Wohlgeruch seiner Schnitzereien, werden Sie lange Reihen von Hobeln und Stecheisen entdecken, mit Heften und Griffen, die vom langen Gebrauch wie poliert wirken. Ein Gefühl der Ehrfurcht wie in einer alten Landkirche wird Sie ergreifen.

Respekt vor seinen Werkzeugen ist das, was einen ernsthaften Holzschnitzer von den weniger ernsthaften unterscheidet. Bei letzteren sehen die Werkzeuge alle stumpf und schartig aus. Hier und da sind sie sogar etwas angerostet. Ihre Griffe sind abgestoßen und abgenutzt – ein sicheres Zeichen, wie gleichgültig sie behandelt wurden. So, wie ein Holzschnitzer sein Werkzeug behandelt, geht er meist auch mit seinen Schnitzstücken um. Auch sie werden in diesem Fall unvollständig und unvollkommen sein. Für gewöhnlich wird dies einfach auf einen Mangel an Erfahrung zurückzuführen sein. Sobald der Holzschnitzer ein Gefühl für die Beziehung zwischen dem Zustand seines Werkzeuges und der Qualität seiner Schnitzereien bekommt, wird sich das ändern.

Das Werkzeug sollte immer in gutem Zustand, die Werkbank gut aufgeräumt und der Arbeitsplatz hell erleuchtet sein, dann wird Ihnen die Arbeit gut von der Hand gehen und ihre Qualität sich ständig verbessern.

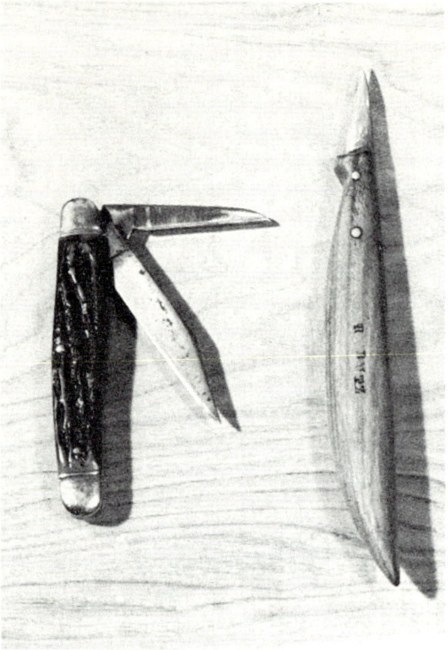

Ein Taschenmesser mit zwei Klingen (links) und ein umgearbeitetes Kerbschnittmesser.

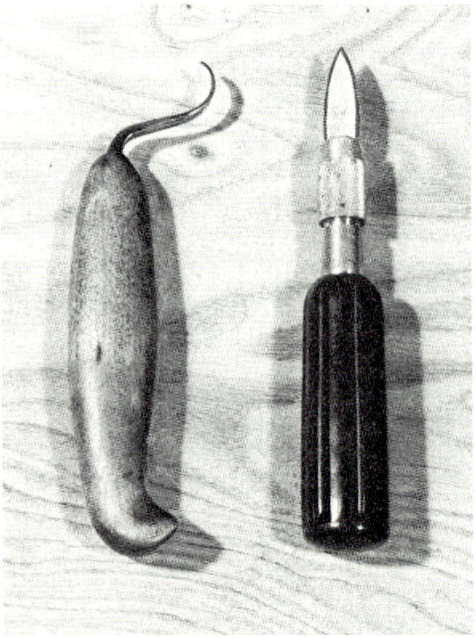

Ein auf Bestellung gefertigtes Messer für das Aushöhlen des Holzes unter den Federn von geschnitzten Vögeln (links) und ein sogenanntes X-acto-Messer mit auswechselbaren Klingen (rechts).

Aber denken Sie immer daran, daß Sie die Schnitzereien erschaffen, nicht Ihre Werkzeuge. Lassen Sie sich nicht von einer scheinbar endlosen Zahl benötigter Werkzeuge entmutigen, und verschwenden Sie Ihre Zeit nicht damit, mehr Werkzeuge zu sammeln, als Sie überhaupt einsetzen. Sie müssen nicht alle Werkzeuge zum Holzschnitzen, die Sie im Laufe Ihres Lebens vielleicht einmal benötigen werden, auf einmal anschaffen. Ein paar sorgfältig ausgesuchte werden Ihnen am Anfang nützlicher sein als Regale voll bester Spezialeisen, die Sie aber gar nicht benutzen. Es genügt, mit einem guten Messer und einigen Bildhauereisen zu beginnen. Dann können Sie sich nach und nach je nach Bedarf weiteres Werkzeug anschaffen. Auf diese Art kommen Sie zu einem Werkzeugbestand entsprechend Ihren eigenen Bedürfnissen.

Achten Sie beim Kauf der Werkzeuge darauf, daß Sie die besten nehmen, die Sie sich leisten können. Es nützt überhaupt nichts, wenn man mit einem Werkzeug arbeitet, das rasch stumpf wird oder sich gar verbiegt. Gutes Handwerkszeug ist teuer. Das war schon immer so. Aber obwohl billige Werkzeuge oft nur die Hälfte oder gar ein Drittel der besseren kosten, zahlt sich die Anschaffung der teureren Werkzeuge bald aus. Man kann zwar manchmal einen guten Gelegenheitskauf tätigen, besonders bei gebrauchten Werkzeugen, aber am besten sollte man sich immer an einen zuverlässigen Fachhändler halten. Gute Werkzeuge, die in gutem Zustand gehalten werden, halten ein ganzes Leben und ermöglichen Ihnen, hervorragende Schnitzereien zu schaffen.

Ich gebe zunächst eine kurze Erläuterung der Werkzeuge, die für die im Buch beschriebenen Anwendungsbeispiele benötigt werden. Die zusätzlich speziell benötigten Werkzeuge und Materialen werden zu Beginn eines jeden Kapitels beschrieben.

Messer

Das erste Werkzeug, das Sie zum Holzschnitzen benötigen, ist ein Messer. Messer werden für alle Arten von Schnitzereien gebraucht, für das Figurenschnitzen, das Schnitzen von Ornamenten (Kerbschnitt) und die Nacharbeit von Details beim Reliefschnitzen. Sie werden vermutlich die meistgebrauchten aller Ihrer Werkzeuge sein.

Es gibt die verschiedensten Arten von Messern, die alle gleich nützlich sind, doch die meisten Holzschnitzer gewöhnen sich rasch an ein bestimmtes Messer, das sie für alle vorkommenden Arbeiten benutzen. Für herkömmliche Arbeiten genügt ein Taschen- oder Klappmesser oder ein Schnitzmesser mit feststehender Klinge, vorausgesetzt, der Griff ist groß genug, um gut in der Hand zu liegen. Ich selbst benutze ein deutsches Schnitzmesser, das ich, wie auf Seite 72 erklärt, durch Verkürzung der Klinge und Umformung des Griffes etwas umgearbeitet habe. Ein sogenanntes X-acto-Schnitzmesser ist für normale Arbeiten gleich gut geeignet.

Die Klinge des Messers sollte aus hochwertigem gehärtetem Stahl sein, der länger scharf bleibt als rostfreier Stahl. Für gewöhnlich sollte sie nicht länger als 4 cm sein, denn eine längere Klinge ist schlechter zu handhaben, weil dann der Hebelansatz weiter entfernt vom Werkstück liegt. Außerdem wird ja nur ein verhältnismäßig kleines Stück einer Klinge überhaupt zum Schnitzen benutzt. Die zusätzliche Länge ist deshalb nutzlos und darüber hinaus auch noch eine mögliche Gefahrenquelle.

Auch auf besondere Bestellung angefertigte Messer sind in vielen verschiedenen Ausführungen erhältlich, dem Verwendungszweck angepaßt. Ein Beispiel dafür ist das Messer, das ich mir für das Aushöhlen des Holzes unter den Federn bei Vogelschnitzereien anfertigen ließ (auf dem unteren Foto links). Dahin kommt man weder mit einem Messer mit gerader Klinge noch mit einem Bildhauereisen. Dieses Messer erspart mir eine Menge Ärger.

Einige wenige der vielen verschiedenen Arten von Hohl- und Flacheisen, die man beim Holzschnitzen verwendet. Von oben nach unten: ein 12 mm breites Ball- oder Flacheisen, ein 12 mm breites schräg ausgeschliffenes Flacheisen, ein 15 mm breites gerades Hohleisen Nr. 9, ein 20 mm breites Schwalbenschwanzeisen Nr. 5 und ein 50 mm breites gerades Hohleisen Nr. 7 (Tiroler Eisen).

Bildhauereisen

Diese Eisen sind die Seele des Holzschnitzens. Sie bestehen aus einem Stück Metall, das an der vorderen Kante geschärft und hinten in einem Stiel befestigt ist. Die Schneidkanten von Hohleisen sind über die Breite hinweg gewölbt, damit ihre Ecken sich nicht in das Holz graben und es zum Splittern bringen. Die besten Eisen sind handgeschmiedet. Dabei gibt es hunderte verschiedener Formen, die man nach Breite und Krümmung der Schneidkante einordnet. Die Breite wird in Millimetern angegeben, die Krümmung ist eine willkürlich festgesetzte Größe, die aus der Tabelle auf Seite 12 ersichtlich ist. Darüber hinaus kann die gesamte Klinge entweder gerade, gebogen oder gekröpft sein. Bei Bestellung eines Hohleisens muß man Breite und Krümmung angeben und sagen, ob die Klinge gerade oder gebogen sein soll. Beispielsweise bestellt man ein Hohleisen Breite 5 mm, Krümmung Nr. 9, gerade Klinge.

Ich selbst benutze meist ein sogenanntes Schwalbenschwanzeisen (auch Schweizer Eisen) mit sich verjüngender Klinge, wie rechts abgebildet, mit dem man gut in enge Stellen hineinkommt, ohne seitlich

Die Einzelteile eines Schnitzeisens

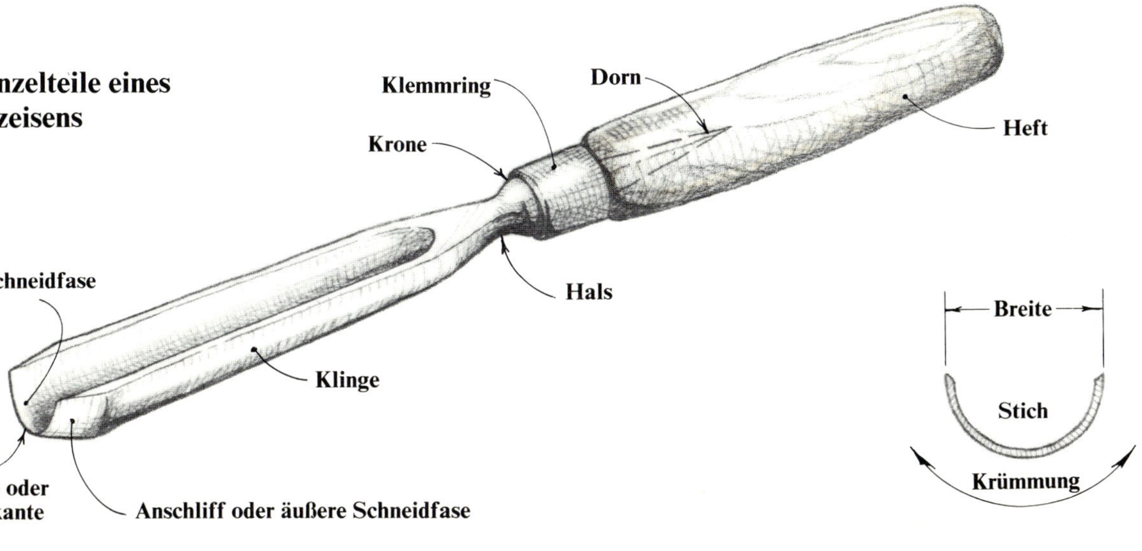

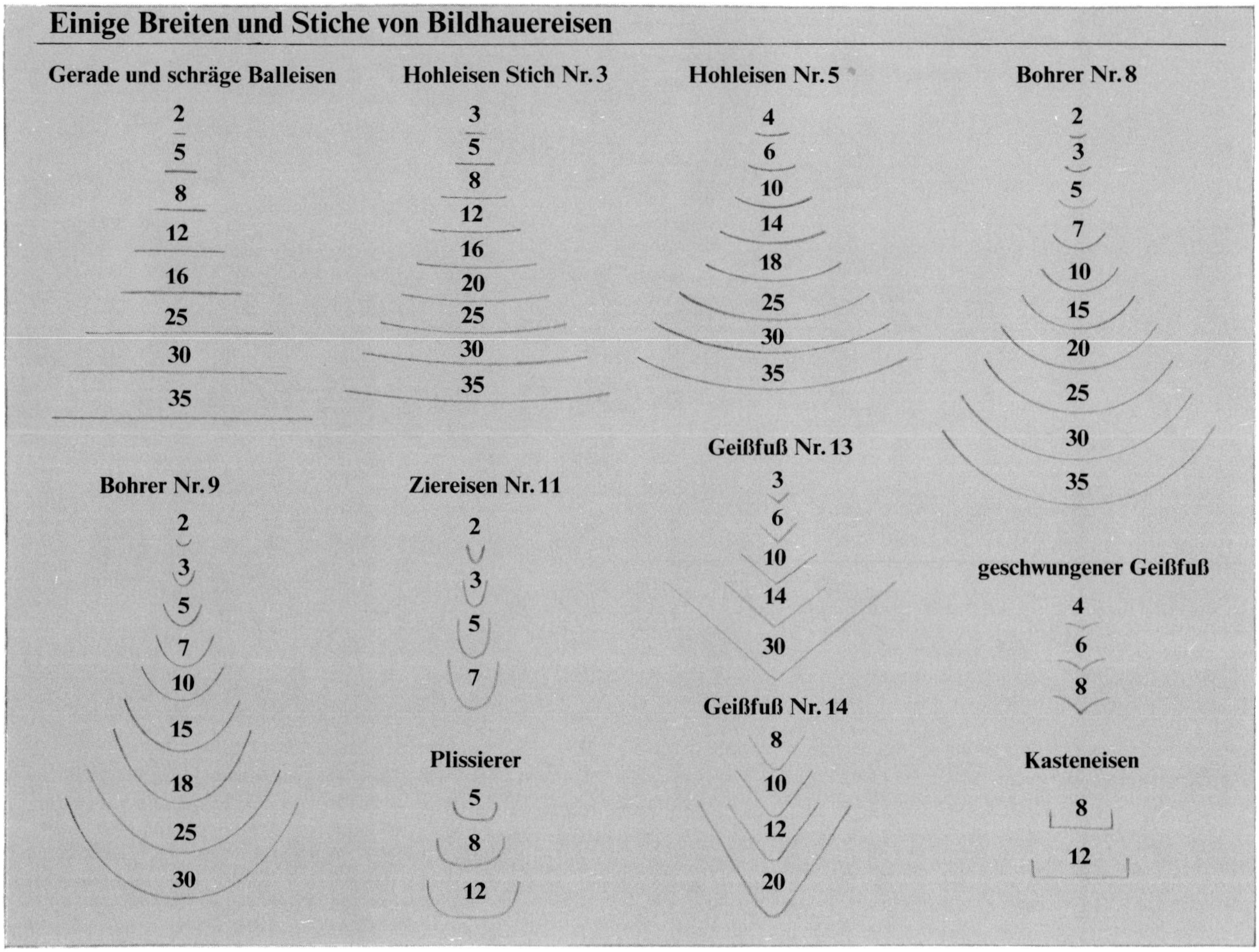

Alle Maße sind in Millimetern angegeben. Die Eisen werden von den einzelnen Herstellern unterschiedlich numeriert. In der Regel bezeichnet man Hohleisen ab Stichnummer 7 aufwärts als »Bohrer«.

Mit der flachen, sich verjüngenden Klinge eines Schwalbenschwanzeisens ist es leichter möglich, in enge Stellen hineinzukommen, als mit einem normalen Eisen.

irgend etwas zu beschädigen. Solche Eisen sind auch besser und leichter zu handhaben als jene, die volle Klingenbreite bis zur Schneidkante haben. Sie haben ihren Namen von ihrer Form und bieten auch ein gefälliges Aussehen. Sie sind mit und ohne Krümmung erhältlich, und ich gebrauche sie für eine Menge verschiedener Arbeiten, sowohl zum groben Vorarbeiten als auch für die feinen Einzelheiten.

Es gibt auch Eisen mit geraden Klingen und geraden Schneidkanten, die den von den Tischlern benutzten Stemmeisen gleichen, nur daß ihre Schneidkanten beidseitig angeschliffen sind. Dadurch sind sie beim Schnitzen besser zu handhaben. Die Standardausführung der Holzschnitzeisen hat eine Schneidkante, die rechtwinklig zur Klingenkante steht. Es gibt aber auch Eisen, deren Schneidkante in einem Winkel von 25 bis 35° abgeschrägt ist. Manche Holzschnitzer ziehen diese beim Nacharbeiten von Vertiefungen und engen Details vor, aber ich persönlich finde, daß mein Schnitzmesser dafür ebensogut geeignet ist.

Hohleisen mit stark U-förmigen Klingen nennt man Ziereisen oder Aderschneider. Diese Bezeichnung stammt daher, daß man sie im Mittelalter und in der Renaissance dazu benutzt hat, die Adern von geschnitzten Blättern herauszuholen. Heutzutage verwendet man sie meist beim Reliefschnitzen. Ich ziehe dafür den sogenannten Geißfuß vor, ein Eisen mit V-förmiger Schneide, weil er besser zu führen ist. Hin und wieder benutze ich ein Ziereisen für das Herausarbeiten feiner Einzelheiten.

Gekröpfte Hohleisen, die über die Länge der Klinge gebogen sind, verwendet man dort zum Herausholen von Spänen, wo man mit geraden Eisen nicht hinkommt. In der Skizze rechts wird gezeigt, wie man mit einem gebogenen Eisen Vertiefungen aus dem Holz herausholt.

Schnitzeisen mit geraden Klingen

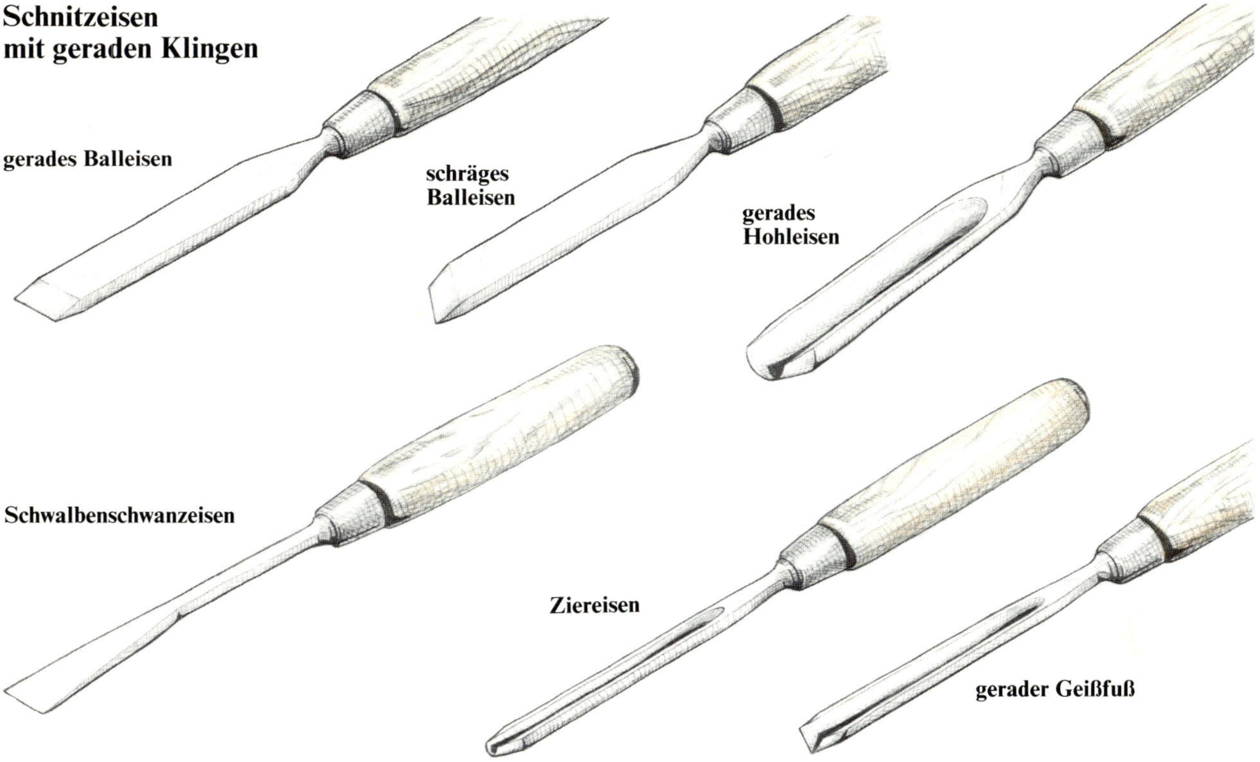

Schnitzeisen mit gebogenen Klingen

Löffeleisen

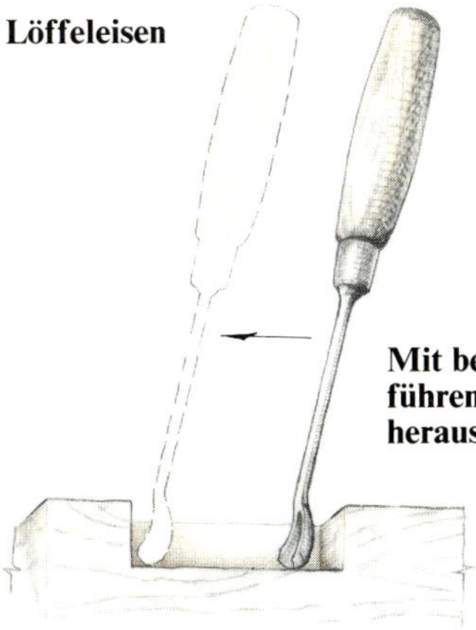

Mit beiden Händen vorwärts führen, um enge Vertiefungen herauszuarbeiten.

gekröpftes Flacheisen

Wird benutzt, um ebene Grundflächen herauszuarbeiten und zu glätten.

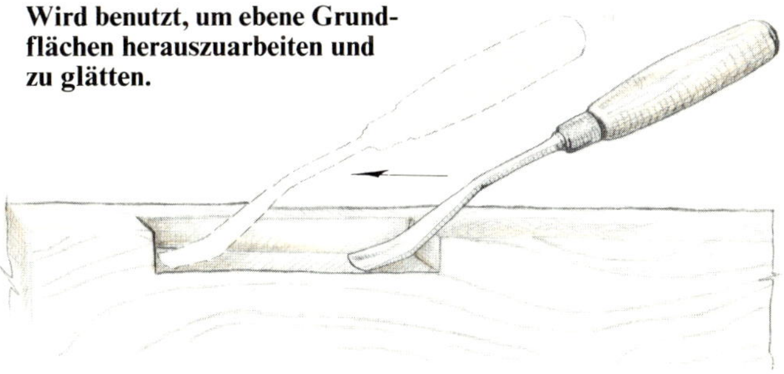

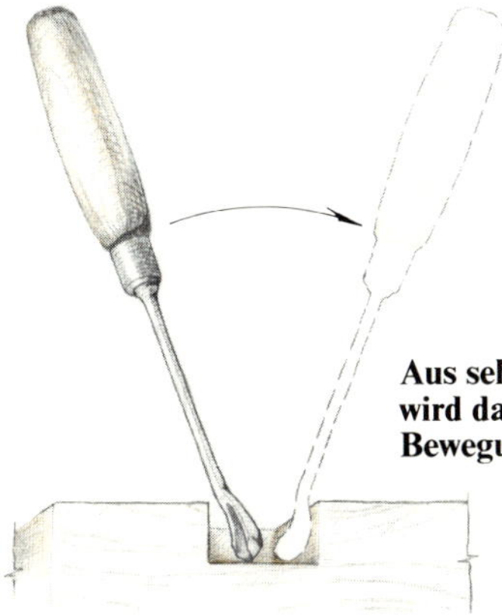

Aus sehr kleinen Vertiefungen wird das Holz mit grabenden Bewegungen herausgeholt.

gebogenes Hohleisen

Wird benutzt, um Holz aus konkaven Vertiefungen herauszuschälen.

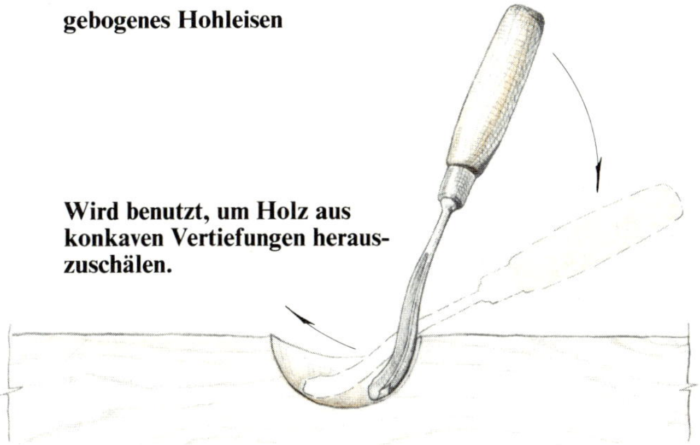

gekröpftes Hohleisen

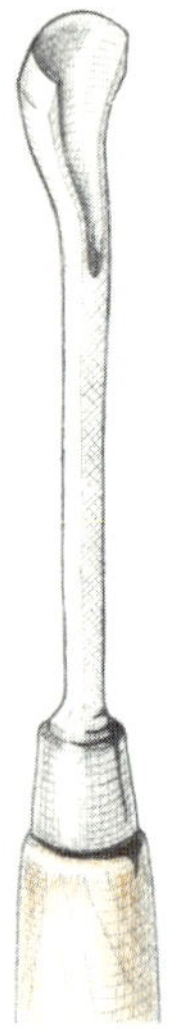

verkehrt gekröpftes Hohleisen

Hundepfoten-eisen

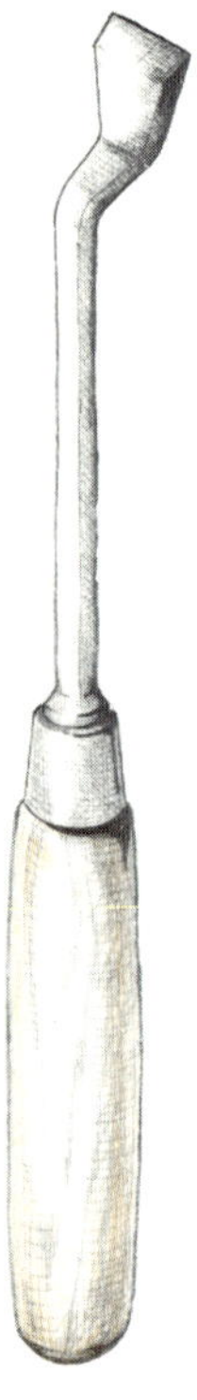

Kasten-eisen

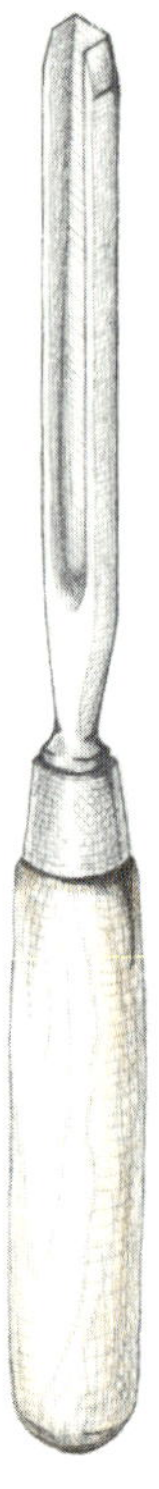

Es hat eine gleichmäßige Biegung über die ganze Klinge hinweg. Daneben gibt es auch S-förmig gebogene Eisen, die sich besser für die Bearbeitung von ebenen Grundflächen eignen, da man mit ihnen im flachen Winkel arbeiten und dabei gleichzeitig das Holz von Spänen säubern kann. Ein löffelförmig gekröpftes Eisen, wie unten und auf der nächsten Seite (oben rechts) abgebildet, besitzt eine gerade Klinge, die nur direkt hinter der Schneide stark gewölbt ist. Mit ihm kommt man gut in größere Vertiefungen von Reliefs und Skulpturen hinein, da man fast vertikal arbeiten und dabei vermeiden kann, die umliegenden Stellen zu beschädigen. Mit einem verkehrt gekröpften Eisen (siehe Zeichnung links) kann man gut die Unterseite eines Schnitzstücks herausarbeiten, an die man mit anderen Eisen nur schwierig herankommt.
Darüber hinaus gibt es eine Menge Werkzeuge, die ursprünglich für ganz spezielle Anwendungszwecke entwickelt wurden, sich aber schließlich doch zu Standardwerkzeugen für den Holzschnitzer entwickelten. Dazu gehört das Kasteneisen, das es in gerader und gebogener Ausführung gibt. Es wird zum Nacharbeiten der tieferliegenden Teile bei Reliefschnitzereien benutzt und um Geradkerben herauszuschneiden. Das sogenannte Hundepfoteneisen (ein stark gekröpftes Hohleisen) benutzt man zu Nacharbeiten dort, wo man in sehr enge Stellen hinein muß. Das gerade oder gebogene Plissiereisen nimmt man, um Fältelungen oder Hohlkehlen an gekrümmten Stellen herauszuarbeiten, und der geschwungene Geißfuß dient dazu, fächerförmige Kerben zu schnitzen.
Für die groben Vorarbeiten an dreidimensionalen Figuren nehme ich für gewöhnlich ein gerades Hohleisen mit 25 bis 50 mm Breite und einer Krümmung Nr. 7 bis Nr. 9. Für die Bearbeitung zweidimensionaler Teile und die kleinen Arbeiten an dreidimensionalen Schnitzereien verwende ich Eisen mit einer Breite von 10 bis 20 mm und einer Krümmung Nr. 5 bis Nr. 7. Für die letzten Feinarbeiten setze ich dann gerade Hohleisen mit einer Breite von 4 bis 8 mm, Krümmung Nr. 2 bis Nr. 5 ein. Bei den meisten zweidimensionalen Arbeiten verwende ich für die Konturen einen 6 mm breiten Geißfuß, für das Bearbeiten der Hintergründe ein 20 mm breites Schwalbenschwanzeisen mit der Krümmung Nr. 5 und für die Nacharbeiten ein 6 mm breites gerades Hohleisen Nr. 3. (In der Tabelle auf Seite 27 werden die geeigneten Werkzeug-Zusammenstellungen aufgeführt.) Das Wichtigste, was Sie sich immer vergegenwärtigen müssen ist, daß Sie für jede Arbeit das richtige, dafür geeignete Eisen verwenden. Das bedeutet: Nehmen Sie niemals ein kleines, nur 3 mm breites Hohleisen für die Grobarbeiten an einer größeren Skulptur, denn es ist dafür in keinem Fall geeignet und kann leicht zerbrechen oder beschädigt werden. Ebensowenig ist natürlich ein großes, 35 mm breites Eisen für die Herausarbeitung feiner Details geeignet.
Bei der Auswahl Ihrer Schnitzeisen sollten Sie die nicht zu kurzen, von Handwerkern benutzten Eisen bevorzugen, die etwa 23 bis 28 cm lang sind. Mit diesen kann man viel bequemer arbeiten als mit sogenannten Anfängereisen, die nur 15 bis 20 cm lang sind.

Werkzeughefte

Manche Schnitzeisen werden ohne Griff angeboten, aber Sie können die dazugehörigen Hefte bei jedem Werkzeughändler bekommen oder sich selbst einen Griff aus Hartholz anfertigen. Erhältlich sind mehrere verschiedene Arten in unterschiedlichen Holzsorten wie Buchsbaum, Ahorn, Buche und Palisander. Welche Holzsorte man wählt, bleibt dem persönlichen Geschmack überlassen. Für gewöhnlich sind die in Deutschland und der Schweiz verwendeten Hefte achteckig, die englischen rund. Ich selbst bevorzuge achteckige Griffe, da sie nicht so leicht aus der Hand gleiten und von der Schnitzbank herunterrollen können. Die meisten Griffe haben über dem Hals noch einen Klemmring, damit das Holz nicht splittert. Große Eisen, die mit Klüpfel (Holzhammer) in das Holz geschlagen werden,

haben oft auch hinten einen Metallschlagring. Kleinere Eisen werden mit der Hand in das Holz hineingetrieben und nur hin und wieder leicht mit dem Klüpfel angetippt, so daß bei ihnen das Splittern des Griffs kein Problem ist, sofern das Holz gut versiegelt wurde (vergleiche Seite 16) und die Schnitzeisen vorschriftsmäßig eingesetzt und aufbewahrt werden.
Die Länge der Hefte variiert. Suchen Sie sich das aus, das Ihnen am besten in der Hand liegt. Man bekommt sie mit kleinen, mittleren und großen Durchmessern. Ich benutze Durchmesser von etwa 20 bis 35 mm. Sie sollten aber immer einen Griff wählen, dessen Durchmesser proportional in einem guten Verhältnis zur Länge Ihres Werkzeuges liegt. So sollte ein kleines Eisen für die feinen Arbeiten ein Heft haben, das nicht stärker als 25 mm ist, denn ein kräftigerer Griff würde dazu verleiten, zuviel Druck anzuwenden, wodurch die Klinge abbrechen könnte. Umgekehrt benötigt ein Eisen mit starker Klinge auch einen stärkeren Griff von etwa 30 bis 35 mm, weil ein schwächerer hierbei die Führung erschweren würde. Daher kann es nötig sein, daß Sie bei einem neugekauften Eisen das Heft austauschen müssen, damit es im richtigen Verhältnis zur Klinge steht. Ich kaufte einmal ein 30 mm breites Hohleisen Nr. 9 mit einem Heft, das nur rund 18 mm stark war. Es stellte sich heraus, daß ich damit nur mühsam arbeiten konnte. Erst nachdem ich einen stärkeren Griff von etwa 30 mm Durchmesser angebracht hatte, konnte ich mit dem Eisen gut arbeiten. Es gehört heute zu meinen bevorzugten Werkzeugen.
Ein neues Heft anzubringen ist sehr einfach. Dafür bohrt man ein 3 bis 4 mm starkes Loch längs durch seine Mitte, etwa 40 mm tief, das so gerade wie möglich sein sollte. Dann umwickelt man die Klinge zu ihrem Schutz mit mehreren Lagen alter Tücher und spannt sie mit dem Dorn nach oben in einen Schraubstock. Danach setzt man das Heft mit dem Loch auf und preßt es hinunter, wobei man es so dreht, als schraube man es auf. Aus verschiedenen Blickrichtungen sollte man dann überprüfen, ob Heft und Klinge in einer Linie liegen.
Ist dies nicht der Fall, zieht man den Griff etwas zur Seite und dreht ihn, um das Loch möglichst gerade zu erweitern. Ist es schließlich groß genug, um Dreiviertel der Länge des Dorns aufzunehmen, zieht man den Griff wieder ab, entfernt möglicherweise vorhandene Späne, setzt ihn dann wieder auf den Dorn und treibt ihn mit einem hölzernen Klüpfel ganz auf. Dadurch bekommt man eine gute Paßform, ohne daß das Holz splittert.
Einige käuflich erhältliche Hefte verfügen bereits über Klemmringe. Will man einen solchen jedoch an einem selbstgefertigten Heft anbringen, kann man ihn gleichfalls selbst aus einem Stück Eisen- oder Messingrohr herstellen, das etwa 12 bis 18 mm lang ist. Mit einer Feile oder einem scharfen Messer wird das vordere Ende des Griffs auf Paßform bearbeitet, dann hämmert man den Klemmring auf, bevor man die Klinge einbohrt. Mir gefallen solche Klemmringe, aber wirklich nötig sind sie nur bei Eisen, die häufiger mit schweren Klüpfeln getrieben werden.
Sie werden bald selbst feststellen, daß man mit einem Eisen, das einen gut passenden Griff hat, bessere Ergebnisse erreichen kann. Ich bin nicht ganz sicher, ob dies nicht lediglich eine psychologische Reaktion ist oder tatsächlich damit zusammenhängt, daß man mit einem Eisen, dessen Griff gut in der Hand liegt, einfach besser arbeitet. Aber es ist in der Tat so, daß ein gutes Werkzeug mit einem passenden Heft einen Unterschied in der Arbeit ausmacht und ihr zusätzliche Qualität verleiht.
Eins der ersten Dinge, die ich mache, wenn ich ein neues Eisen bekomme, ist, daß ich Heft und Klinge auf irgendwelche rauhen Stellen überprüfe. Oft sind aus der Herstellung Metallgrate oder Nähte zurückgeblieben, an denen man sich verletzen kann und die man deshalb glattfeilen sollte. Bei einem neuen Heft kann es auch passieren, daß feine Staubkörner oder Splitter unter dem Lack sitzen. Diese Stellen sollte man mit sehr feinem Schleifpapier glätten, wofür ich 220er-Papier nehme. Hefte, die dick lackiert sind, erzeugen auch eine

Plissiereisen **geschwungener Geißfuß**

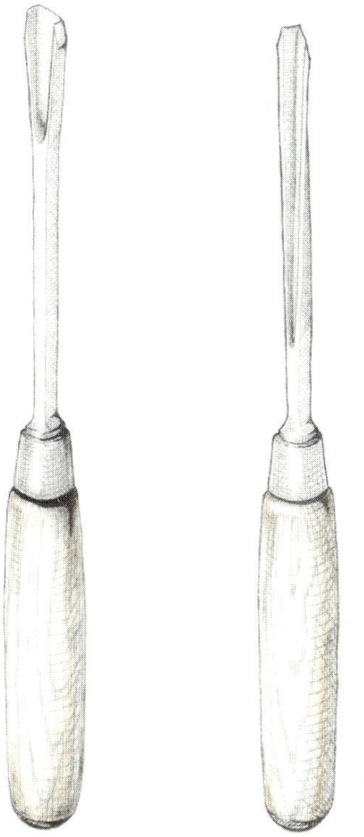

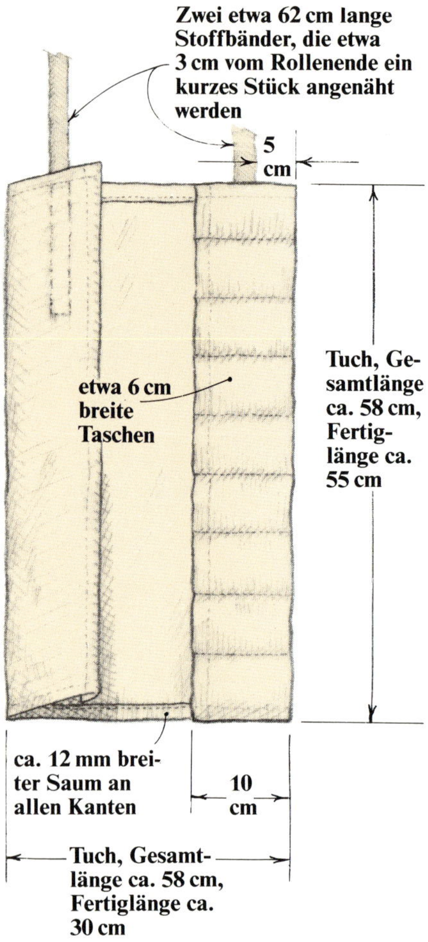

Schützen Sie Ihre Eisen vor Beschädigung, indem Sie sie in einer Rolle mit einzelnen Taschen aufbewahren. Die Taschen sollten mindestens 10 cm tief sein, um die Eisen sicher aufzunehmen.

starke Reibung, weshalb erfahrene Schnitzer den Lack entfernen, um Blasen und Wunden an den Händen zu vermeiden. Ich kratze für gewöhnlich den Lack mit einem Taschenmesser ab und schleife den Griff leicht an. Dann lasse ich das Holz sich mit heißem Leinöl vollsaugen und wische es anschließend sauber. Das versiegelt nicht nur das Holz, sondern verleiht ihm auch eine poröse Oberfläche, mit der man gut arbeiten kann. Das Öl härtet außerdem den Kopf des Griffs, wenn er beim Treiben mit einem Klüpfel erhitzt wird. Dies wiederum verhindert ein Aussplittern des Holzes.

Aufbewahrung

Äußerst wichtig ist es, daß man die Werkzeuge so aufbewahrt, daß sie nicht aneinanderstoßen können, wodurch sie mit Sicherheit stumpf oder schartig werden. Deshalb bewahre ich meine Werkzeuge in einer Werkzeugtasche auf, in die für jedes einzelne eine Tasche eingenäht wurde. So etwas kann man im Werkzeughandel bekommen oder sich selbst anfertigen. Meine Frau Ellen hat mir eine solche Rolle aus braunem Manchesterstoff genäht, die 20 Eisen aufnehmen kann. Sie ist etwa 55 cm lang und 30 cm breit, mit Taschen von etwa 10 × 6 cm. Darin bewahrt man die Eisen mit der Klinge nach oben auf, so daß man sie leicht findet, wenn man sie sucht. Auch wenn man nicht an der Schnitzbank arbeitet, braucht man die Rolle nur neben sich auszubreiten, und alle Eisen sind griffbereit und gut geschützt.

Zum Verschnüren hat die Tasche, die unten im Foto und links in der Zeichnung abgebildet ist, Stoffbänder von etwa 62 cm Länge, die etwa 3 cm unterhalb der Rollenkante angenäht werden, so daß an beiden Enden knapp 30 cm freibleiben. Hat man die Rolle zusammengerollt, kann man die Bänder mehrere Male herumwickeln und fest verknoten. Diese Befestigung ist viel besser als mit Schnallen oder Druckverschlüssen, weil so die Rolle nicht immer unbedingt voll mit Werkzeugen sein muß.

In meinem Werkraum verfüge ich außerdem über Wandregale mit Einschnitten, in denen die Eisen mit dem Griff nach oben hängen. Arbeite ich weit entfernt von zu Hause an einem Auftrag, trage ich meine Werkzeuge in einem uralten Werkzeugkasten bei mir. Er hat flache Schubfächer, die mit Leisten so unterteilt sind, daß ich in ihnen etwa 40 Eisen unbeschädigt transportieren kann. Außerdem verfügt er über ein größeres Schubfach für Klüpfel, Schleifsteine und Öl.

Halten Sie Ihre Eisen immer absolut sauber. Alle paar Monate sollten Sie Klingen und Hefte mit einem sauberen Tuch und etwas leichtem Maschinenöl abwischen. Das schützt gegen Feuchtigkeit und Rost.

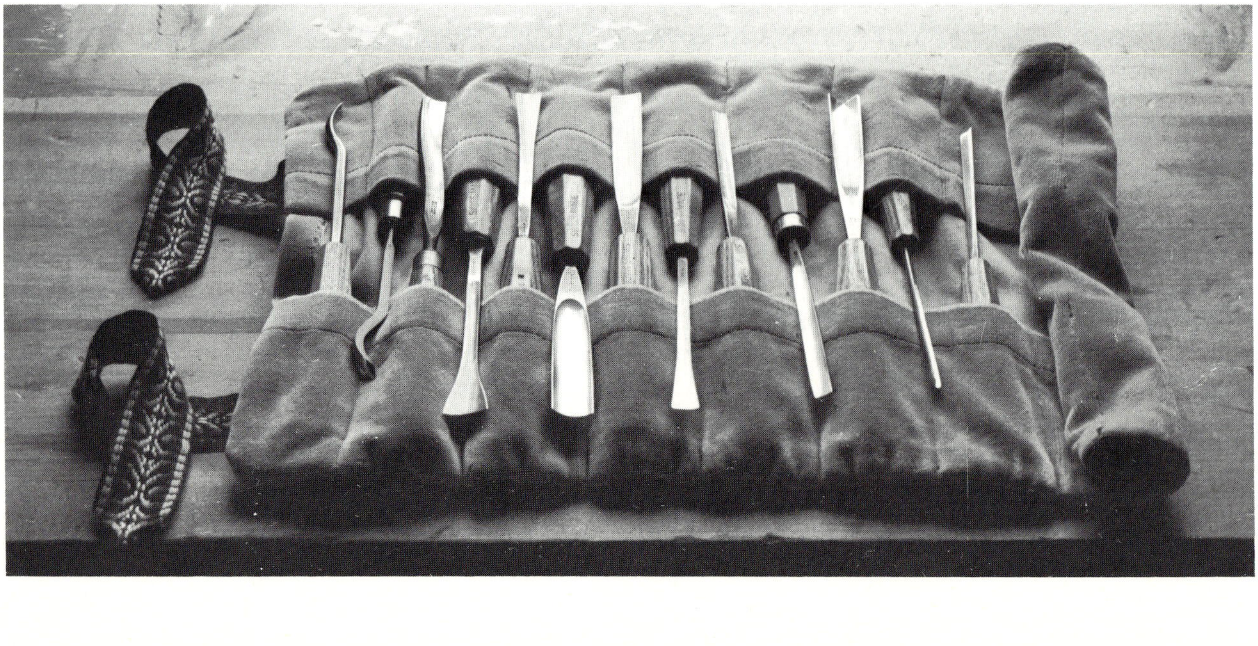

Abziehsteine

Die Schneide eines Eisens wird geschärft, indem man sie auf einem Abziehstein reibt, der Metall wegnimmt und dadurch eine abgeschrägte scharfe Kante (Fase) erzeugt. Abzieh- oder Schleifsteine werden aus natürlichen oder künstlichen Materialien hergestellt. Sie sind in einer Auswahl verschiedener Oberflächenstrukturen erhältlich, von grob bis sehr fein, die für gewöhnlich nach ihrem Körnungsgrad bezeichnet werden. Um Ihre Werkzeuge für die in diesem Buch beschriebenen Anwendungsbeispiele zu schärfen, werden Sie meist einen mittelgroben Stein (Körnung 200) und einen feinkörnigen Stein (Körnung 400) benötigen. Hierfür sind sogenannte Kombinationsschleifsteine erhältlich, die auf der einen Seite die grobere und auf der anderen Seite die feinere Körnung haben. Ein solcher Stein sollte etwa 20 × 5 cm groß sein. Außerdem benötigen Sie ein Kännchen leichtes Maschinenöl, um den Stein beim Abziehen zu ölen. Nach dem Schärfen wird die Schneide nochmals auf einem Lederriemen abgezogen. Dieser ist für gewöhnlich 3 bis 5 cm breit und etwa 30 cm lang. Man kann ein solches Abziehleder entweder kaufen oder selbst wie auf Seite 31 beschrieben anfertigen. (Weitere Informationen über das Schärfen erhalten Sie im Kapitel »Das Schärfen der Werkzeuge«.)

Der Klüpfel

Die meisten Eisen werden beim Schnitzen mit der Hand geführt. Gelegentlich hat man aber sehr hartes Holz zu bearbeiten oder muß ein Eisen mit sehr breiter Schneide benutzen. Dann treibt man das Werkzeug in das Holz, indem man mit einem hölzernen Klüpfel auf das Griffende klopft. Man sollte dazu nie einen Stahlhammer benutzen.

Klüpfel werden verwendet, um Eisen in sehr hartes Holz hineinzuschlagen, wenn man größere Mengen Holz zu entfernen hat oder wenn man ein sehr großes Eisen gebraucht. Die abgebildeten Klüpfel, mit drei verschiedenen Gewichten, wurden jeweils aus einem einzigen Stück Pockholz, einer tropischen Hartholzart, gedrechselt.

Der Stahl gibt nicht nach und würde das Holz des Heftes schon sehr bald beschädigen.

Klüpfel bestehen aus quadratischen oder zylindrischen Klötzen mit Griffen. Auch sie gibt es in vielen verschiedenen Ausführungen und Größen und in zwei grundsätzlich verschiedenen Versionen. Der englische Klüpfel wird aus zwei Teilen hergestellt, mit einem Eschengriff, der im Hammerkopf mit einem Holzkeil befestigt ist. Das scheint noch aus den Tagen mittelalterlicher Steinmetzarbeiten überkommen zu sein, in denen die Klüpfel dazu benutzt wurden, um mit eisernen Meißeln zu arbeiten. Deswegen mußten die sich schnell abnutzenden Köpfe öfter ausgewechselt werden. Die Klüpfel, die ich benutze, sind aus einem einzigen Holzklotz gefertigt, so daß ich keine Angst haben muß, daß sich der Kopf lockert.

Klüpfel mit quadratischen Köpfen werden meist von Möbeltischlern oder Zimmerleuten benutzt und sind für Schnitzarbeiten nicht zu empfehlen. Mit der quadratischen Schlagfläche sollen Meißel ins Holz getrieben werden, die man fast senkrecht hält. Dabei wird die Kraft direkt wie mit einem Hammer übertragen. Schnitzeisen dagegen werden mehr waagerecht gehalten, und in dieser Position ist es schwieriger, das Werkzeug mit einer geraden Fläche zu treffen. Die runde Oberfläche eines Klüpfels mit zylindrischem Kopf kann man aus jedem Winkel heraus benutzen, ohne den Kontakt mit dem Werkzeug zu verlieren.

Das Gewicht eines Klüpfels wählt man danach aus, wieviel Holz zu entfernen und wie die Größe des Eisens ist. Je breiter seine Schneide, um so mehr Kraft benötigt man, um es ins Holz zu treiben. Das bedeutet aber nicht nur größere Muskelkräfte, sondern auch einen schwereren Klüpfel. Aber benutzen Sie niemals einen schweren Klüpfel bei einem Eisen mit kleiner, nicht strapazierfähiger Klinge. (Ich spreche aus Erfahrung. Ich habe erst einmal in meinem Leben eine Klinge zerbrochen, und das war auf diese Art und Weise.)

Drei meiner Klüpfel benutze ich am meisten. Der erste wiegt etwa 500 Gramm. Ich nehme ihn für kleine Eisen. Den zweiten, der etwa 800 Gramm wiegt, verwende ich bei Eisen mit einer Breite von 12 bis 30 mm; und den dritten, etwa 1000 Gramm schweren, nehme ich für ganz große Eisen. Für den Anfang sollte man einen Klüpfel wählen, der zwischen 450 und 700 Gramm wiegt. Sollten Sie jedoch vorhaben, auch größere Skulpturen herauszuschlagen, werden Sie zusätzlich auch einen schwereren Klüpfel brauchen.

Die Klüpfel sind auch in einer Anzahl verschiedener Holzarten erhältlich, darunter Hickory, Ahorn und Osage Orange *(Meclusa pomifera)*. Eine der besten Holzarten für Klüpfel ist Pockholz, das Holz des Guajakbaumes, eine tropische Hartholzsorte, die auch unter Belastung nicht splittert. Seine schöne gelbliche Farbe verwandelt sich mit der Zeit in ein intensives Goldbraun, ähnlich Bernstein. Klüpfel aus diesem Holz werden mit einem dicken Paraffinüberzug geliefert, der sie während des Transportes schützen soll. Diesen Überzug muß man vorsichtig mit einer stumpfen Messerklinge oder einer Münze abkratzen. Dann reibt man den Klüpfel mit feinster Stahlwolle ab. Auf diese Art und Weise entfernt man das klebrige Paraffin. Aber das Holz muß weiterhin versiegelt bleiben, damit es nicht austrocknet. Wenn dies passiert, wird es nämlich spröde und brüchig. Deshalb sollte man es über Nacht mit heißem Leinöl einlassen und dann mit einem sauberen Tuch trockenreiben.

Danach ist der Klüpfel fertig für den Gebrauch. Allerdings sollte man ihn zumindest in der ersten Zeit wöchentlich noch einmal einölen. Sollten Sie trotzdem irgendwelche Risse auf der Oberfläche bemerken, dann bewahren Sie den Klüpfel, wenn Sie ihn nicht gebrauchen, am besten in einem Plastikbeutel mit ein paar Tropfen Wasser auf. Es kann sein, daß das Pockholz einige Monate braucht, um sich an das bei Ihnen herrschende Klima anzupassen.

Sägen

Um Reliefunterteile auszuschneiden oder ein handliches Stück Holz für die weitere Bearbeitung auf der Bandsäge zu bekommen, benutze ich eine Handsäge. Hiervon gibt es verschiedene Arten. Ein Fuchsschwanz, wie auf dem Foto links außen gezeigt, ist gut dazu geeignet, größere Holzstücke aufzutrennen, weil er ein großes, standfestes Blatt hat, mit dem man bequem lange, gerade Schnitte machen kann, sofern das Blatt gut geschärft ist. Fuchsschwänze sind nicht teuer, und gut erhaltene gebrauchte sind überall leicht zu bekommen.

Ryobasägen aus Japan werden zu dem gleichen Zweck wie Fuchsschwänze eingesetzt, nur daß man sie durch das Holz zieht anstatt stößt. Die von mir verwendete Ryobasäge hat ein Blatt, das etwa 25 cm lang ist. Solche Sägen haben zwei Schneidkanten. Die eine ist für das Sägen der Länge nach bestimmt, die andere für das Sägen quer zur Faser. Es macht Spaß, mit einer Ryobasäge zu arbeiten. Allerdings ist sie wegen ihres dünnen, spröden Blattes etwas empfindlich. So benutze ich sie meist für leichtere Arbeiten in der Werkstatt.

Laub- oder Bügelsägen bestehen aus auswechselbaren Flußstahlblättern, die man in einen Metallrahmen mit hölzernem Griff (meist aus Buche) einspannt. Da die Blätter sehr dünn sind, kann man mit ihnen Kurven in Holz bis zu 8 cm Stärke sägen. Es ist eine sehr handliche Säge, braucht aber Geduld. Man muß langsam mit ihr arbeiten, und nicht zu starken Druck anwenden, sonst besteht die Gefahr, daß das dünne Blatt festklemmt, sich verbiegt oder gar zerbricht.

Eine Stichsäge verfügt über ein starkes, dünnes, spitz zulaufendes Blatt, das etwa 15 bis 35 cm lang ist. Mit ihr kann man Kreise oder Kurven aussägen. Zuvor muß man in die Fläche, die man ausschneiden will, ein mindestens 15 mm starkes Loch bohren (Ist es kleiner, braucht man zu lange, bis man den ersten Schnitt zustande gebracht hat, weil dann nur wenige Zähne der Säge greifen können). Durch das Loch steckt man die Säge und sägt das Reststück heraus. Man kann für die gleiche Arbeit auch eine Kompaßsäge verwenden, die der Stichsäge gleicht und in Längen zwischen 25 und 45 cm erhältlich ist. Die japanische Version der Stichsäge heißt »Mawashibiki«. Ich benutze sie hin und wieder, aber sie hat ziemlich grobe Zähne, die Splitter aus dem Holz herausreißen, die sich anderswo festsetzen können.

Eine Bandsäge ist eine große Maschinensäge mit einem langen Blatt, das vertikal als Schlinge über zwei Rollen läuft. Diese Säge verrichtet praktisch die Arbeit einer Laubsäge, aber eben maschinell und kontinuierlich – und sehr viel schneller. Sie wird meist von einem Elektromotor angetrieben und ist in der Lage, Holzblöcke von mehreren Zoll Stärke zu zersägen. Es gibt auch kleinere Bandsägen für den Heimwerker. Diese haben allerdings einen eng begrenzten Abstand zwischen dem Sägeblatt und der Verkleidung, so daß man damit nur Stücke zersägen kann, die zwischen 25 und 35 cm breit sind. Generell bin ich kein Freund des Einsatzes von Maschinen, nicht aus irgendwelchen Vorurteilen heraus, sondern weil ich den Lärm und den Staub, den sie verursachen, lästig finde. Die Bandsäge ist jedoch vermutlich die beste Erfindung für Holzschnitzer, seitdem man den Stahl erfunden hat. Mit ihr kann man ein Stück Holz schneller, sicherer und besser aufsägen als mit jedem anderen Werkzeug. Deshalb, so meine ich, ist sie eine gute Investition für jeden ernsthaften Holzschnitzer.

Verschiedene Arten von Sägen, die für den Holzbildhauer nützlich sind. Von links nach rechts: ein Fuchsschwanz, eine japanische Ryobasäge, eine Laubsäge und eine Stichsäge.

Eine Bandsäge setzt man ein, um Holz abzulängen und in groben Umrissen vorzusägen.

Hobel, Schabhobel und Ziehmesser

Holzbildhauer verwenden eine Anzahl verschiedener Hobel in verschiedenen Stadien ihrer Arbeit. Ich gebrauche sie zumeist, um Bretter oder Blöcke glattzuhobeln oder um die Kanten eines Schnitzstükkes vor der Nachbearbeitung zu brechen oder anzufasen. Auch sie gibt es in verschiedenen Ausführungen und Größen. Dabei finde ich die herkömmlichen hölzernen Hobel handlicher als die modernen

Herkömmliche hölzerne Hobel sind leichter und bequemer zu handhaben als Hobel aus Metall, besonders beim Verputzen, Abrichten und Profilieren. Von links nach rechts: Profilhobel, Putzhobel und Rauhbank.

Stahlhobel. Sie sind leichter, ihre Kanten sind weich und abgerundet – wodurch sie beim Hobeln besser zu halten sind – und sie fühlen sich viel natürlicher an, besonders die alten Hobel, die schon eingearbeitet sind.

Profilhobel (links außen auf dem Foto) haben ungleich geformte Hobelsohlen und Messer, mit denen man Hohlkehlen oder Rundungen aushobeln kann anstatt glatte Flächen. Ich benutze sie gelegentlich für verzierende Arbeiten. Für andere Zierleisten verwende ich manchmal auch einen Falzhobel, einen Simshobel und einen Rundhobel.

Der kleinste der Hobel auf neben- und untenstehendem Foto wird Hirnholzhobel genannt. Er ist normalerweise 15 bis 20 cm lang. Diesen kleinen Hobel verwende ich, um kleine Flächen zu verputzen und die Vorder- und Hinterkanten von Reliefbrettern abzufasen. Einen solchen Hobel sollten Sie immer griffbereit haben, falls Sie viel Ornament- oder Reliefschnitzereien machen und dabei die Brettenden verputzen müssen. Durch den flachen Schneidwinkel seines Messers wird er mit dem Stirnende des Holzes besonders gut fertig und verhindert das Ausbrechen von Fasern. Dahingegen sind Hirnholzhobel wenig brauchbar bei größeren Flächen, die glattgehobelt werden sollen. Da der Hirnholzhobel nur eine kleine Hobelsohle hat, kann er Unregelmäßigkeiten im Holz nur sehr schwer ausgleichen, statt dessen folgt er eher ihrem Verlauf.

Der Putzhobel aus Eisen, der in der Mitte des unteren Fotos abgebildet ist und eine Länge von rund 25 cm hat, eignet sich gut für allgemeine Arbeiten. Ich benutze ihn zum Beispiel, um die flachen Kanten einer fertigen Schnitzerei zu verputzen. Zum Hobeln von großen, roh zugeschnittenen Holzblöcken oder um Bretter für das Verleimen abzurichten, nehme ich eine größere Rauhbank (unten rechts), die länger als 30 cm ist.

Schabhobel, früher sagte man Speichenhobel, und Ziehmesser sind gleichfalls sehr nützliche Werkzeuge für den Holzschnitzer. Speichenhobel dienten ursprünglich zur Herstellung von Wagenradspeichen, daher ihr Name. Sie verfügen über eine kleine Klinge, die an einem Stab mit Handgriffen befestigt ist. Man greift sie mit beiden Händen und zieht oder schiebt sie über das Werkstück (ich finde Zie-

Der Hirnholzhobel aus Metall (links) wird zum Verputzen und Abfasen kleinerer Flächen verwendet und zum Verputzen von Hirnholz. Der Putzhobel (Mitte) und die Rauhbank (rechts) dienen zum Abhobeln größerer Flächen.

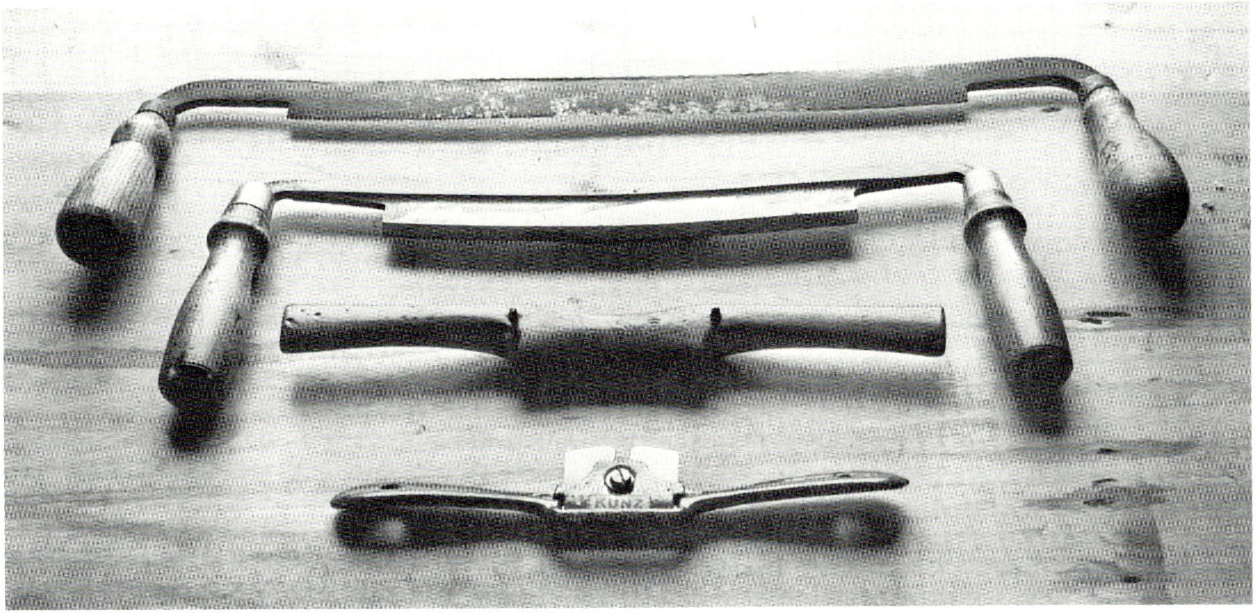

Die beiden Ziehmesser oben haben Klingen von etwa 30 bzw. 20 cm Länge und sind gut geeignet für die Entfernung von Borke. Die zwei Schabhobel unten verfügen über Klingen von ca. 6 bzw. 4 cm Breite und eignen sich gut für das Verputzen von Flächen, die mit einem normalen Hobel schwer zu erreichen sind.

hen einfacher). Bei dieser Arbeit muß das Holz immer in einem Schraubstock eingespannt sein oder mit Zwingen festgehalten werden.

Ich benutze einen Schabhobel für das Verputzen von Flächen, die mit einem normalen Hobel schwierig zu bearbeiten sind. Er schneidet mit einem engeren Radius als ein Hobel und ist deshalb sehr nützlich bei außen und innen liegenden Krümmungen. Auch zum Brechen von Kanten und zum Abrunden von Ecken nehme ich ihn. Die Spanabnahme wird durch die Höhe der aus der Sohle herausstehenden Klinge bestimmt.

Schabhobel sind in verschiedenen Größen erhältlich. Der, den ich vorzugsweise benutze, ist etwa 28 cm lang, aus Holz und fast 150 Jahre alt. Seine ca. 6 cm lange Klinge liegt beinahe flach auf dem Holz, so daß er fast wie ein Messer schneidet. Die Klinge eines Schabhobels aus Metall dahingegen steht in einem wesentlich größeren Winkel heraus, wodurch sie mehr wie ein Hobel schneidet. Der Vorteil einer fast flachliegenden Klinge ist, daß man mit ihr besser Hirnholz oder unregelmäßige bzw. gegenläufige Holzfasern schneiden kann.

Das Ziehmesser, ein sehr altes Werkzeug, hat zwei Handgriffe, die rechtwinklig an beiden Enden einer langen Klinge stehen. Man kann sie auch mit gebogener Klinge bekommen, aber meine beiden Ziehmesser (im Foto oben) haben gerade Klingen von etwa 30 und 20 cm Länge. Ziehmesser werden wie Schabhobel entweder gezogen oder geschoben. Ich benutze sie meist zur Entfernung von Borke. Manche Leute benutzen sie auch zur Rohbearbeitung großer Holzblöcke, aber ich selbst habe Bedenken, sie so einzusetzen, weil dabei zuviel freie Schneidfläche übersteht. Ich finde es besser, überschüssiges Holz mit einem Hohleisen abzunehmen.

Feilen, Raspeln und Riffelfeilen

Auch diese Werkzeuge werden zur Spanabnahme von Holz benutzt. Eine Feile besteht aus Flußstahl, in den reihenweise Zähne eingeschnitten wurden. Raspeln sind ähnlich, doch sind in ihnen die Zähne einzeln eingeschnitten. Dadurch sind sie gröber und greifen besser. Ich benutze eine 10 cm lange Handfeile, die eine flache und eine gewölbte Fläche mit feiner und grober Zahnung hat. Dies ist aber kein Werkzeug, das von einem Anfänger benötigt wird. Riffelfeilen kombinieren die Eigenschaften von Feilen und Raspeln. Sie haben dünne Stahlgriffe. Beide Enden sind flachgeschmiedet und mit Schneidzähnen versehen. Erhältlich sind sie in beinahe 40 verschiedenen Ausführungen. Manche von ihnen haben konische oder gewölbte Oberflächen, mit denen man Ecken oder kleine gerundete Stellen glätten kann. Bestimmte feinzahnige Riffelfeilen kann man anstelle von Schleifpapier besonders bei schwer zugänglichen Stellen benutzen. Sie eignen sich auch gut für das Bearbeiten von Hirnholz. Alle drei genannten Werkzeuge werden vorwiegend bei der Anfertigung von Skulpturen und beschnitzten Möbeln eingesetzt. Sie können sehr nützlich sein, obwohl sie nicht unbedingt nötig sind. Ich verwende sie nicht sehr oft, weil ich es vorziehe, die Schneidspuren der Eisen stehenzulassen.

Schleifpapier

Ich verwende Schleifpapier für die Endbearbeitung eines Schnitzstückes und in den Fällen, in denen es schwierig ist, an bestimmte Stellen mit anderem Werkzeug heranzukommen. Die besten Schleifpapiere sind aus Granat, einem feingemahlenen, rotorangen Kristall und Halbedelstein, den man in den Adirondack-Bergen des Staates New York abbaut. Granat hat, anders als andere Schleifmittel, die gute Eigenschaft, daß es bei Gebrauch nicht stumpf wird. Im Gegenteil, die winzigen Kristallstrukturen brechen beim Schleifen auf, wodurch sich die Schleiffähigkeit immer wieder erneuert. Ich verwende auch Schleifpapier aus Siliziumkarbid, dessen feinere Körnung (zwischen 220 und 400) länger erhalten bleibt als bei Granat. Beide kann man beim Schnitzen gut verwenden, dagegen warne ich vor billigem Schleifpapier. Es ist leicht daran zu erkennen, daß die einzelnen Körner gut sichtbar sind. Sie fallen ab, sobald man damit arbeitet. Bleiben Sie besser bei den teureren Papieren. Sie sind den Aufpreis wert.

Schleifpapier wird nach der Grobheit seiner Körnung klassifiziert. Nr. 80 ist grob, Nr. 400 sehr fein, und zwischen beiden gibt es eine ganze Reihe von Abstufungen. Ich habe fast alle Typen vorrätig, verwende aber meist die Körnungen 150, 220 und 320. Sie sind am besten für die meisten Arbeiten. Die Körnung Nr. 80 benutze ich fast gar nicht, es sei denn, ich will aus irgendwelchen Gründen alle Bearbeitungsspuren entfernen. Wenn Sie eine sehr glatte Oberfläche erzielen wollen, sollten Sie nicht unmittelbar von einem zu groben zu einem sehr feinen Sandpapier übergehen. Die besten Resultate erzielt man, wenn man mit Körnung 150 beginnt, dann mit Körnung 220 weiterarbeitet und mit Körnung 320 nachschleift.

Sie sollten niemals vor dem Schnitzen Schleifpapier verwenden. Es hinterläßt winzige Körnchen im Holz, die schnell Ihre Werkzeuge abstumpfen. Benutzen Sie Schleifpapier immer nur zur Nacharbeit. Dabei sollten Sie immer im Faserverlauf arbeiten, um Querriefen zu vermeiden, die nur schwer wieder zu entfernen sind. Richtig eingesetzt, kann Schleifpapier das Aussehen eines Schnitzstückes verbessern, indem man mit ihm kleine Splitter an schwer erreichbaren Stellen entfernt. Jedoch kann zu intensives Schleifen einen abgenützten Eindruck hervorrufen, wodurch die fertige Schnitzerei leicht liederlich aussieht.

Auch Stahlwolle, die die gleiche Wirkung wie feines Schleifpapier hat, ist ein gutes Schleifmittel. Sie wird für die Nachbearbeitung der versiegelten Schnitzstücke verwendet. Ihre Feinheit wird von 0 bis 0000 bestimmt, je mehr Nullen, desto feiner. Ich verwende meist die Type 000.

Punktierstifte

Punktierstifte, auch Punzen genannt, sind speziell geformte Metallnägel, die dazu dienen, Eindrücke auf der Oberfläche der Schnitzstücke zu erzeugen. Sie müssen mit einem Metallhammer eingeschlagen werden, da sie die hölzernen Klüpfel beschädigen würden.

Das Punzieren der Oberfläche von Schnitzereien war besonders im Mittelalter und bei viktorianischen Möbeltischlern üblich. Ich mache

davon nur gelegentlich Gebrauch, aber man kann damit reizvolle Effekte erzielen, besonders bei Reliefschnitzereien, wenn man regelmäßig wiederkehrende, gefällige Muster anbringt. Öfter verwende ich diese Methode bei der Oberfläche von geschnitzten Schildern mit Beschriftungen. Die getüpfelte Fläche nimmt die Beize besser an. Damit bekommt sie eine dunklere Wirkung, ohne zu aufdringlich oder ausgetüftelt zu erscheinen. Das Punzieren ist besonders nützlich bei Eiche, Esche oder anderen porigen Harthölzern sowie bei Weichhölzern, denn es glättet die faserige Oberfläche an Stellen, die man sonst schwer erreichen kann.
Bei den Punktierstiften, die im Foto rechts gezeigt werden, handelt es sich um die vier gebräuchlichen Standardausführungen: zwei verschiedene Größen von spitz zulaufenden Konussen und zwei sogenannte Diamantpunzen (von links). Die spitz zulaufenden Konusse muß man dicht nebeneinander einschlagen, um einen getüpfelten Effekt zu erzielen.
Zu beziehen sind solche Punktierstifte von Händlern für Schnitzereibedarf. Man kann sie aber auch selbst herstellen durch Umarbeitung von Lederpunzen oder breiten Nägelköpfen. Dazu spannt man diese in einen Schraubstock und bearbeitet sie mit einer kleinen Feile. Auch kann man sich die Spitze eines starken Nagels zurechtfeilen.

Zeichengeräte
Sie werden auch einige Zeichengeräte benötigen, um Muster aufzureißen und Entwürfe zu machen. Dazu gehören ein Lineal, ein paar spitze Bleistifte, ein Radiergummi, der auf Papier und Holz radiert, ein oder zwei Skizzenblöcke sowie Kohle- und Pauspapier. Weiterhin empfehlenswert ist ein Zirkelkasten mit einem Einsatzzirkel für Bleistiftminen. Stech- und Greifzirkel sind nützlich, um bestimmte Abmessungen zu übertragen, und eine Reißschiene und ein paar Plastikdreiecke leisten gleichfalls gute Dienste.

Der Arbeitsplatz

Um mit dem Schnitzen zu beginnen, benötigt man nicht sehr viel Platz und Ausrüstung. Alles, was Sie für den Anfang benötigen, ist ein Stück Holz, ein Messer und ein Platz, an dem Sie sich niederlassen können. So schnitzend, können Sie viele angenehme Stunden draußen oder zu Hause verbringen. Die Späne, die dabei abfallen, sind bequem aufzukehren, ohne daß dabei Staub entsteht. Auf diese Art und Weise bleiben Sie jedoch auf kleine Teile beschränkt, die man in der Hand halten kann. Sollten Sie die Absicht haben, größere und komplizierte Teile herzustellen, dann benötigen Sie mehr Platz, um eine robuste Werkbank aufzustellen. Der ideale Arbeitsplatz sollte Tageslichtbeleuchtung haben und über zusätzlichen Platz zur Aufbewahrung nicht benötigter Werkzeuge verfügen. Stellen Sie Elektrowerkzeuge auf, so sollten diese genügend Raum ringsum haben, um sicher daran arbeiten zu können. Die Skizzen auf der nächsten Seite oben verdeutlichen, wie ein gut eingerichteter Werkraum aussehen sollte (links) und wie man sich einen Arbeitsplatz irgendwo in einer Ecke einrichten kann (rechts).
Ein ruhiger, gut beleuchteter und bequemer Arbeitsplatz schafft die Atmosphäre, die es Ihnen ermöglicht, Schnitzereien von bester Qualität herzustellen.

Beleuchtung
Für das Holzschnitzen ist gutes Licht unentbehrlich. Sie müssen einfach genau erkennen können, woran Sie gerade arbeiten. Aber Sie benötigen auch eine Lichtquelle, die keine harten Schatten wirft. Das

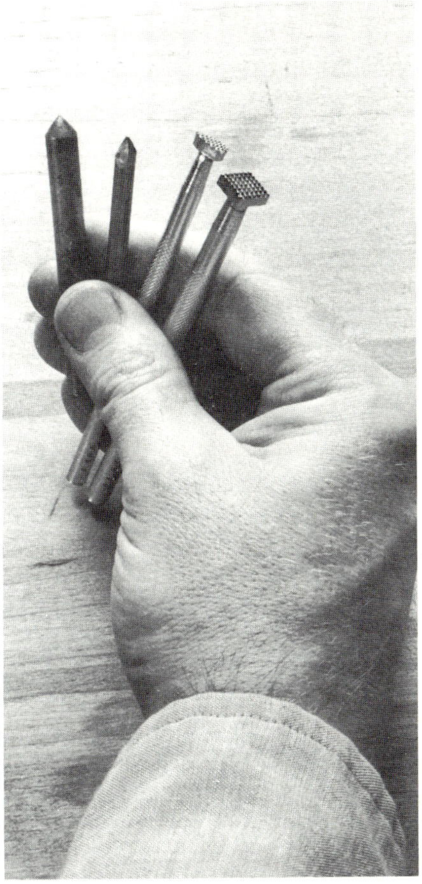

Punktierstifte oder Punzen werden verwendet, um Muster auf die Oberfläche von Reliefschnitzereien zu bringen. Oben, von links nach rechts: ein großer und ein kleiner spitz zulaufender Konus sowie ein rhombenförmiger und ein quadratischer Diamantstift. Die Muster, die sie erzeugen, werden auf dem unteren Foto gezeigt.

Vorschlag für einen großen eingerichteten Werkraum

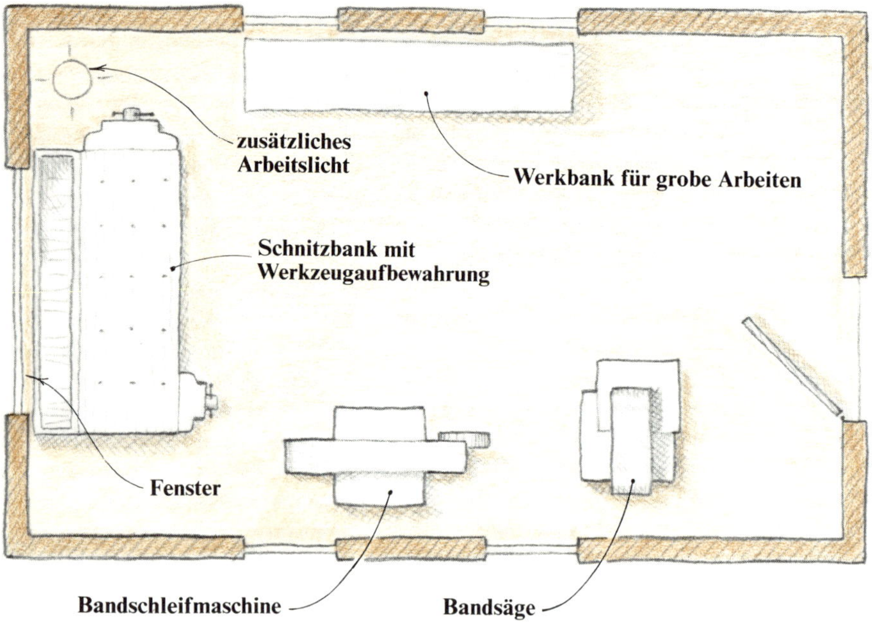

Arbeitsecke

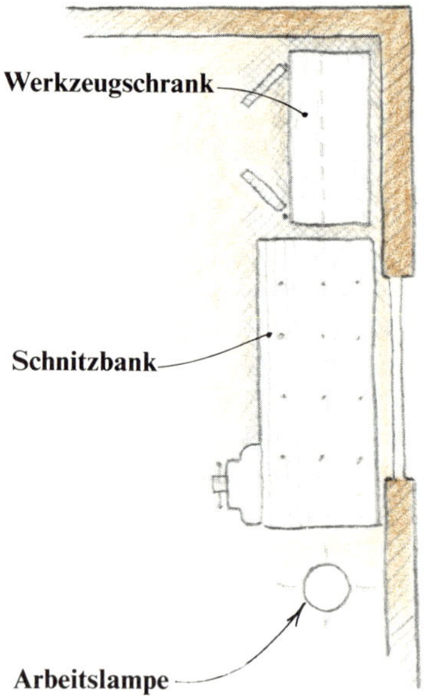

beste Licht für Ihre Arbeit kommt deshalb durch ein nach Norden gerichtetes Fenster. Nordlicht ergibt ein gleichmäßiges, indirektes Licht, in dem man alle Einzelheiten gut erkennen kann. Besonders beim Reliefschnitzen sollten Sie sich mit dem Gesicht zum Fenster setzen, da Sie dabei die Feinheiten am besten erkennen.
Wenn es Ihnen unmöglich ist, natürliches Licht zu benutzen, dann nehmen Sie am besten einen Strahler mit 75 Watt Stärke. Die Lichtquelle sollte sich in einer Entfernung von 1,20 bis 2,40 Meter und einem Winkel von 45° von der Werkbank befinden. Vielleicht benötigen Sie noch weitere Lichtquellen, aber versuchen Sie in jedem Fall, mit einer Primärlichtquelle auszukommen. Die Beleuchtung sollte so sein, daß Sie die Schneide Ihres Werkzeuges erkennen, und sie sollte leichte Schatten werfen, die es Ihnen ermöglichen, die Tiefe und Strukturen Ihrer Arbeit abzuschätzen. Nehmen Sie keine Leuchtstofflampen als Primärlichtquelle. Deren Licht ist zu weich und läßt keine Einzelheiten erkennen.

Werkbänke

Für große und komplizierte Schnitzstücke benötigen Sie eine robuste Auflage. Sie können dafür einen festen Küchentisch nehmen, eine Werkbank aus der Garage benutzen oder sich eine spezielle Schnitzbank anschaffen. In jedem Fall muß Ihre Arbeitsbank so schwer sein, daß sie beim Schnitzen nicht verrutscht, oder aber Sie müssen sie am Boden festschrauben. Sie sollten außerdem eine Vorrichtung besitzen, mit der Sie ein Werkstück festspannen können, um beide Hände zum Arbeiten freizuhaben. Dafür kann man einen eingebauten Schraubstock nehmen oder einen, der an der Platte der Werkbank angebracht ist. Die idealen Abmessungen einer Werkbank betragen etwa: Höhe 87 cm, Breite 35 bis 60 cm, Länge 120 bis 180 cm. Wählen Sie die für Ihre eigene Bequemlichkeit besten Maße aus. Manchmal kann man auch eine Werkbank mit abschließbaren Werkzeugladen bekommen; eine gute Idee, wenn sich Kinder im Haus befinden.
Sorgen Sie dafür, daß Ihre Werkbank immer sauber und aufgeräumt ist, dann wird Ihnen Ihre Arbeit gut von der Hand gehen. Ich pflege meine Eisen auf der hinteren Seite der Arbeitsplatte aufzureihen, und zwar je nach Häufigkeit des Gebrauchs und mit der Schneide nach vorn, so daß ich sie leicht erkennen kann. Von links nach rechts kom-

Die Werkbank

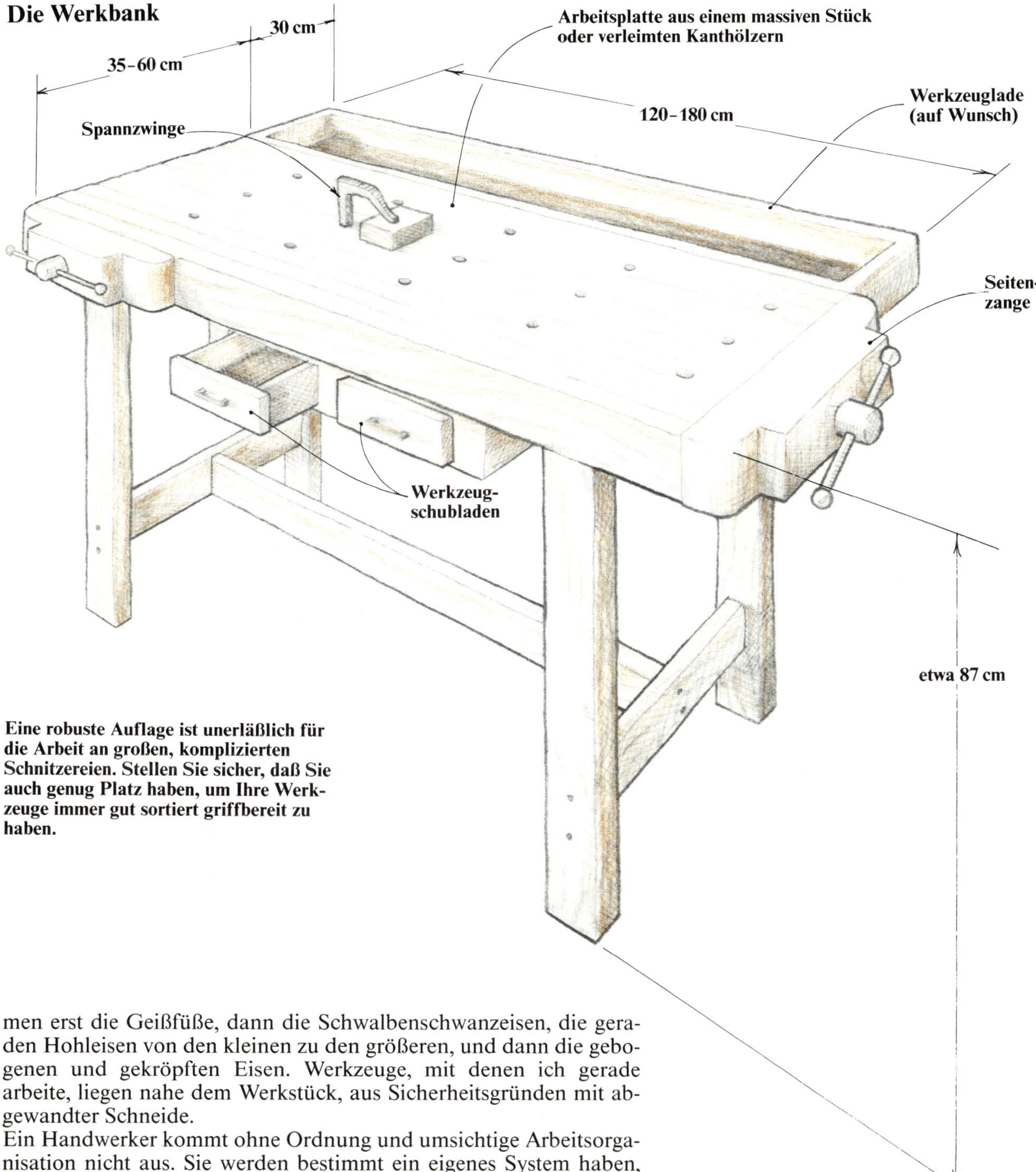

Eine robuste Auflage ist unerläßlich für die Arbeit an großen, komplizierten Schnitzereien. Stellen Sie sicher, daß Sie auch genug Platz haben, um Ihre Werkzeuge immer gut sortiert griffbereit zu haben.

men erst die Geißfüße, dann die Schwalbenschwanzeisen, die geraden Hohleisen von den kleinen zu den größeren, und dann die gebogenen und gekröpften Eisen. Werkzeuge, mit denen ich gerade arbeite, liegen nahe dem Werkstück, aus Sicherheitsgründen mit abgewandter Schneide.

Ein Handwerker kommt ohne Ordnung und umsichtige Arbeitsorganisation nicht aus. Sie werden bestimmt ein eigenes System haben, aber immer sollten Sie Ihre Werkzeuge nach Größe geordnet griffbereit haben, um sie auf einen Blick zu finden. Wenn sie überall auf der Werkbank verstreut herumliegen und gelegentlich auch einmal auf

Zum effizienten Arbeiten sollten Sie Ihre Werkzeuge auf der Werkbank nach der Häufigkeit des Gebrauchs bereitlegen, mit der Schneide nach vorn, damit Sie sie auf einen Blick erkennen können. Eisen, mit denen man gerade arbeitet, liegen neben dem Werkstück, aber aus Sicherheitsgründen mit abgewandter Schneide.

Zum Festhalten des Holzes auf der Werkbank verwendet man entweder eine einfache Steckzwinge (links) oder eine Schraubzwinge (rechts).

Eine solche Bankschraube (auch Figurenschraube) kann man kaufen oder selber machen, indem man den Schlitz am oberen Ende einer Schraube selbst einschneidet.

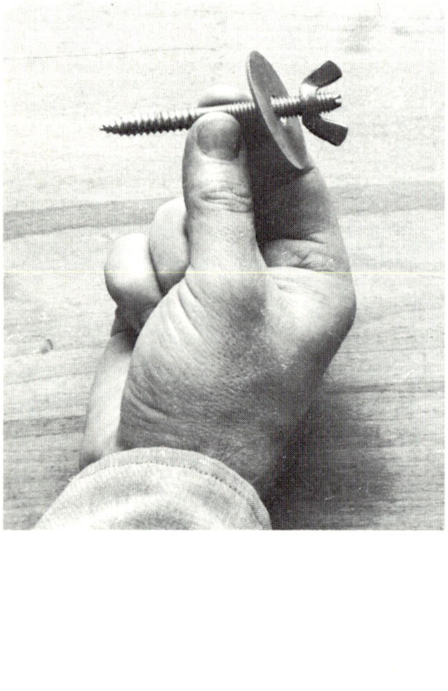

den Boden fallen, dann müssen Sie viel Zeit mit der Suche nach einem bestimmten Werkzeug verschwenden. Organisation erleichtert Ihnen die Arbeit.

Schraubstöcke und Zwingen

Wenn Sie einen großen Holzblock bearbeiten, dann müssen Sie ihn irgendwie auf der Werkbank festhalten. Eine Möglichkeit ist, ihn in einen Schraubstock einzuspannen, der zwei hölzerne oder eiserne Backen zum Festhalten hat. Schraubstöcke mit hölzernen Backen sind in herkömmlichen Werkbänken für Holzschnitzer bereits eingebaut. Man kann sich aber auch einen normalen, transportierbaren Schraubstock auf seiner Arbeitsplatte anschrauben. Obwohl man Schraubstöcke mit eisernen Backen nicht für das Holzschnitzen empfiehlt, benutze ich einen solchen, den ich irgendwo gefunden habe, und ich hatte nie Ärger mit ihm. Die Gefahr dabei besteht einerseits darin, daß Ihnen Ihr Eisen einmal auf die Metallbacken abrutscht und dabei die Schneide beschädigt wird. Und andererseits können die Backen das Holz beschädigen. Wenn ich deshalb zum Beispiel an einer dreidimensionalen Skulptur arbeite, schraube ich einen Hartholzblock unter das Schnitzstück und spanne es damit in den Schraubstock, wie es auf dem Foto unten zu sehen ist. Auf diese Weise wird nicht nur das Schnitzstück sicher festgehalten, sondern das Werkzeug kann beim Abrutschen auch nicht mit den Backen in Berührung kommen.

Zusätzlich werden Sie noch einige Schraubzwingen benötigen, um das Holz auf der Werkbank festzuhalten. Wenn Sie sie benutzen, sollten Sie immer ein kleines Stück Abfallholz dazwischenklemmen, um Beschädigungen des Schnitzstückes zu vermeiden. Darüber hinaus verwende ich auch noch einen einfachen, selbstgefertigten Bankhaken, um kleine Holzstücke einzuspannen, dessen Herstellung ich auf Seite 90 beschreibe.

Ein anderes nützliches Hilfsmittel sind Steckzwingen, die man sich aus einem Stück Eisenstab selbst herstellen kann. Ihre Form gleicht einem umgekehrten L. Sie werden in einem Loch mit einem etwas

Um ein Werkstück unbeschädigt in einen Schraubstock einspannen zu können, schraubt man ein Stück Hartholz darunter, das zwischen die Backen gespannt wird.

größer gehaltenen Durchmesser auf der Arbeitsplatte befestigt. Schlägt man sie mit dem Hammer dort hinein, halten sie ein flaches Stück Holz vermittels Reibung fest. Um sie wieder loszubekommen, genügt ein leichter Schlag gegen ihre Rückseite. Ich verwende meist zwei Steckzwingen, um Holzbretter hobeln oder schnitzen zu können. Eine meiner Werkbänke, ein altes Erbstück, hat für diesen Zweck eine ganze Anzahl von ¾-Zoll-Bohrungen. In ihnen kann man eine beliebige Zahl Steckzwingen anbringen und flache Holzstücke in den verschiedensten Größen damit einspannen.

Man kann das Holz auch mit Bankschrauben befestigen, die am spitzen Ende ein Gewinde für Holz und am anderen Ende ein Metallgewinde haben. Solche Schrauben kann man kaufen oder selbst herstellen, indem man am stumpfen Ende der Schraube mit einer Metallsäge einen Schlitz für einen Schraubenzieher anbringt, damit man sie etwa 20 mm tief in ein Werkstück einschrauben kann. Stecken Sie die Schraube durch eines der Löcher in der Arbeitsplatte und schrauben Sie sie an der Unterseite mit Hilfe der Unterlegscheibe und der Flügelmutter fest. Auf diese Weise können Sie ihr Werkstück nötigenfalls drehen, um es von verschiedenen Seiten bearbeiten zu können. Der einzige Nachteil dabei ist, daß das Holz sich auch selbsttätig verdrehen kann, vor allem wenn man es mit einem schweren Klüpfel und Eisen bearbeitet. In solchen Fällen benutze ich noch zusätzlich Steckzwingen oder Schraubzwingen.

Steckzwinge

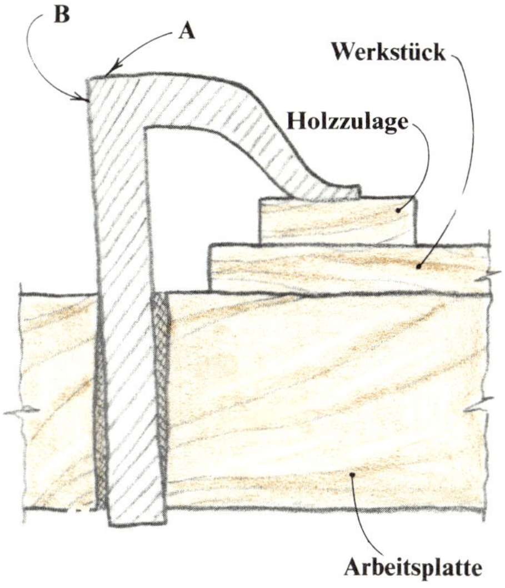

Zum Festspannen schlagen Sie leicht auf Punkt A, zum Lockern auf Punkt B.

Empfohlene Werkzeuge für das Schnitzen von:

Figuren
Messer mit gerader Klinge
sogenanntes X-acto-Messer
Geißfüße 3 und 6 mm

Reliefs
Für Anfänger
Hohleisen Nr. 3, 6 mm breit
Schwalbenschwanzeisen Nr. 5, 2 mm breit
Hohleisen Nr. 7, 6 und 12 mm breit
Für Fortgeschrittene
Hohleisen Nr. 3, 8 und 15 mm breit
Gekröpftes Hohleisen Nr. 5, 18 mm breit
Schwalbenschwanzeisen Nr. 5, 20 mm breit
Gekröpftes Hohleisen Nr. 7, 10 mm breit
Hohleisen Nr. 7, 14, 18 und 25 mm breit
Hohleisen Nr. 8, 10 mm breit
Geißfuß, 3 und 14 mm breit
Ziereisen, 2 und 7 mm breit
Stecheisen, 12 mm breit

Kerbschnitt
Messer mit gerader Klinge
Messer mit gebogener Klinge
Messer mit schräg angeschliffener Klinge

Figuren
Für Anfänger
Messer mit gerader Klinge
Hohleisen Nr. 3 und Nr. 8, 5 mm breit
Geißfuß, 3 mm breit
Für Fortgeschrittene
Hohleisen Nr. 3, 15 mm breit
Schwalbenschwanzeisen Nr. 5, 12 mm breit
Hohleisen Nr. 7, 18 und 25 mm breit
Hohleisen Nr. 8, 3, 4 und 6 mm breit
Geißfuß, 6 mm breit
Kasteneisen, 12 mm breit
Stecheisen, 12 mm breit

Schriften
Messer mit gerader Klinge
Hohleisen Nr. 5, 14 mm breit
Schwalbenschwanzeisen Nr. 5, 10 und 12 mm breit
Hohleisen Nr. 7, 6, 14 und 18 mm breit
Hohleisen Nr. 8, 4 mm breit
Geißfuß 3 mm breit
Geißfuß Nr. 13, 15 mm breit
Stecheisen 6 und 12 mm breit
Flacheisen 30 mm breit

Dekoratives Schnitzen
Hohleisen Nr. 3, 5 mm breit
Hohleisen Nr. 5, 12 und 20 mm breit
Schwalbenschwanzeisen Nr. 5, 10 mm breit
verkehrt gekröpftes Hohleisen Nr. 5, 8 mm breit
Hohleisen Nr. 7, 6, 14 und 18 mm breit
Hohleisen Nr. 9, 6 mm breit
Geißfuß 6 mm breit
Stecheisen 12 mm breit

Das Schärfen der Werkzeuge

Das Schärfen der Werkzeuge ist nicht schwierig. Erlernen Sie die grundlegende Technik, der Rest kommt mit der Übung.

Wenn es eine besondere Kunstfertigkeit gibt, die man das größte Geheimnis beim Holzschnitzen nennen könnte, so ist es das richtige Schärfen der Werkzeuge. Eine gut geschliffene Klinge schneidet ohne Schwierigkeit durch alle Holzfasern und hinterläßt eine polierte Oberfläche, die alle Schönheiten der Holzmaserung offenlegt. Sind die Werkzeuge jedoch nicht scharf genug, so ist es, als verhalte das Holz sich beim Schnitzen geradezu widerspenstig und unwillig. Schnitzen mit stumpfen Klingen macht keinen Spaß. Es bereitet nur Enttäuschung.
Selbst ein ungeübter Betrachter wird den Unterschied zwischen einem Schnitzstück, das mit einer scharfen Klinge angefertigt wurde, und einem, das von einer stumpfen Klinge stammt, sofort erkennen. Ersteres strahlt förmlich und scheint voller Leben zu sein. Stumpfe Klingen aber verletzen die Holzfasern und hinterlassen rauhe, ungeglättete Stellen, so daß das Teil schlampig und amateurhaft aussieht, selbst wenn es von geübter Hand gefertigt wurde.
Deshalb ist es äußerst wichtig für jeden Holzschnitzer, das Schärfen seiner Werkzeuge gut zu beherrschen. Es ist nicht schwierig zu erlernen, und es gibt keine Geheimnisse dabei. Man muß nur die richtige Technik beherrschen, alles andere kommt mit der Übung.

Schleifsteine

Rechteckige Schleifsteine, die etwa 5 cm breit und 15 bis 25 cm lang sind, werden zum Schärfen von Messerklingen und den äußeren Schneidkanten von Hohleisen genommen. Von links nach rechts: ein weicher Arkansasstein, ein künstlich hergestellter japanischer Wasserschleifstein und ein Indiastein mit beidseitig unterschiedlichen Schleifgraden. In Deutschland sind vor allem Kunststeine erhältlich. Der beste natürliche Stein, der Belgische Brocken, ist fast nicht mehr zu erhalten.

Die Schneidkante eines Werkzeugs wird durch das Reiben auf einem benetzten Schleifstein geschärft. Schleifsteine gibt es in einer Reihe von Größen und Ausführungen, aus unterschiedlichen Materialien und mit unterschiedlicher Körnung (dessen Grad oft numeriert ist). Schleifsteine, die man mit Öl einfettet, werden Ölsteine genannt, solche, die man mit Wasser benetzt, nennt man Wasserschleifsteine. Ich bevorzuge die Ölsteine, weil sie für gewöhnlich härter sind und sich nicht so schnell abnutzen. Wassersteine erfordern eine andere Schärftechnik als die, die ich hier beschreibe. (Japanische Handwerker haben aus dem Abziehen mit Wasser eine eigene Kunst gemacht.)
Ölsteine werden entweder künstlich aus Materialien wie Siliziumkarbid oder Aluminiumoxid hergestellt oder aus Steinen, die man in der Natur findet, wie Arkansasstein. Siliziumkarbid (Markennamen »Carborundum« und »Crystolon«) ist eins der härtesten industriell hergestellten Schleifmittel. Es schärft das Metall der Werkzeug-

Ölsteine

Bezeichnung	Farbe	Schleifgrad und Material	Anwendung
Carborundum oder Crystolon	Dunkelgrau	Grob (100 bis 200). Ein weicher Stein, künstlich aus Siliziumkarbid hergestellt.	Grobschärfen, z. B. für das Vorschleifen einer Schneidkante oder das Ausbessern einer Scharte.
Washita	Cremefarbig mit dunklen Streifen	Mittelfein (350). Ein weicher, natürlicher Stein.	Schleifen. Säubern einer Schneidkante, Anziehen eines Grates.
India	Rötlichbraun	Mittelfein (400). Ein harter, künstlich hergestellter Stein.	Schleifen, Säubern einer Schneidkante, Anziehen eines Grates.
Weicher Arkansas	Weiß oder graugesprenkelt	Fein (800). Ein weicher, natürlicher Stein.	Abziehen. Entfernung eines Grates.
Harter Arkansas	Weiß	Sehr fein (1000). Ein harter, natürlicher Stein.	Abziehen und Polieren. Letztes Abziehen und Polieren der Schneide.
Schwarzer Arkansas	Schwarz	Extrem fein (2000). Ein sehr harter, natürlicher Stein.	Polieren. Letztes Polieren der geschärften Schneide.

schneiden sehr schnell, hinterläßt aber eine rauhe Oberfläche. Seine Schleifpartikel lösen sich beim Gebrauch ab, so daß die Steine sich rasch abnutzen und alle paar Jahre erneuert werden müssen. Indiasteine aus Aluminiumoxid haben eine feinere Oberfläche und halten länger.

Schleifsteine sind mit unterschiedlichen Körnungen erhältlich. Darunter versteht man den Grad ihres Abriebs, der von grob (100 bis 200) über mittelfein (200 bis 400) und fein (400 bis 800) bis sehr fein (800 bis 2000) geht. Manchmal werden zwei Schleifsteine mit unterschiedlichen Körnungen kombiniert. Ich verwende einen solchen Kombinationsstein, einen rechteckigen Indiastein, mit den Schleifgraden 200 bzw. 400. Er ist etwa 17 × 5 cm groß.

Die gebräuchlichsten natürlichen Schleifsteine in Amerika sind aus Novaculit, einer Quarzsteinsorte, die man im Gebiet der heißen Quellen in Arkansas findet und deswegen Arkansasstein nennt. Sie sind auch bei uns erhältlich. Jahrhundertelang waren sie die feinsten und begehrtesten Schleifsteine in der Welt. Allerdings ist das Material sehr rar und schwierig zu bearbeiten, so daß Schleifsteine hieraus sehr teuer sein können. Ihre Schärfqualität hängt von Farbe und Härte ab. Die weißen Steine sind nicht so fein wie der harte schwarze Arkansasstein.

Grundsätzlich kann man den Schärfvorgang in vier Stufen unterteilen: 1. Vorschleifen, 2. Schleifen, 3. Abziehen und 4. Polieren. Das Vorschleifen nimmt den größten Teil des Metalls weg, gibt dem Werkstück die grobe Form oder Kante und entfernt Scharten. (Wenn eine Schneide jedoch stark schartig ist, muß man sie auf einem rotierenden Schleifstein abschleifen.) Für das Vorschleifen benötigt man einen Schleifgrad von 100 bis 200, wofür ich die gröbere Seite meines Indiasteines nehme. Ein Carborundumstein ist ebensogut geeignet.

Das Schleifen glättet die Schneidkante und erzeugt den Grat, den man haben muß, um eine Schneide scharf zu bekommen. Hierfür benötigt man einen mittelfeinen Schleifstein mit einem Schleifgrad von 200 bis 400, wofür ich die feinere Seite meines Indiasteines nehme.

Das Abziehen schließlich entfernt den Grat und erzeugt die messerscharfe Schneide. Dazu gebraucht man einen feinen Stein. Ich nehme hierfür einen weichen oder harten Arkansasstein. Diese, so habe ich herausgefunden, sind besonders praktisch als Formsteine. Ihre verschiedenen Formen kann man aus den Abbildungen auf dieser Seite ersehen. Sie sind zwischen 5 und 10 cm lang. Formsteine mit runden

Formsteine

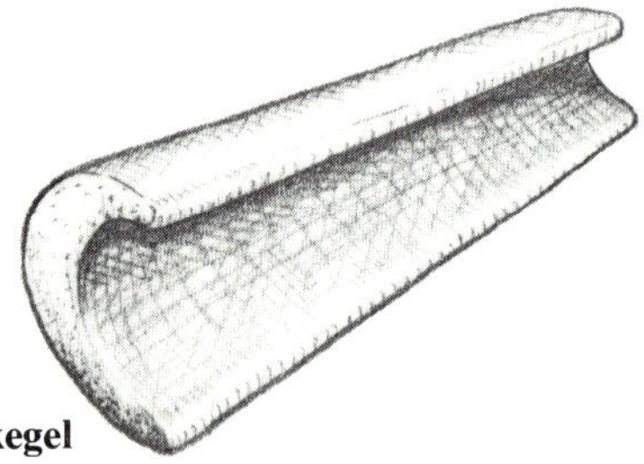

Hohlkegel

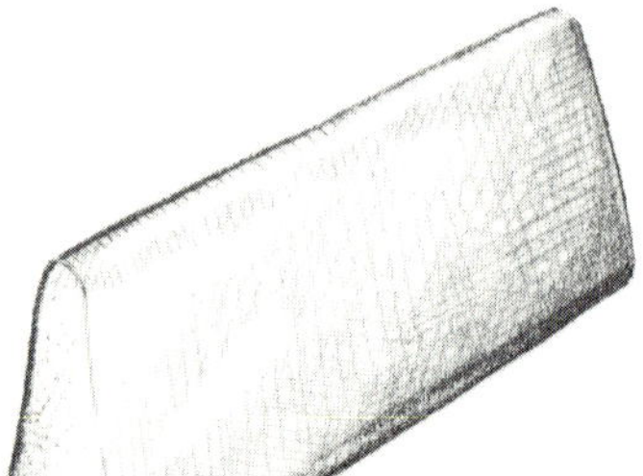

Rundkantenstein

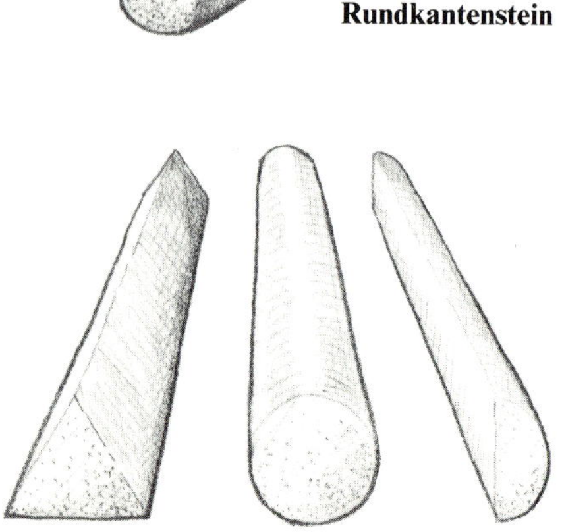

Dreieck Rundstab Halbrundstab

Kanten sind besonders praktisch für das Abziehen der inneren und äußeren Schneidkanten von Hohleisen.
Das Polieren, die letzte Stufe des Schleifvorganges, beseitigt die winzigen Kratzer, die die vorherigen Bearbeitungsvorgänge hinterlassen haben und erzeugt eine spiegelglatte Schneide, die mühelos durch das Holz hindurchgleitet. Hierfür benutze ich meist den sehr feinen schwarzen Arkansasstein oder ein Abziehleder. Das ist ein Stück Leder, ca. 35 x 5 cm groß, das auf eine Holzunterlage aufgeklebt ist. Man kann sich ein solches Abziehleder selber herstellen. Gelegentlich nehme ich zum Polieren auch eine Schwabbelscheibe, wie auf Seite 34 und 35 beschrieben.
Zum Ölen der Ölsteine benötigt man ein Kännchen leichtes Maschinenöl. (Manche Leute nehmen dafür auch Petroleum, aber leichtes Maschinenöl riecht nicht so scharf und ist nicht so leicht entflammbar.) Die Steine sollten beim Schleifen immer gut geölt sein, wozu ein paar Tropfen Öl genügen. Das Öl schmiert nicht nur die Klinge, sondern spült auch die winzigen Metallabriebe fort, die sonst die Poren des Steines verstopfen und ihn schließlich unbrauchbar machen. Das überschüssige Öl und die Metallspäne müssen nach jedem Gebrauch des Steines mit einem Lumpen oder einem Papiertuch abgewischt werden. Ich bevorzuge die letzteren, weil sie nicht so feuergefährlich sind und nach Gebrauch weggeworfen werden können. Lumpen, die man für diesen Zweck verwendet, sollten in einem feuerfesten Behälter aufbewahrt werden.
Bewahren sie Ihre Schleifsteine immer in einer Kiste auf, um sie vor Staub und Beschädigungen zu schützen, ölen Sie sie vor dem Gebrauch gut ein und säubern Sie sie danach gründlich. Sie werden es Ihnen mit einer langen Gebrauchsdauer lohnen.

Formsteine dienen zum Schleifen der inneren Schneidkanten von Hohleisen. Von links nach rechts: ein schwarzer Arkansasstein mit Messerkante, ein harter weißer und ein weicher Arkansasstein, beide mit je einer Rundkante und einer Messerkante (für die inneren Schneidkanten von Geißfüßen) und ein Indiastein mit Rundkanten.

Das Schärfen eines Messers

Das geeignetste Werkzeug, um das Schärfen zu erlernen, ist ein Schnitzmesser. Wenn das Messer noch neu ist und die Klinge noch keine Scharten hat, können Sie mit einem mittelfeinen Schleifstein beginnen und zum Abziehen einen feinen Stein oder ein Abziehleder nehmen. Ist die Klinge jedoch stumpf, schartig oder rostig, dann beginnen Sie mit einem groben Stein, bevor Sie mit einem mittelfeinen weitermachen. Die Technik ist für das Vorschleifen wie für das Schleifen gleich.
Zunächst geben Sie zwei oder drei Tropfen Öl so auf den Stein, daß sich eine kleine Lache bildet. Dann reiben Sie die gesamte Schneidkante mit kreisenden Bewegungen darüber, wie es in der Zeichnung rechts dargestellt ist. Nehmen Sie dabei das Messer so in die Hand, als wenn Sie Marmelade auf eine Scheibe Brot aufstreichen würden. Die Schneidkante muß dabei flach auf dem Stein aufliegen, während der Rücken der Klinge in einem Winkel von 20 bis 30° absteht. Konzentrieren Sie sich aber zunächst darauf, die Schneide scharf zu bekommen. Der Rest kommt mit der Übung und Erfahrung. Beim Reiben der Klinge auf dem Stein muß nicht viel Kraft angewandt werden. Es genügt, daß Sie einen Druck wie auf einen Bleistift beim Schreiben ausüben. Wenn die Oberfläche des Schleifsteins sich trokken anfühlt, geben Sie wieder etwas Öl hinzu, sonst besteht die Gefahr, daß die Poren des Steins durch den Metallabrieb verstopft werden.
Schärfen Sie beide Seiten der Schneide gleichmäßig und im gleichen Winkel. Sie werden feststellen, daß sich beim Schleifen allmählich eine Kante aus dünnen Metallspänen bildet, die auf der Schneide sitzen. Das ist der Schleifgrat. Er zeigt an, daß die Klinge so scharf geworden ist, wie man es mit dem benutzten Stein überhaupt nur erzielen kann. Der Grat ist praktisch mikroskopisch winzig, so daß Sie zu seiner Feststellung mit der Fingerspitze quer über die Klinge

Schärfen eines Messers

Reiben Sie die Klinge mit kreisenden Bewegungen auf dem Stein, und zwar so, daß die Schneide flach aufliegt, während der Klingenrücken 20 bis 30° absteht.

Querschnitt

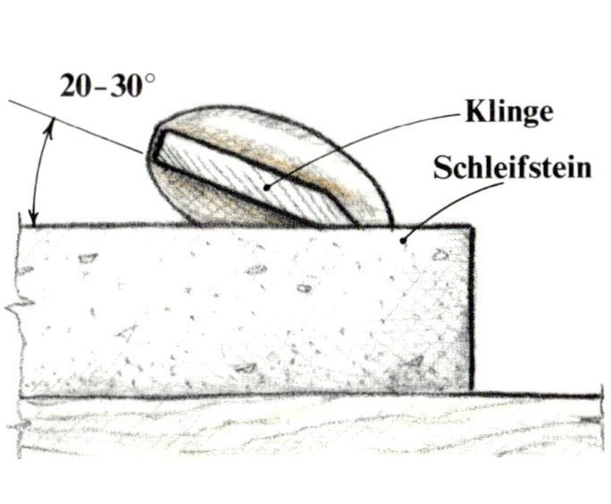

Pressen Sie die gesamte Schneidkante flach gegen den Stein, mit abgewinkeltem Klingenrücken, während Sie die Schneide mit kreisenden Bewegungen schärfen.

Das Abziehen einer Klinge auf dem Abziehleder muß entgegengesetzt zur Schneide erfolgen.

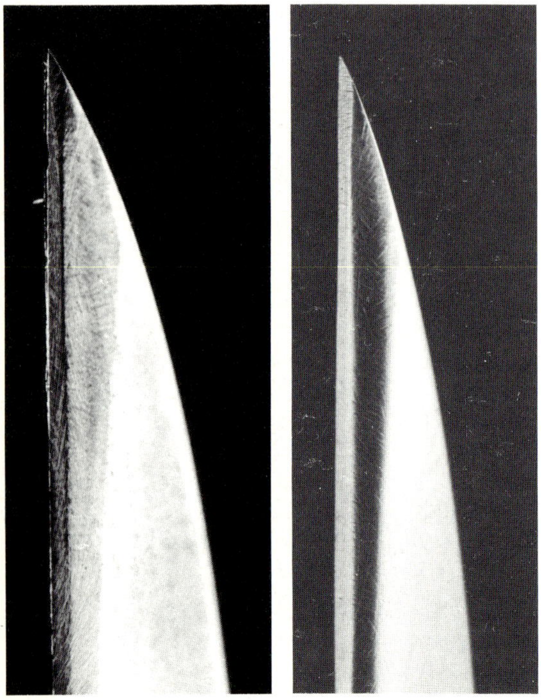

Das Schleifen erzeugt einen Grat (links). Sobald dieser abgezogen wurde, ist die Klinge messerscharf (rechts).

fahren müssen. (Fahren Sie nicht an der Schneide entlang, weil Sie sich dann leicht in den Finger schneiden können.) Der Grat fühlt sich rauh an, so, als würde er sich in den Linien Ihrer Fingerspitze fangen. Setzen Sie das Schleifen so lange fort, bis Sie den Grat auf der gesamten Klingenlänge spüren.

Wenn Sie jetzt das Messer benutzen würden, würde der Grat abbrechen und eine stumpfe Schneide hinterlassen. Deshalb müssen Sie die Klinge jetzt mit einem feineren Stein abziehen. Ich nehme dafür entweder einen weichen oder einen harten weißen Arkansasstein. Die Handstellung, die kreisende Bewegung und das Benetzen des Steins mit Öl bleiben die gleichen wie vorher.

Wenn Sie keinen Arkansasstein besitzen, können Sie auch direkt zum Abziehleder übergehen. Sie benötigen dann nur etwas mehr Zeit, um die scharfe, polierte Schneide zu bekommen, die Sie zu erhalten wünschen.

Beim Abziehleder halten Sie die Klinge gleichfalls so, wie vorher erklärt, und streichen sie langsam den Riemen rauf und runter - und zwar in entgegengesetzter Richtung zur Schneide, weil Sie sonst in das Leder schneiden und es beschädigen könnten. Ich selbst mache für gewöhnlich jedesmal zehn Striche auf der einen Seite, dann drehe ich die Klinge um, mache zehn Striche auf der anderen Seite und wiederhole die ganze Prozedur. Derart stelle ich sicher, daß das Schärfen gleichmäßig erfolgt. Zunächst streiche ich dabei die Klinge weg von mir, mit der Schneide auf mich weisend, dann ziehe ich sie mit dem Klingerücken zu mir hin. Der Zweck ist, den Grat zu entfernen und die Kanten zu polieren, die die Schneide ergeben. Das kann vielleicht früher der Fall sein, aber ich habe mir angewöhnt, etwa 50 Striche in jede Richtung zu machen, dann prüfe ich mit der Fingerspitze, ob noch Überreste des Grats vorhanden sind. Ist dies nicht der Fall, dann ist die Klinge rasiermesserscharf und fertig für den Gebrauch.

Obwohl das Abziehleder ohne Öl verwendet werden kann, reibe ich gelegentlich doch etwas Schleifpaste auf, um den Abziehprozeß zu beschleunigen. Dazu nehme ich eine handelsübliche Polierpaste, die normalerweise für das Schwabbeln von Schmuckstücken verwendet wird. Man kann aber auch Silberpolitur oder einfache Zahnpaste nehmen. Sie alle verkürzen das Abziehen.

Das Prüfen der Schärfe

Nach dem Abziehen muß die Klinge auf ihre Schärfe überprüft werden. Dafür gibt es zwei geeignete Methoden. Die eine besteht darin, die Schneide durch das Hirnholz eines weichen Holzes zu ziehen, am besten Kiefer oder Linde. (Das Hirnholz ist die Seite eines Holzstücks, an der die Jahresringe zu sehen sind.) Wenn das Messer richtig geschärft ist, kann man damit einen sauberen Span mit glatter Schnittkante abtrennen. Ist die Klinge noch stumpf, wird das Holz ausreißen.

Der zweite Schärfetest erfordert mehr Gefühl. Dabei zieht man die Schneide fast liegend über den Daumennagel. Gleitet die Klinge dabei über den Nagel hinweg, ist sie noch nicht scharf genug. Sie muß ihn leicht einschneiden. Je flacher der Winkel ist, aus dem heraus das geschieht, desto schärfer ist die Schneide.

Lassen Sie sich nicht entmutigen, wenn es eine Zeit dauern sollte, ehe es Ihnen gelingt, eine scharfe Schneide zu erzielen. Ich kann mich noch daran erinnern, wie ich es das erstemal versuchte. Ich dachte, es sei furchtbar einfach, aber ich brauchte mehr als drei Stunden. Heute, nach langen Jahren der Übung, kostet es mich nur ein paar Minuten. Ich empfehle Ihnen, das Abziehleder beim Schnitzen immer zur Hand zu haben und die Klinge alle halbe Stunde mit 20 bis 30 Strichen abzuziehen. Das hält die Schneide scharf.

Das Schärfen von Schnitzeisen

Hohleisen werden fast genauso wie Schnitzmesser geschärft. Der einzige Unterschied besteht darin, daß man es bei ihnen nicht mit einer flachen, sondern einer gebogenen Schneide zu tun hat. Man beginnt wieder mit einem groben Schleifstein, für den Fall, daß man eine Schneidkante anschleifen muß oder die Schneide stumpf oder schartig ist. Dann geht man zu einem mittelfeinen Stein über, bis sich ein Grat bildet. Danach zieht man die Schneide auf einem feinen Arkansasstein ab und poliert sie auf dem Abziehleder oder der Schwabbelscheibe.

Für das Grobschleifen befestigt man einen Stein so auf der Arbeitsplatte, daß er nicht hin und her rutschen kann. Hat der Stein einen Holzrahmen, wie es oft der Fall ist, so kann man ihn daran mit Hilfe von zwei Schraubzwingen festklemmen. Geben Sie ein paar Öltropfen auf den Stein und nehmen Sie das Heft in Ihre rechte Hand (falls Sie Rechtshänder sind). Die Finger der linken Hand drücken Sie so auf die Klinge, wie Sie es im Foto rechts sehen. Dann führen Sie die Schneide mit einer leichten, stetigen Bewegung längs über den Stein. Durch Drehen der rechten Hand erzeugen Sie eine Art Rollbewegung, wodurch die gesamte Schneidkante mit dem Stein in Berührung kommt. Sie müssen aber darauf achten, daß Sie die Klinge nicht zu weit nach außen rollen, weil dadurch die Außenecken zu sehr abgerundet werden, wodurch die Breite der Schneide und ihre Schneidwirkung beeinträchtigt werden.

Die meisten Eisen werden bereits mit angeschliffener Fase geliefert. Um ihren Winkel zu bestimmen, pressen Sie die Kante flach auf den Stein. Der Winkel, den die Klinge dabei zum Stein einnimmt, ist der Schneidwinkel, mit dem das Eisen in das Holz eindringt. Der richtige Schneidwinkel hängt zum einen von der persönlichen Vorliebe ab, zum anderen aber auch von der Holzsorte, die man schnitzen will. Zum Beispiel sollen gerade Hohleisen, wie man sie zum Schnitzen von Weichholz oder für Feinarbeiten nimmt, einen Schneidwinkel von 15 bis 20° haben. Das ergibt eine recht dünne Schneide (lange Fase), wogegen aber keine Bedenken bestehen, da man keine sehr große Kraft benötigt, um durch Weichholz zu schneiden. Gerade Hohleisen, mit denen Hartholz bearbeitet wird oder die man für Grobarbeiten verwendet, sollten einen Schneidwinkel von 25 bis 30° haben, damit man mit ihnen die groben Holzfasern leichter zerschneiden kann. Dadurch bekommt man eine etwas dickere Schneide (kurze Fase), die nicht so schnell schartig wird oder ausbricht. Manchmal machen Holzschnitzer auch den Fehler, die Fase eines Hohleisens vollkommen flach zu schleifen. Sie sollte im Gegenteil hinten leicht gerundet sein, damit sie reibungslos in den rückwärtigen Teil der Klinge übergeht und das Eisen gut in das Holz eindringt. Dadurch kann man das Eisen auch leichter wieder aus dem Holz herausziehen, wenn man einen Schnitt nicht zu Ende führen will.

Nachdem die Fase im richtigen Winkel geschliffen wurde, geht man zu einem mittelfeinen Stein über, auf dem man die Schneide wieder so lange mit einer rollenden Bewegung schleift, bis sich auf der Innenseite ein Grat gebildet hat. Diesen entfernt man mit einem weichen weißen Arkansasstein. Ich beginne damit, daß ich mit dem Formstein zunächst die innere Schneidkante abziehe. Zu diesem Zweck träufle ich ein paar Tropfen Öl darauf und halte das Eisen so mit der linken Hand, daß seine Schneide nach oben zeigt, wie auf dem Foto Seite 34 zu sehen ist. Mit der rechten Hand nehme ich einen Formstein mit runder Kante, die ungefähr in die Biegung des Eisens hineinpaßt. Stemmen Sie Ihren linken Ellenbogen gegen Ihren Körper, um das Eisen ganz ruhig zu halten, und ziehen Sie den Stein über die innere Schneidkante in einem Winkel von 10 bis 20° kräftig hin und her. Wenn Sie dabei das Eisen mit Ihrer linken Hand etwas rollen lassen, kommt der Stein mit der gesamten Schneidkante in Berührung. Dann ziehen Sie mit der flachen Kante des Formsteins die

Beim Schärfen eines Hohleisens hält man das Heft in der einen Hand und drückt mit den Fingern der anderen Hand die Klinge herunter. Dann wird es mit einer rollenden Bewegung so über den Stein geführt, daß die gesamte Schneidkante geschliffen wird.

Um die innere Fase eines Eisens abzuziehen, nimmt man einen weichen oder harten Arkansasstein mit gerundeter Kante, den man kräftig hin und her bewegt, während man das Eisen leicht rollt.

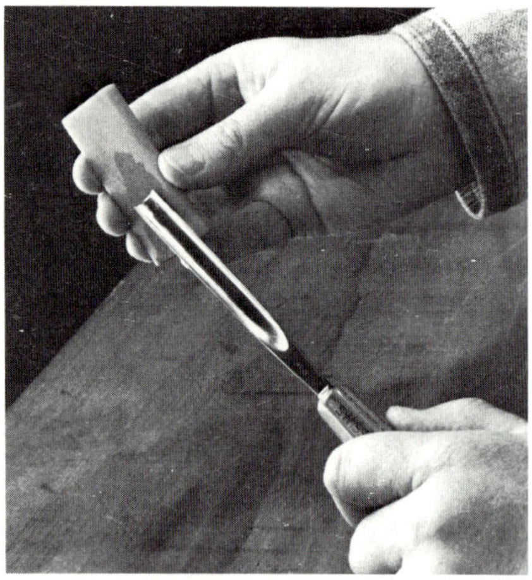

Die äußere Fase wird mit der Flachseite des Formsteins abgezogen.

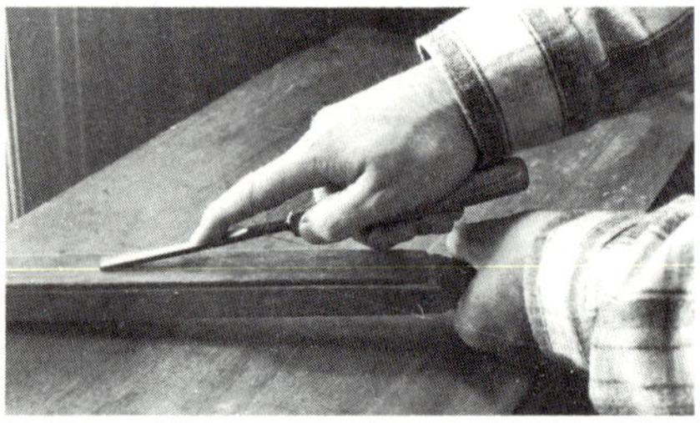

Zum Polieren der äußeren Fase eines geraden Hohleisens wird es in einem Winkel von 15 bis 20° mit einer rollenden Bewegung zum Körper hin über das Abziehleder gezogen.

Schärfen eines Hohleisens

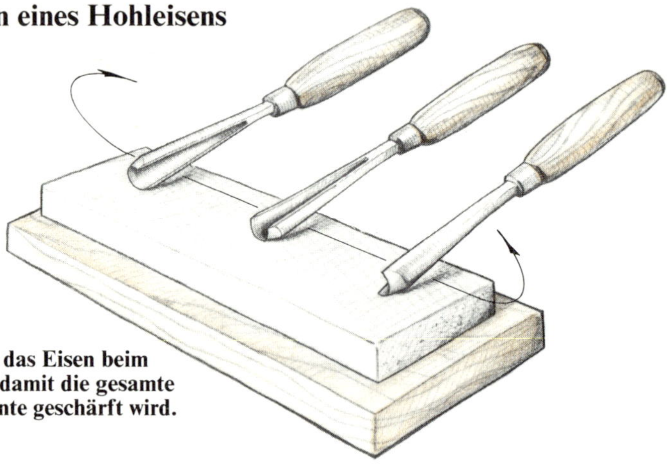

Rollen Sie das Eisen beim Schleifen, damit die gesamte Schneidkante geschärft wird.

Fasenwinkel für gerade Hohleisen

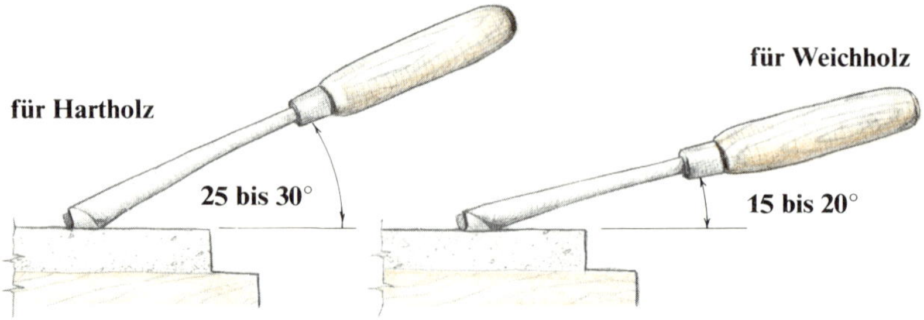

äußere Schneidkante des Eisens mit denselben Bewegungen ab. Der Arkansasstein wird alle Kratzer, die der vorherige Schleifvorgang hinterlassen hat, ebenso wie alle Überreste des Grats entfernen.
Zum endgültigen Abziehen beider Fasen kann man einen schwarzen Arkansasstein in derselben Weise verwenden, obwohl hierbei die Prozedur etwas länger dauern wird. Man kann aber auch die innere Fase mit einem Lederstück polieren, das man auf die Größe eines Formsteins gefaltet hat, und die äußere Schneidkante mit einem Abziehleder. Zu diesem Zweck hält man es mit einer Hand auf der Werkbank fest, und zieht das Eisen in einem Winkel von 15 bis 30° darüber, indem man die Finger über dem Griff schließt und mit dem Zeigefinger entlang der Klinge Druck ausübt. Beim Streichen zum Körper hin führt man wieder eine rollende Bewegung aus, die man so lange wiederholt, bis die Schneide messerscharf ist, was man auf die beschriebene Weise testet.

Schwabbeln

Man kann Schneiden auch auf einem schnelleren Weg polieren, nämlich auf einer Schwabbelscheibe mit etwas Polierpaste. Ich selbst benutze dazu eine Flanellscheibe, die von einem alten Elektromotor angetrieben wird. Sie leistet vorzügliche Dienste. Man kann auf ihr nicht nur perfekt scharfe Schneiden erzielen, sondern auch kleine, durch die Schleifsteine verursachte Kratzer wegpolieren.
Sie können sich ein Schwabbelgerät selbst herstellen. Dazu entfernen Sie die Schleifscheibe von einer elektrischen Schleifmaschine und bringen statt dessen eine Schwabbelscheibe von etwa 15 cm Durchmesser an. Schwabbelscheiben bestehen aus etwa 3 cm dicken zusammengenähten Lagen Filz oder Baumwollstoff. Sie sind in jeder Werkzeughandlung erhältlich.
Die Schwabbelscheibe rotiert mit etwa 2000 Umdrehungen pro Minute, so daß Sie gewisse Sicherheitsvorkehrungen treffen müssen. Tragen Sie, wenn Sie mit Maschinen arbeiten, eine Schutzbrille, krempeln Sie Ihre Ärmel auf und tragen Sie nichts, was sich in der ro-

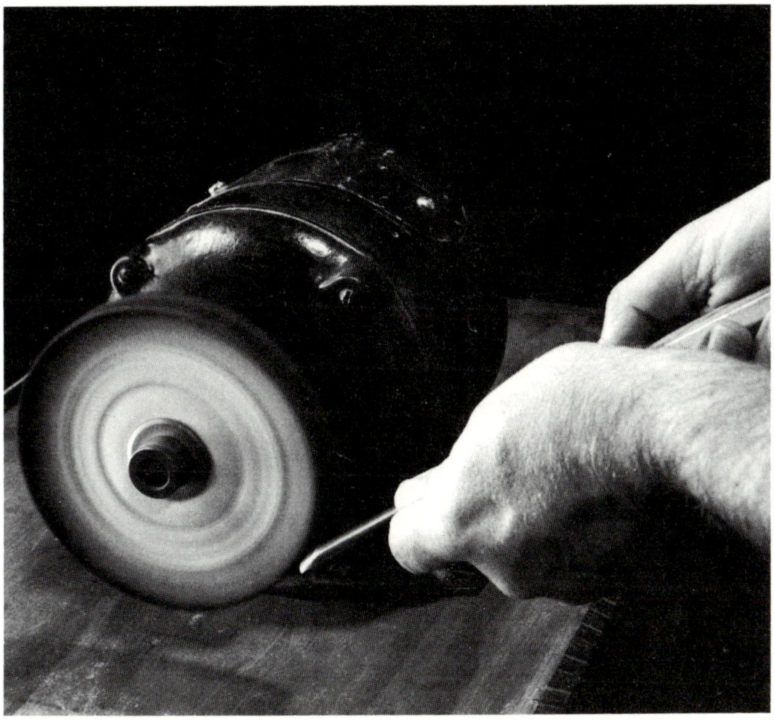

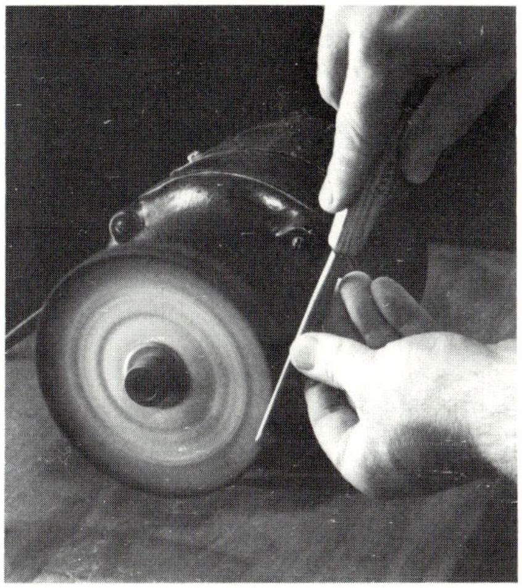

Zum Polieren auf einer Schwabbelscheibe preßt man die Schneidkante leicht gegen die Scheibe, wobei man immer unterhalb der Mittelachse bleibt.

tierenden Schwabbelscheibe verfangen könnte. Außerdem ist die Drehrichtung der Scheibe wichtig für Ihre Sicherheit. Sie sollte sich in Richtung auf Sie zu, also abwärts, drehen. Die schnell rotierende Scheibe kann Ihnen nämlich das Werkzeug, das Sie daran halten, aus der Hand reißen. Dies würde bei einer umgekehrten Drehrichtung anstatt zu Boden hoch in die Luft geschleudert. Deshalb sollten Sie das zu polierende Werkzeug auch immer mit beiden Händen halten. Pressen Sie es mit leichtem Druck an und halten Sie es immer unterhalb der Mittelachse, wie auf den Fotos oben gezeigt.
Vor dem Polieren drücken Sie kurz eine Stange feiner Polierpaste an die rotierende Scheibe. Dann nehmen Sie das Eisen fest in die eine Hand, mit der Schneide, die poliert werden soll, nach oben. Mit der anderen Hand fassen Sie die Klinge etwa 5 cm hinter der Schneide und halten sie zum Boden gerichtet an die Schwabbelscheibe, mit einem Winkel von etwa 45° für die äußere und einem Winkel von etwa 65° für die innere Fase. Nun pressen Sie das Eisen vorsichtig gegen die rotierende Scheibe und rollen es über die Breite der Scheibe hin und her, so daß die gesamte Schneide poliert wird. In kurzer Zeit wird sie bereits spiegelblank sein. (Ich selbst ziehe beim Schnitzen öfter einmal die Innenfase des benutzten Eisen mit einem Formstein ab und poliere dann beide Schneidkanten auf der Schwabbelscheibe.)
Das Polieren des Werkzeugs auf der Schwabbelscheibe ist eine Technik, die von allen professionellen Holzschnitzern angewandt wird. Wenn Sie sie ebenfalls ausprobieren wollen, dann nehmen Sie sich Zeit dazu und beachten Sie die nötigen Sicherheitsvorkehrungen.
Auf der Zeichnung rechts wird gezeigt, wie ein richtig geschärftes Eisen aussehen muß, und in der Tabelle auf der nächsten Seite sind die Hauptfehler beim Schärfen aufgeführt. Sehen Sie als Anfänger öfter einmal in diese Tabelle, um die am häufigsten auftretenden Probleme, ihre Ursachen und ihre Lösung kennenzulernen.

Korrekt geschärftes Hohleisen

Die Schneide verläuft gleichmäßig und rechtwinklig zum Klingenschaft.

Der Anschliff (Fase) hat den richtigen Winkel.

Die Ecken der Schneide sind scharf, nicht gerundet.

Die Fase geht leicht gerundet in die Klinge über.

Häufig auftretende Probleme beim Schneidenschärfen

Problem		Ursache	Lösung
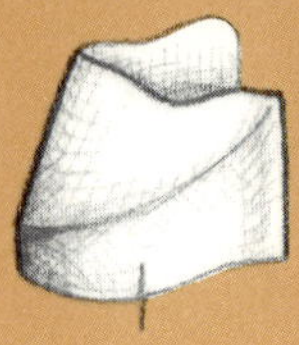	Die Schneide ist ungleichmäßig.	Die Schneidkante wurde an einigen Stellen stärker als an anderen geschliffen.	Die Schneide wird ausgeglichen, indem man das Eisen senkrecht gegen einen mittelfeinen Schleifstein hält und ihn so lange hin und her reibt, bis die Ecken der Schneide im rechten Winkel zur Klinge stehen. Beim erneuten Schärfen ist darauf zu achten, daß es diesmal gleichmäßig erfolgt.
	Sie verläuft nicht rechtwinklig zur Klinge.	Die Seiten wurden zu stark geschliffen, oder der Schliff wurde begonnen, ohne daß die Schneide zuvor rechtwinklig beigeschliffen wurde.	Die Schneide wird wie oben beschrieben beigeschliffen. Beim erneuten Schärfen ist darauf zu achten, daß das Eisen nicht zu stark von der einen auf die andere Seite gerollt wird.
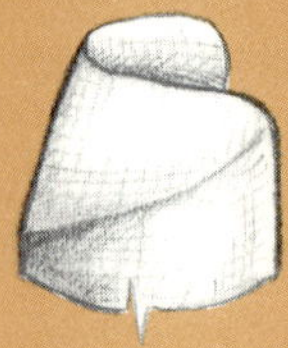	Die Ecken sind gerundet.	Das Eisen wurde beim Schärfen zu weit von der einen auf die andere Seite gerollt.	Beischleifen und nachschärfen wie beschrieben.
	Der Fasenwinkel ist zu flach.	Das Eisen wurde beim Schleifen in zu starkem Winkel abgehalten.	Auf einem groben Stein erneut schleifen und dabei das Eisen im richtigen Winkel halten (siehe Seiten 33 und 34).

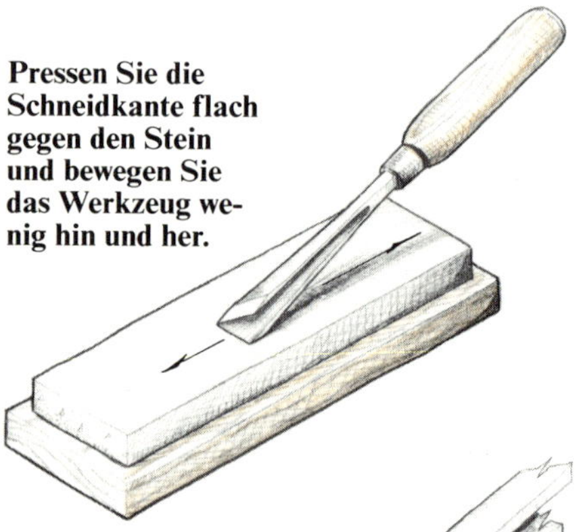

Pressen Sie die Schneidkante flach gegen den Stein und bewegen Sie das Werkzeug wenig hin und her.

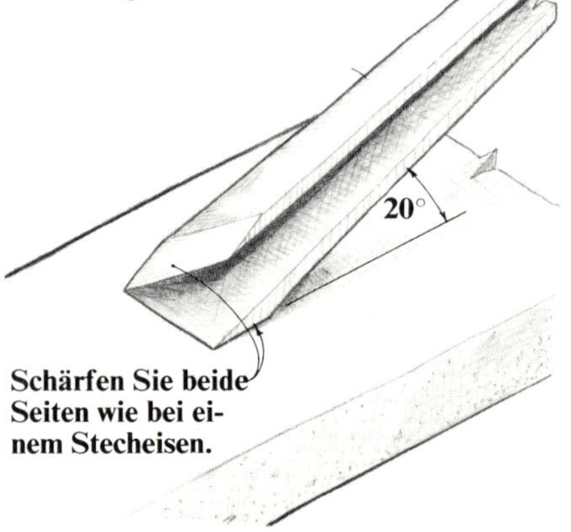

Schärfen Sie beide Seiten wie bei einem Stecheisen.

Das Schärfen von Stecheisen und Geißfuß

Schärfen eines Geißfußes

Ein Stecheisen halten Sie beim Schleifen so, wie das für ein Hohleisen auf Seite 33 beschrieben ist. Man kann es aber auch mit einer Hand mit ausgestrecktem Zeigefinger halten, wie in dem Foto oben gezeigt wird. Schärfen Sie die Schneidkanten auf beiden Seiten in einem Schneidwinkel von 20°, indem Sie das Eisen auf dem Schleifstein hin und her reiben. Rollen Sie die Klinge aber nicht wie bei einem Hohleisen, sondern halten Sie die Schneide flach gegen den Stein. Die Reibestrecke sollte kurz sein, damit der Schneidwinkel konstant bleibt. Er muß auf beiden Seiten gleich sein. Mit den gleichen Bewegungen wird die Schneide auf mittelfeinen und feinen Steinen geschärft und abgezogen und danach auf einem Abziehleder oder einer Schwabbelscheibe poliert.

Der Geißfuß ist schwierig zu schärfen, da man leicht auf der einen oder anderen Seite zuviel abnehmen kann, besonders in den letzten Stadien des Schärfprozesses. Das Resultat ist eine nicht-zentrische Schneide, mit der man nicht ordentlich arbeiten kann. Da ein gut geschärfter Geißfuß aber sehr nützlich sein kann, sollten Sie sich der zusätzlichen Mühe nicht entziehen.

Die beste Methode ist es, die zwei flachen Schenkel des Geißfußes, die ein V bilden, einzeln für sich so zu behandeln, als gehörten sie zu je einem Stecheisen. Schleifen Sie die Schneidkanten in einem Winkel von 20°, wie zuvor beim Stecheisen beschrieben und in den Zeichnungen links und den Fotos oben rechts gezeigt.

Wenn sich auf jeder Seite ein Grat gebildet hat, wird sich in der Spitze, wo sich die beiden Schenkel treffen, eine starke Metallnase gebil-

Um ein Stecheisen oder einen Geißfuß zu schärfen, können Sie ihn mit einer Hand, wie im Foto gezeigt, halten oder mit beiden Händen wie ein Hohleisen

Um die Metallnase zu entfernen und auch an dieser Stelle eine Schneidkante zu bekommen, muß der Geißfuß wie gezeigt über einen mittelfeinen Schleifstein gerieben und dabei leicht gerollt werden.

det haben. Diese entfernen Sie, indem Sie die Grundfläche des V so behandeln, als sei sie ein winziges Hohleisen, das zu schärfen ist. Rollen Sie den Geißfuß also leicht, während sie ihn auf einem mittelfeinen Stein hin und her bewegen, wie in der Zeichnung unten gezeigt, um eine abgerundete Außenkante zu bekommen. (Diese sollte für Weichholz einen Winkel von etwa 10° haben, für Hartholz von 20°.) Machen Sie dies so lange, bis der Metallüberstand entfernt ist und eine scharfe Schneidkante hinterläßt. Rollen Sie den Geißfuß dabei, damit seine Schneidkanten einen runden Übergang zur Klinge be-

Entfernung der Nase

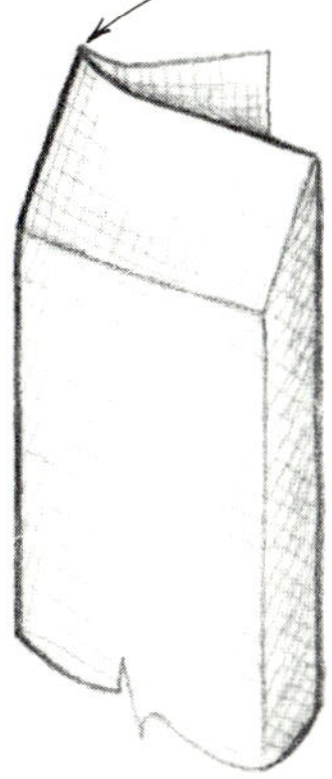

Nach dem Schärfen beider Winkel des Geißfußes bildet sich eine Metallnase.

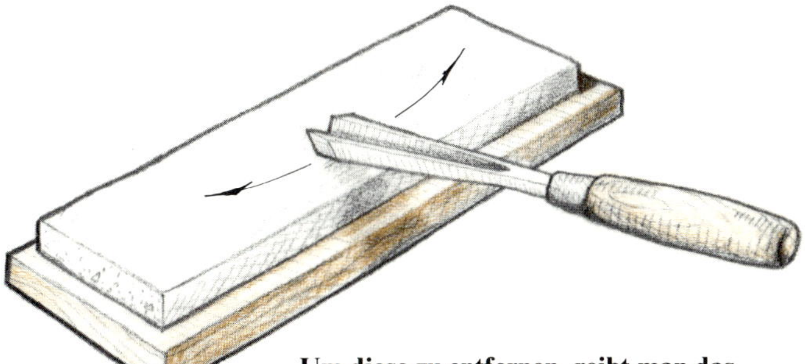

Um diese zu entfernen, reibt man das Werkzeug über einen mittelfeinen Schleifstein und rollt es dabei leicht.

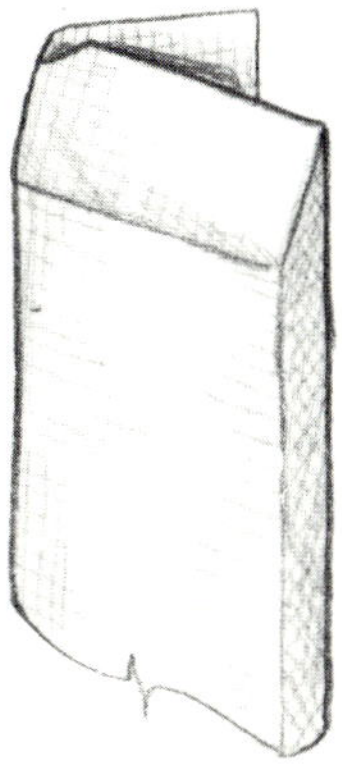

Hat man zu sehr geschärft und dadurch in der Mitte ein Loch erhalten, muß man wieder beischleifen und erneut versuchen.

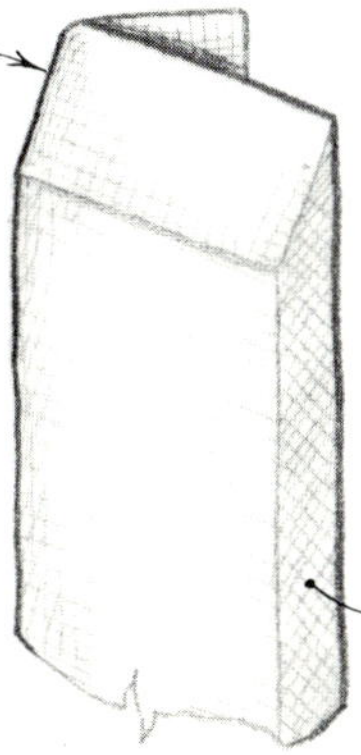

Schleifwinkel für abgewinkelte Hohleisen

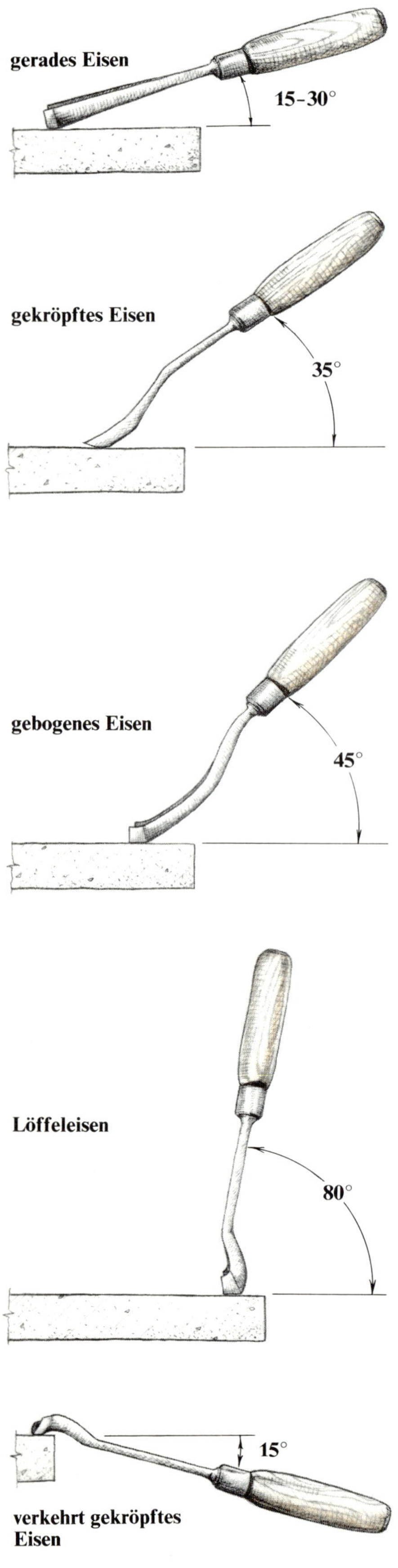

kommen. Achten Sie aber darauf, nicht zu sehr zu schärfen, weil Sie sonst in der Mitte ein Loch erhalten. Sollte dies der Fall sein, müssen Sie die Schneidkanten wieder beischleifen und erneut beginnen.
Danach müssen die Innenschneiden mit einem Formstein, der in das V hineinpaßt, abgezogen werden. Entfernen Sie den Grat und geben Sie den Innenschneiden einen Schneidwinkel von etwa 5°. Zuletzt polieren Sie die inneren und äußeren Schneidkanten mit der Kante eines Abziehleders oder einer Schwabbelscheibe auf Hochglanz.

Das Schärfen von Hohleisen mit gekröpfter bzw. gebogener Klinge

Hohleisen mit nicht geraden Klingen werden fast genauso wie solche mit geraden Klingen geschärft. Der Unterschied besteht in dem Winkel, mit dem erstere an den Schleifstein gehalten werden müssen, um die Biegung auszugleichen, wie dies in den Zeichnungen links und den Fotos rechts erläutert wird. Ein Hohleisen mit gerader Klinge wird in einem Winkel zwischen 15 bis 30° geschärft. Für ein gekröpftes Eisen beträgt dieser Winkel 35°, für ein gebogenes 45° und für ein Löffeleisen sogar annähernd 80°. Für ein verkehrt gekröpftes Eisen, dessen Schneide flach auf dem Schleifstein aufliegt, wird der Winkel unterhalb des Steins etwa 15° betragen. Alle diese Winkelangaben sind annähernde Werte, denn die Biegungen der Eisen differieren von Hersteller zu Hersteller, und auch die Schneidwinkel unterscheiden sich von Fall zu Fall, je nach persönlicher Vorliebe oder der zu bearbeitenden Holzart. Sie müssen vermutlich ein bißchen experimentieren, um die richtigen Schleifwinkel herauszufinden.
Die Innenseiten all dieser Eisen werden mit Formsteinen abgezogen. Nehmen Sie dazu das Eisen in die eine und den Stein in die andere Hand - so, wie es für das Abziehen der geraden Eisen auf Seite 33 und 34 empfohlen wurde. Reiben Sie den Stein in einem Winkel von 10 bis 20° gegen die innere Schneidkante. Ein Problem könnte entstehen, wenn Sie die Innenschneide eines stark gekröpften Eisens zu schärfen haben, bei dem der Abstand zwischen Schneide und Klingenbiegung sehr eng ist, so daß Sie den Schleifstein nur über eine sehr kurze Distanz bewegen können. Dann dauert die Prozedur ein bißchen länger.
Zum Polieren der Außenschneiden nehme ich wieder das Abziehleder oder die Schwabbelscheibe und für die Innenfasen einen schwarzen Arkansas-Formstein.

Die Behandlung der Werkzeuge

Schützen Sie Ihre Eisen immer davor, gegeneinander oder an etwas anderes zu stoßen, das ihre Schneiden stumpf machen könnte. Der beste Schutz ist, sie in einer Tuchrolle mit eingenähten Taschen aufzubewahren. Diese kann man sich entweder kaufen oder selbst herstellen, wie auf Seite 16 beschrieben.
Beim Schnitzen sollten Sie die Eisen immer auf einen Platz auf der Werkbank legen, von dem sie nicht versehentlich heruntergestoßen werden können. Herunterfallende Eisen landen unvermeidlicherweise immer auf der Schneide, was den größten Schaden anrichten kann. Sollte Ihnen aber einmal ein Eisen herunterfallen, versuchen Sie es nicht aufzufangen, sondern lassen Sie es lieber fallen. Beim Versuch, fallende Eisen aufzufangen, kann man sich böse Schnittwunden zuziehen.
Eine schartige oder abgebrochene Schneide kann auf einer elektrischen Schleifscheibe wieder beigeschliffen werden. Dies sollte man

aber nur tun, wenn das Eisen so stark beschädigt ist, daß es zuviel Zeit kosten würde, es manuell wieder beizuschleifen. Das Problem liegt nämlich darin, daß diese Schleifscheiben mit hoher Geschwindigkeit laufen und den Stahl erhitzen. Zuviel Hitze schadet der Härtung des Stahls. Wenn Ihnen dies einmal passiert, müssen Sie den Stahl von einem Schmied nachhärten lassen. Benutzen Sie also eine motorgetriebene Schleifscheibe, müssen Sie die Klinge öfters in kaltes Wasser tauchen. Niemals sollte sie so heiß werden, daß man sie nicht mehr anfassen kann.

Der Schleifwinkel eines Eisens hängt von der Biegung seiner Klinge ab. Ein Eisen mit gerader Klinge wird in einem Winkel von 15 bis 30° geschliffen (links oben), ein gekröpftes Eisen mit etwa 35° (links unten). Ein gebogenes Eisen hat einen Schleifwinkel von 45° (rechts oben), ein Löffeleisen dahingegen von etwa 80° (rechts Mitte). Ein verkehrt gekröpftes Eisen hat einen Schleifwinkel von etwa 15° unterhalb des Schleifsteins (rechts unten).

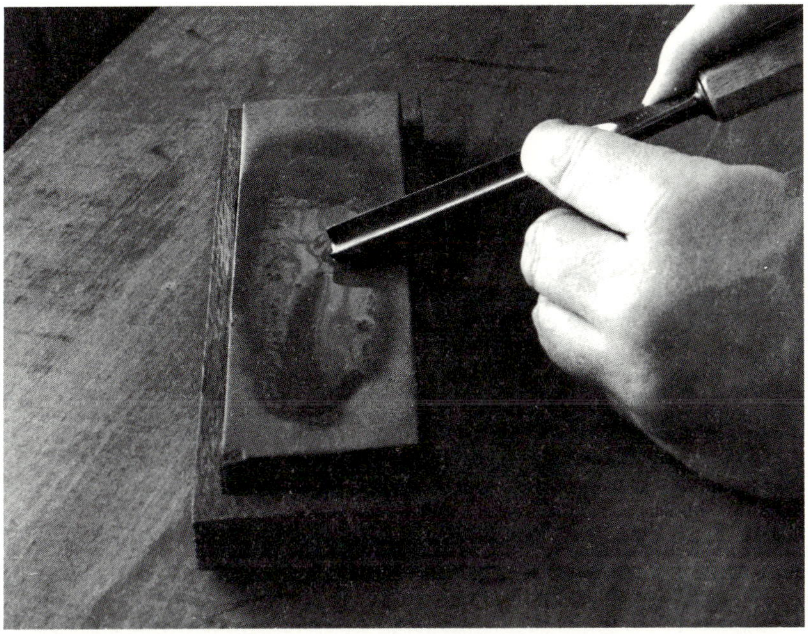

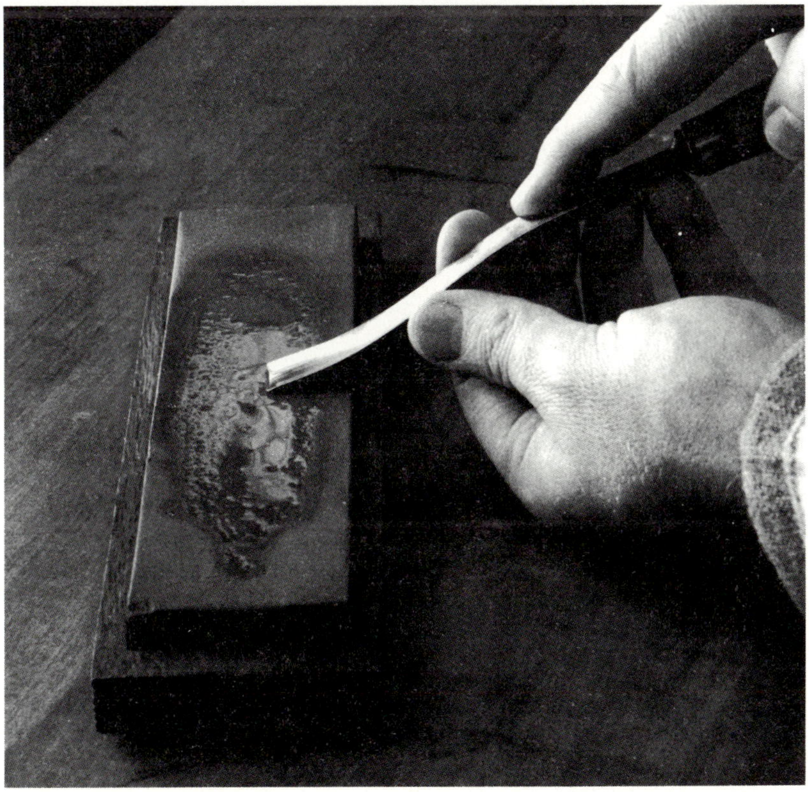

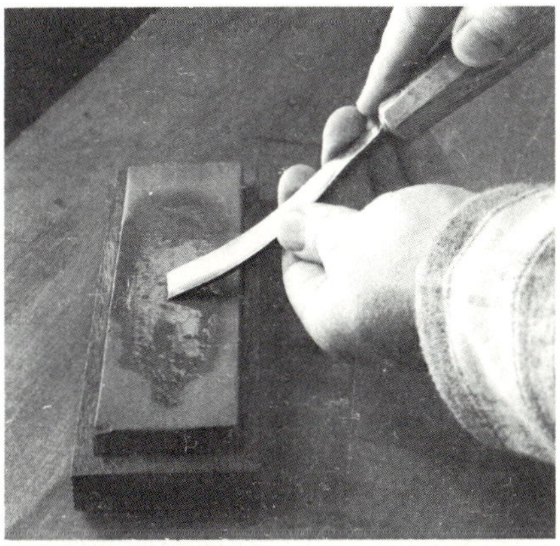

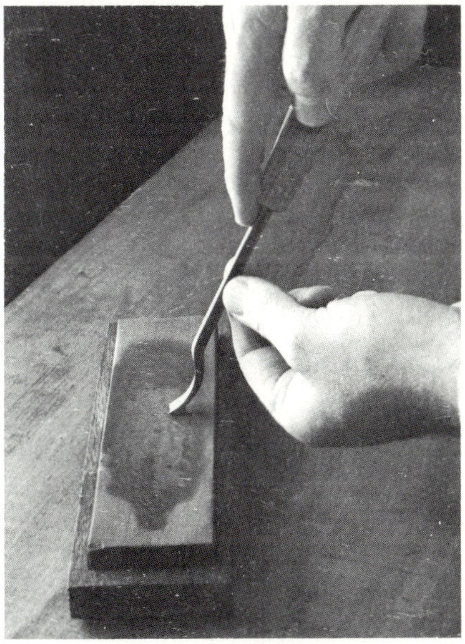

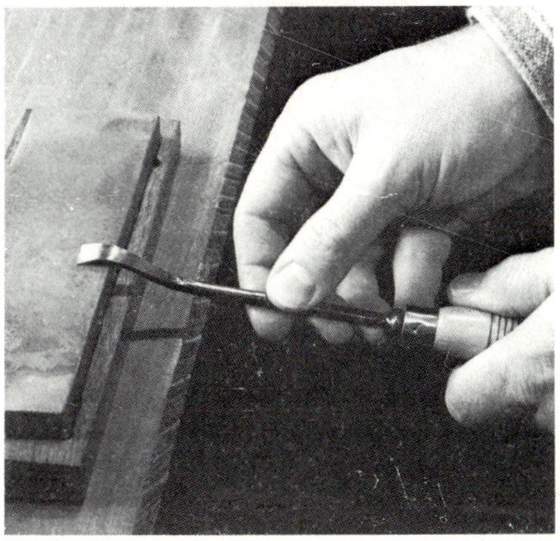

OOD FINISH
by
MINWAX
No. 224
SPECIAL WALNUT
PENETRATES-STAINS-SEALS
16 FL.OZ. (1 U.S.PINT) .473 LITERS
ARMFUL OR FATAL IF SWALLOWED
Pure
Solvent
Alcoho

Die Hölzer und ihre Oberflächenbehandlung

Jahrtausendelang hat die Menschheit Holz mit fast religiöser Inbrust betrachtet. Unsere Vorfahren glaubten, daß Bäume magische Kräfte hatten, die auf irgendeine Art und Weise die Sonnenenergie speichern und sie als Feuer freisetzen konnten. In vielen alten Gesellschaften war der Glaube verbreitet, daß in den Bäumen Naturgeister lebten, die von den Menschen angebetet wurden. Selbst unsere europäischen Vorfahren waren noch der Meinung, daß Elfen und gute Geister in den Wäldern und Bäumen hausten und glaubten, sie durch »auf den Busch klopfen« wecken zu können - eine Redensart, die bis auf die heutige Zeit überliefert ist, obwohl ihre ursprüngliche Bedeutung verlorenging.

In Neuseeland haben die Maoris mehr als ein Dutzend Tabus, die beim Schnitzen beachtet werden müssen. So ist es ihnen verboten, Speisen in der Nähe zu haben, und sie dürfen keine Späne fortblasen, weil das Blasen die im Holz wohnenden Geister verärgern würde. All dies mutet einen zivilisierten Menschen ungewöhnlich an, aber es unterstreicht die Tatsache, daß Holz immer von einem Geist des Geheimnisvollen umgeben war.

Es gibt gute Gründe dafür, daß die Menschen diese Verehrung des Holzes entwickelten. Holz ist eine lebende Substanz mit einmaligem Charakter. Jedes Stück Holz besitzt eine eigene Schönheit und einmalige Eigenschaften. In einem einzigen Holzblock kann es Stellen von höchst unterschiedlicher Färbung und Struktur geben. Viele Leute, die Schwierigkeiten haben, Holz zu schnitzen, haben sich einfach nicht die Mühe gemacht, den Charakter des Holzes verstehen zu wollen. Ich glaube, daß dies nicht nur eine Frage von Ungeduld ist, sondern daß wir modernen Menschen, die an schnelle Resultate gewohnt sind, uns einfach nicht vorstellen können, daß manche Dinge ihre Zeit brauchen, bis man sie verstehen lernt.

Holzschnitzen bedeutet nicht einfach, einen Holzblock zu bearbeiten. Es ist ein Akt des Zusammenwirkens zwischen dem Schnitzer, seinem Werkzeug und dem Holz. Sie sollten an das Holz mit Achtung und Verständnis herangehen, dann wird es nicht zu einem ergebnislosen Kampf zwischen Ihnen und dem Holz kommen.

Vielerlei verschiedene Hölzer und Techniken zu ihrer Oberflächenbehandlung können zum Holzschnitzen eingesetzt werden, je nachdem, was man liebt und was man machen will.

Harthölzer

Sorte	Härte	Struktur der Maserung	Beschreibung
Esche	hart	mittelgrob	Hellgrau. Zäh und elastisch. Ähnelt Eiche. Wird oft für Werkzeuggriffe verwendet.
Espe	weich	fein	Weiß. Läßt sich leicht schnitzen, splittert aber leicht.
Balsa	sehr weich	grob	Hell lohfarben. Zu weich zum Schnitzen.
Linde	weich	fein	Cremefarbig. Gut zum Figuren- und Reliefschnitzen.
Buche	hart	mittelfein	Rosig getönt. Nicht unbedingt geeignet zum Schnitzen. Splittert leicht und verwirft sich. Wird für hölzerne Hobel, Werkzeuge, Schüsseln und Bestecke verwendet.
Birke	hart	fein	Leicht lohfarben. Gut zu schnitzen, aber Stücke mit schlichtem Maserverlauf sind schwer zu finden.
Graue Walnuß	mittel	mittelgrob	Hellcreme bis rötlichbraun mit rosa Streifen. Sehr gut zu schnitzen. Schöne Maserung. Gut für Skulpturen und Reliefs.
Vogelkirsche	hart	fein	Cremefarbig, dunkelt rotbraun nach. Schwierig zu schnitzen, nimmt aber gut Oberflächenbehandlungen an. Am besten für Skulpturen.
Kastanie	mittelhart	mittelgrob	Hell graubräunlich. Leicht zu schnitzen, nimmt Oberflächenbehandlungen gut an.
Balsampappel	weich	fein	Hellgrau. Leicht zu schnitzen. Behält Feinheiten gut.
Ulme	hart	grob	Mittelbraun mit dunklen Streifen. Schwierig zu schnitzen.
Hickory	hart	grob	Braun. Zäh und elastisch. Schwer zu schnitzen. Wird für Werkzeuggriffe verwendet.
Mahagoni (aus Afrika, Kuba und Honduras)	mittelhart	mittelgrob	Dunkles Rötlichbraun. Wunderschön in Aussehen und Farbe. Einige Arten sind wegen ihrer abwechselnd harten und weichen Fasern schwierig zu schnitzen.
Silberahorn	mittelhart	fein	Cremiges Weiß bis helles Braun. Weich, gerade Fasern. Gut zu schnitzen.
Ahorn (schwarzer, roter und Zuckerahorn)	hart	fein	Cremig weiß bis hellbraun. Schwierig zu schnitzen, da der Faserverlauf oft wellig ist.
Eiche (Färbereiche, Rot- und Weißeiche)	hart	grob	Helles Braun bis dunkles Rotbraun. Schwierig zu schnitzen. Läßt keine feinen Konturen zu, nimmt aber Oberflächenbehandlung gut an.
Osage Orange *(Maclura pomifera)*	hart	mittelgrob	Gelborange. Zäh, mit unregelmäßiger Maserung. Schwierig zu schnitzen. Brauchbar für Skulpturen.
Pappel	mittelweich	fein	Hellgelb. Leicht zu schnitzen. Splittert nicht.
Teak	hart	mittelgrob	Gelbbraun. Läßt sich leicht schnitzen, aber im Holz vorhandene Mineralien können die Werkzeuge abstumpfen und auf einige Oberflächenmittel ungünstig reagieren. Gut witterungsbeständig.
Schwarze Walnuß	hart	mittelgrob	Dunkel- bis purpurbraun. Ausgezeichnet für Skulpturen geeignet.

Die Struktur des Holzes

Um das richtige Holz zum Schnitzen zu finden, sollten Sie ein paar Fakten über die Struktur des Holzes kennen. Grundsätzlich können Bäume in zwei Gruppen eingeteilt werden: Harthölzer und Weichhölzer. Harthölzer werden auch als Laubhölzer bezeichnet. Sie haben Blätter, die sich im Herbst verfärben und abfallen. Eiche, Birke und Ahorn gehören zu dieser Gruppe. Weichhölzer werden auch als immergrüne Hölzer oder Nadelhölzer bezeichnet. Sie sind harzig, tragen Zapfen und entweder Nadeln oder schmale Blätter, die nicht abgeworfen werden. Generell gesprochen, sind die Fasern von Harthölzern dicht und hart, während Weichhölzer eine mehr poröse Struktur haben. Jedoch sagen diese botanischen Kategorien nicht immer etwas Genaues über die tatsächliche Härte oder Weichheit eines Holzes aus. Wie aus den Tabellen ersichtlich ist, gibt es in jeder Gruppe Ausnahmen.

Ein Baumstamm besteht aus Tausenden von hohlen, röhrchenförmigen, faserigen Zellen. Die Wurzeln des Baumes saugen Feuchtigkeit und aufgelöste Mineralstoffe aus dem Boden auf, die durch diese Zellen zu den Blättern transportiert werden. Dort werden diese Stoffe mit Hilfe des Sonnenlichts in Nahrung verwandelt und durch die Zellen wieder bis zu den Wurzeln transportiert. Die mikroskopisch kleinen Zellenbündel, die längs durch den Stamm laufen, ergeben die Maserung des Holzes. Die Richtung der Maserung in einem Stück Holz bestimmt sowohl seine Stärke als auch die Überlegung, in welcher Richtung man es schnitzt. Dies muß man berücksichtigen, wenn man einen Entwurf macht, wie auf Seite 60 beschrieben. Die Grobheit oder Feinheit eines Holzes wird nach dem durchschnittlichen Durchmesser seiner Zellen bestimmt.

In der Mitte der Baumstämme und -äste befindet sich ein weicher, poröser Kern, das Baummark. Das Mark ist nicht sehr dicht und stabil und bricht leicht aus, weshalb ich es meistens heraustrenne. Rings um das Mark sitzen die konzentrischen Jahresringe. Aus ihrer Anzahl kann man das Alter des Baumes bestimmen, und es könnte vielleicht interessant für Sie sein zu wissen, daß das Holz, das Sie da gerade schnitzen, 60 oder mehr Jahre zum Wachsen benötigt hat. Jeder Ring

Weichhölzer

Sorte	Härte	Struktur	Beschreibung
Zeder (östlicher Lebensbaum)	mittelhart	fein	Rot. Häufige Astknorren, angenehmer Duft. Das Baumöl beeinträchtigt manche Oberflächenmittel. Wird für die Herstellung mottensicherer Truhen und Wandschränke genommen.
Zeder (westliche und nördliche Zypresse)	weich	mittelgrob	Gerade Fasern, astfrei. Wird im Bootsbau verwendet.
Fichte (Balsamfichte und Oregonfichte)	weich	fein	Cremigweiß. Ähnelt der Riesenkiefer, riecht aber schärfer. Splittert leicht. Ein sehr ungeeignetes Holz zum Schnitzen.
Fichte (Douglasfichte)	mittelhart	mittlere	Rötlichgelb. Schwierig zu schnitzen, weil harte und weiche Fasern abwechseln. Wird im Hausbau verwendet.
Kiefer (Weymouths- und Riesenkiefer)	weich	fein	Hellcreme. Wohlriechend. Sehr gut zu schnitzen, hält die Konturen gut. Das tiefgelbe Kiefernholz ist nicht so gut geeignet.
Mammutbaum (Eibensequoie)	weich	mittelfein	Rötlichbraun. Wechselnd weiche und harte Fasern, läßt sich nicht so gut schnitzen. Wetterbeständig.

besteht aus einer Frühjahrs- oder Frühholzzone und einer Sommer- oder Spätholzzone. Diese abwechselnde Ringstruktur und ihre verschiedene Dichte verleihen dem Holz seine charakteristische Maserung und seine wunderschönen Farbschattierungen.
Die Jahresringe um den Baumkern nennt man das Kernholz, die äußeren das Splintholz. Das Splintholz wird aus den lebenden Zellsträngen gebildet, die Wasser und Minerale durch den Baum transportieren. Beim Kernholz handelt es sich um abgestorbene Zellen, die als Gerippe für Stamm und Äste dienen. Das Kernholz ist normalerweise dichter und dunkler als das Splintholz, besonders bei Harthölzern, obwohl man bei einigen Hartholzarten nicht so genau sagen kann, wo das Splintholz aufhört und das Kernholz beginnt.
Manchmal findet man in dem Holz, das man schnitzt, Astknorren. Diese dunklen, runden oder ovalen Einschlüsse unterbrechen die Maserung und erschweren das Schnitzen auch in ihrer Umgebung. Sie sind die Überreste von Ästen, die abbrachen oder abgesägt wurden, um die der Baum weitergewachsen ist, oder von Ästen, die aus dem Stamm wuchsen, als er gefällt wurde. Die Astknorren sind äußerst hart und können Ihre Werkzeuge beschädigen, deshalb meiden Sie sie am besten. Astholz eignet sich viel besser für den Kamin als zum Schnitzen.

Querschnitt durch einen Baumstamm

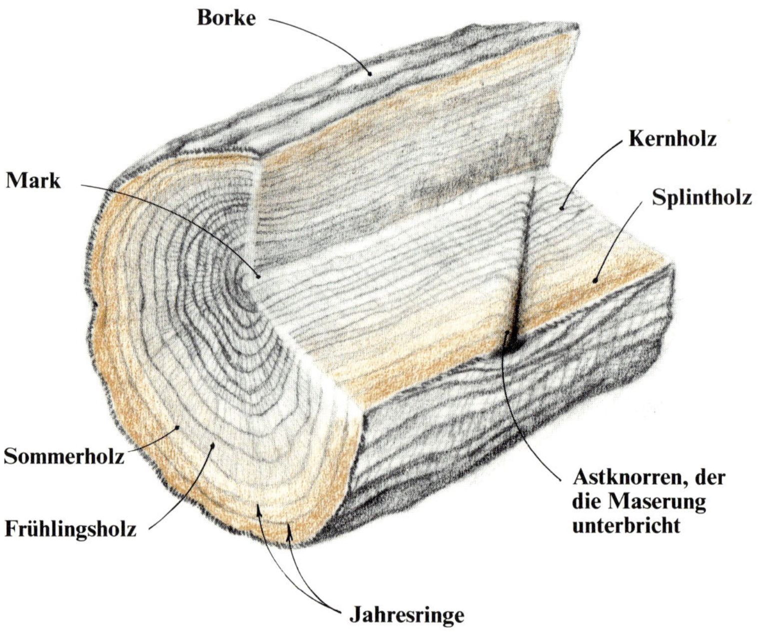

Das Schnitzen des Holzes

Die Kunst des Holzschnitzens besteht darin, das überflüssige Holz sauber und glatt zu entfernen und dafür zu sorgen, daß das Holz dabei nicht splittert. Das erreicht man, indem man mit dem Verlauf der Maserung schnitzt, nicht entgegen ihrem Verlauf.
Der beste Weg herauszufinden, wie die Maserung verläuft, ist, mit dem Schnitzen zu beginnen. Wenn sie die richtige Richtung getroffen haben, wird sich das Holz mühelos in glatten Spänen abschälen, und Ihr Werkzeug wird ohne Schwierigkeit hindurchgehen und glatte Flächen hinterlassen. Ist das nicht der Fall, dann arbeiten Sie gegen die Faserrichtung, und Ihr Werkzeug wird sich im Holz vergraben, grobe Splitter abreißen und eine rauhe Fläche hinterlassen.
Mit dem Verlauf der Maserung ist das beim Schnitzen so ähnlich, als ob Sie einen Hund oder eine Katze streicheln. Tun Sie das in die richtige Richtung, fühlt sich das Fell des Tieres glatt und angenehm an.

Schnitzen in Faserrichtung

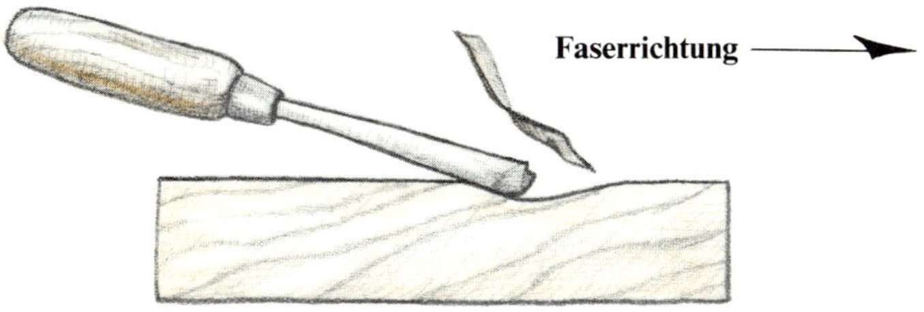

Schnitzen gegen die Faserrichtung

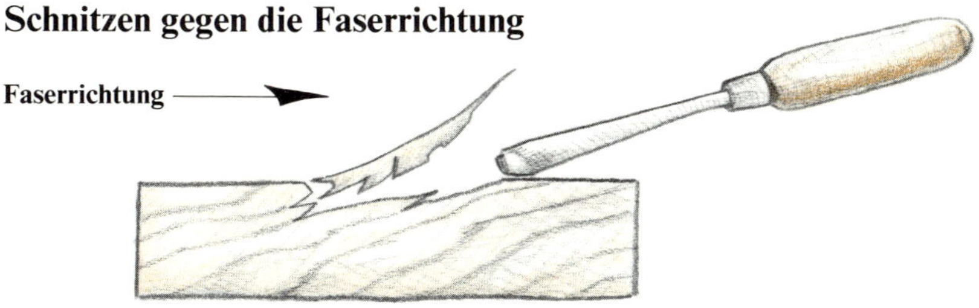

Streicheln Sie es aber gegen den Strich, dann geht es Ihnen gegen den Strich - und Ihrem Liebling auch. Haben Sie beim Schnitzen die richtige Faserrichtung erwischt, dann gefällt es Ihnen und Ihrem Werkzeug. Umgekehrt bekommen Sie Probleme.
Sehen Sie sich die Kante eines Holzstücks an und versuchen Sie festzustellen, in welche Richtung die Maserung sich hebt und fällt. Dann nehmen Sie ein scharfes Messer und machen ein paar Einschnitte an der Kante. Sie werden merken, daß bei den Schnitten in Richtung der sich hebenden Fasern sich das Holz glatt abschält, während bei Schnitten in entgegengesetzter Richtung das Holz splittert und das Messer steckenbleibt, so wie es in der Zeichnung unten dargestellt ist. Mit ein wenig Erfahrung werden Sie einem Stück Holz bald ansehen, in welche Richtung Sie es schnitzen müssen.
Diese Kenntnis ist eine der wichtigsten Fähigkeiten, die Sie erwerben müssen. Die kleine Ente aus dem Anwendungsbeispiel auf den Seiten 73 bis 76 ist eine gute Übung, um das Gefühl hierfür zu erwerben. Ihre runden und flachen Formen sind gut dazu geeignet, Erfahrung darin zu sammeln, wie man mit wechselnden Faserrichtungen fertig wird.

Die Auswahl des Holzes

Eine der meistgestellten Fragen beim Holzschnitzen ist: »Welches Holz läßt sich am besten schnitzen?« Leider gibt es darauf keine eindeutige Antwort. Fast jedes Holz läßt sich schnitzen, aber einige Holzarten sind für bestimmte Dinge besser geeignet als andere, wie dies aus der Tabelle auf der folgenden Seite hervorgeht.
Die von mir bevorzugten Holzsorten wechseln mit der Art des Schnitzstückes, aber ich versuche in jedem Fall, Holzstücke mit möglichst gleichmäßigem Faserverlauf zu bekommen, weil dies das Schnitzen erleichtert. Generell sollte man für kleine Teile und Stücke mit feinen Konturen Hölzer mit feiner Struktur nehmen wie Kiefer oder Linde. Sie splittern nicht so leicht wie die gröber strukturierten Hölzer. Außerdem haben sie meist eine gleichbleibende Färbung, wodurch die Feinheiten der Schnitzerei besser hervortreten.
Die wildere Maserung solcher grobstrukturierten Hölzer wie Eiche, graue Walnuß oder Mahagoni bietet zwar dem Auge etwas, lenkt es aber von den feinen Details ab. Diese Hölzer sind jedoch, ebenso wie die kräftigfarbigen wie Kirsche und schwarze Walnuß, geeignet für das Schnitzen größerer Skulpturen mit einfachen, klaren Konturen.

Die schönen Maserungen und Farben werden die Schönheit des fertigen Stückes noch unterstreichen.
Viele Holzschnitzer vermeiden es, Kiefer oder andere Weichhölzer zu nehmen, weil diese beim Schnitzen oder später leichter beschädigt werden können. Andererseits sind sie aber sehr gut geeignet, sich im Schnitzen zu üben. Man kann an ihnen zum Beispiel seine Hand so führen lernen, daß sie nicht zuviel Holz wegnimmt. Da sie rasiermesserscharfe Schneiden erfordern, weil sie sonst rasch splittern oder ausreißen, kann man bei dieser Gelegenheit auch gute Übung im Schärfen bekommen.
Harthölzer sind schwieriger zu schnitzen, weil sie dichter sind und deswegen mehr Anstrengung erfordern. Aber wegen ihrer schönen Maserung und Färbung sind sie die Mühe unbedingt wert.
Mit diesen generellen Hinweisen im Sinn können Sie unter vielen Holzsorten je nach Geschmack und Verfügbarkeit auswählen. In jedem Teil der Welt gibt es natürlich noch andere, nur dort vorkommende Holzarten, die gleichfalls gut zum Schnitzen geeignet sind. An der Pazifikküste der Vereinigten Staaten zum Beispiel wird viel Holz von Mammutbaum und Myrte verwendet; und in der südwestlichen Wüstenregion arbeiten die Schnitzer mit Eisenholz und dem Holz des Süßhülsenbaumes, zwei sehr schönen, aber extrem harten Holzsorten. Im Süden der Vereinigten Staaten nimmt man gerne Hartriegel, Sassafras und Tupeloholz. Aber zögern Sie nicht, auch andere als die empfohlenen Hölzer auszuprobieren und andere Schnitzer nach den Erfahrungen mit den Hölzern ihrer Region zu fragen.

Das Trocknen des Holzes

Manche Holzarten, besonders die Weichhölzer, lassen sich frisch nur schlecht schnitzen. Jedes Holz, das Sie verarbeiten, sollte relativ trokken sein, sonst besteht die Gefahr, daß es beim Trocknen splittert oder reißt, weil die Fasern unterschiedlich schrumpfen und dabei auseinanderreißen. Deswegen sollte das Holz im Freien abgelagert oder in der Trockenkammer künstlich getrocknet werden, also unter kontrollierten Bedingungen.
Die meisten Hölzer, die in Holzhandlungen erhältlich sind, wurden künstlich getrocknet. Dabei wird das Holz in einer geschlossenen Kammer gelagert, in der erhitzte Luft zirkuliert. Mit dieser Methode kann es innerhalb weniger Wochen getrocknet werden, was sonst Jahre dauern würde. Derart getrocknetes Holz hat viele Vorteile für den Möbel- und Bauschreiner, für den Holzschnitzer kann es Nachteile haben. Die auf etwa 40 bis 50° Celsius erhitzte Luft bewirkt oft, daß sich das Harz von Weichhölzern in den Fasern festsetzt, wodurch das Holz hart und spröde wird und schlecht zu bearbeiten ist. Bei Holzstücken, die stärker als zwei Zoll sind, können die durch die schnelle Trocknung verursachten Spannungen unsichtbare innere Risse hervorrufen, die man erst entdeckt, wenn man beim Schnitzen auf sie stößt. Deswegen sollten Sie insbesondere Weichhölzer nur dann verwenden, wenn sie garantiert luftgetrocknet sind, worauf sich bestimmte Holzhändler spezialisiert haben.
Man muß sich aber sein Holz nicht immer kaufen, sondern findet oft auch gute Reststücke bei Möbelschreinern, die zu klein zur Verarbeitung für Möbel sind, aber immer noch gut genug zum Schnitzen. Auch das Holz gefällter Bäume kann man bekommen. Wenn Sie herumfragen, werden Sie manche Leute finden, die Ihnen Holz überlassen, das sie sonst weggeworfen hätten. Vor Jahren kam ich auf diese Art in den Besitz von mehr als einem Dutzend Stammstücke besten Walnußholzes. Wenn man aber das Holz so frisch bekommt, muß man es selber trocknen.
Zu diesem Zweck lagert man es an einer geschützten Stelle oder deckt es mit einer Plastikfolie ab. Die Borke sollte entfernt werden, um Holzkäfer abzuhalten, die sich besonders gern an Weichholz heranmachen. Wenn das Holz bereits zu Brettern geschnitten ist, sollte man diese auf zwischengeschobenen Leisten lagern, damit die Luft zwi-

Holzauswahl und Oberflächenbehandlungen

Art der Schnitzerei	Empfohlene Hölzer	Empfohlene Oberflächenbehandlungen
Figuren unter 15 cm mit scharfen Konturen	Espe, Linde, Vogelkirsche, Balsampappel, Pappel, Weymouthskiefer	Grundierung, Öl, Mattwachs
Kleinfiguren mit glatten Flächen und unscharfen Konturen	Wie oben, zusätzlich: Birke, Graue Walnuß, Kastanie, Ahorn, Eiche, Walnuß	Wie oben, zusätzlich: Handpolitur
Skulpturen über 15 cm mit scharfen Konturen	Linde, Vogelkirsche, Honduras-Mahagoni, Kiefer, Walnuß	Beize, Öl, Firnis, Möbelpolitur, Grundierung oder Einbrennlack (nur bei hellen Hölzern), Mattwachs
Skulpturen mit glatten Flächen und unscharfen Konturen	Wie oben, zusätzlich: Esche, Buche, Birke, Zeder, Kastanie, Douglasfichte, Ulme, andere Mahagoni, Ahorn, Eiche, Osage Orange, Mammutbaum, Teak	Wie oben
Kerbschnitt	Espe, Linde, Graue Walnuß, Pappel, Riesenkiefer, Weymouthskiefer	Öl (mit oder ohne Glasur), Mattwachs
Reliefs und Schriften	Espe, Linde, Buche, Birke, Graue Walnuß, Kirsche, Kastanie, Balsampappel, Ulme, Mahagoni, Ahorn, Eiche, Kiefer, Pappel, Walnuß	Beize, Öl (mit oder ohne Glasur), Möbelpolitur, Firnis, Einbrennlack, Mattwachs
Tierfiguren	Linde, Weymouthskiefer	Beize, Ölfarbe
Dekorative Schnitzereien	Zeder, Kirsche, Kiefer, Mammutbaum, Walnuß	Innenräume: Beize, Öl, Handpolitur, Firnis Außen: Boots- oder Holzlack, Beize

schen ihnen zirkulieren kann, was das Verwerfen und den Pilzbefall verhindert. Stapel frischen Holzes sollten so gelagert werden, daß ihre flachen Seiten nicht aufeinanderliegen und zwischen den einzelnen Stämmen die Luft zirkulieren kann. Zudem sollten die Stapel mindestens 15 cm über dem Boden lagern, um Pilze und Insekten abzuhalten.

Die Feuchtigkeit verläßt das Holz am schnellsten durch die Hirnholzenden. Um eine ungleichmäßige Trocknung zu verhindern und damit der Entstehung von Rissen vorzubeugen, versiegele ich die Hirnflächen von Blöcken und Brettern mit Lack oder Farbe. Dadurch wird die Feuchtigkeit gezwungen, an den waagerechten Oberflächen zu verdunsten. Das ist besonders wichtig bei Hartholz, das stärker zum Reißen neigt als Weichholz. Letzteres kann auftretende Spannungen besser ausgleichen. Wenn es trotzdem reißt, reichen die Risse nicht so weit wie beim Hartholz. Aber auch Weichholz sollte an den Stirnkanten versiegelt werden, speziell bei Blöcken und Brettern, die stärker als 3 Zoll sind.

Die Faustregel ist, das Holz für jeden Zoll Stärke ein Jahr lufttrocknen zu lassen. Das hängt natürlich auch von der relativen Luftfeuchtigkeit der Umgebung und von der Holzsorte ab. Weichhölzer trocknen schneller als Harthölzer. Sie haben meist einen geringeren Feuchtigkeitsgehalt und eine geringere Dichte, so daß die Feuchtigkeit schneller verdunsten kann. Professor Bruce Hoadley, dem Holzfachmann der Universität von Massachusetts, zufolge erreicht luftgetrocknetes Holz einen Feuchtigkeitsgehalt, der im Gleichgewicht zur relativen Luftfeuchtigkeit seiner Umgebung steht. Ich schätze, daß

sich bei mir in den Adirondackbergen im Haus gelagertes Holz auf einen Feuchtigkeitsgehalt von 6 bis 12% einpendelt.
Ich verwende für viele meiner Schnitzereien das Holz der Weymouthskiefer. Dies kaufe ich frisch vom Sägewerk und lagere es ein oder zwei Jahre in meinem Holzschuppen. Da die meisten meiner Schnitzereien in Innenräumen aufgestellt werden, lagere ich das Holz dann noch einmal für mindestens sechs Monate im Haus. Holz, das hier, wo eine hohe relative Luftfeuchtigkeit herrscht, im Freien gelagert wird, trocknet nicht vollständig aus. Nach sechs Monaten Lagerung in der Werkstatt ist es für gewöhnlich trocken genug zum Schnitzen. Ich mache aber zuvor immer ein paar Testschnitte.
Die Entscheidung darüber, ob das Holz trocken genug zum Schnitzen ist, ist nicht einfach. Ich verfüge über kein Meßgerät, mit dem ich den Feuchtigkeitsgehalt des Holzes messen könnte, also verlasse ich mich dabei ganz auf mein Gefühl und meine Erfahrung. Meistens merke ich nach ein oder zwei Einschnitten, ob das Holz noch naß ist. Nasses Holz fühlt sich faserig und klebrig an. Läßt sich das Holz jedoch einwandfrei schneiden, dann beginne ich mit dem Schnitzen. Eine andere Methode festzustellen, ob das Holz trocken genug ist, besteht darin, es anzufassen und in der Hand zu wiegen (nasses Holz ist schwer und fühlt sich kalt an) oder auch daran zu riechen, denn manchmal kann man die kalte Feuchtigkeit sogar riechen (obwohl dies etwas Erfahrung braucht).

Eigenschaften und Anwendung der Mittel zur Oberflächenbehandlung

Mittel	Beschreibung	Anwendung	Bei	Bemerkungen
Beizen	Braune, ockerfarbene und rote Farbpigmente, in Öl oder Spiritus gelöst. Ergeben glanzlose Oberflächen.	Mit Pinsel oder sauberem Tuch auftragen, nach ein paar Minuten wieder abwischen. 1 bis 2 Überzüge. Je mehr Überzüge, desto dunklere Färbung. Trockenzeit 1 bis 6 Stunden. Verdünnen mit Lackverdünner oder Spiritus.	allen hellen Hölzern	Nur auf rohem Holz verwenden. Mit Wachs, Öl, Schellack, Firnis oder Lack überziehen.
Öle	Gekochtes Leinöl (Leinölfirnis) mit Sikkativ. Harzöl aus Phenol- oder Alkydharzen, in Spiritus oder Rohölen gelöst. Ergeben matte bis mattglänzende Oberflächen.	Mit Pinsel oder sauberem Tuch auftragen. Nach 10 bis 15 Minuten abwischen. 2 Überzüge mit 12stündiger Trocknungspause. Lösung in Spiritus.	allen Innenanwendungen, feinkonturigen Figuren und Reliefs	Auf rohem oder gebeiztem Holz. Leicht aufzubringen. Kann mit Wachs oder Spezialfirnissen überzogen werden.
Handpolitur	Mischung aus Schellack, hochprozentigem Alkohol und gekochtem Leinöl. Je nach Anzahl der Überzüge Mittel- bis Hochglanz.	Mit Stoffballen auftragen. 1 bis 3 Überzüge mit halbstündiger Trocknungspause. Lösung in Methanol.	glatten Flächen und fließenden Konturen und dunklen Hölzern mit kräftigen Maserungen	Auf rohem Holz. Kann mit Mattwachs überzogen werden.
Firnis	Mischung von synthetischen Harzen in einer Lösung von Leinöl, Holzöl und Spiritus. Halbmatt bis Hochglanz.	Mit Naturborsten-Pinsel auftragen. 2 bis 3 Überzüge, zunächst dünn. Mehrstündige Trocknungszeit. Endtrocknung 1 bis 1½ Tage. Lösung in Terpentin oder Spiritus.	Außenanwendungen (mit Bootslack)	Auf rohem oder gebeiztem Holz. Schwierig aufzutragen, lange Trocknungszeit. Letzter Überzug.

Die Oberflächenbehandlung des Holzes

Holz wird auch Jahrhunderte, nachdem es geschlagen und getrocknet wurde, bei wechselnder Temperatur und Luftfeuchtigkeit immer wieder quellen und schwinden. Dies wird erst aufhören, wenn man seine Oberfläche entsprechend behandelt hat. Es wird auch dann noch arbeiten, aber nur ganz wenig, und es wird für Jahrhunderte präpariert sein. Ein gutes Finish versiegelt das Holz, verringert seinen Feuchtigkeitsaustausch mit der Umgebung und bewahrt es vor dem Reißen und Verwerfen.

Eine gute Oberflächenbehandlung schützt das Holz aber nicht nur, sondern verschönt es auch. Ein Stück Mahagoniholz, kunstvoll geschnitzt, bietet ohne Zweifel einen gefälligen Anblick. Aber erst wenn es mit einem harzhaltigen Öl eingelassen wurde, tritt seine ganze Schönheit zutage. Erst dann werden seine kräftigen Farben und das ganze Feuer seiner Maserung richtig enthüllt.

Die Oberflächenbehandlung des Holzes ist eine Kunst für sich. Der Vorgang beginnt bereits, ehe auch nur irgend etwas auf das Holz aufgetragen wurde – nämlich mit den letzten Schnitten des bearbeitenden Werkzeugs – und endet manchmal erst nach mehreren Lackschichten. Sie verstärkt die Schönheit der sich verändernden Strukturen des Holzes und unterstreicht die Feinheiten seiner Bearbeitung.

Eigenschaften und Anwendung der Mittel zur Oberflächenbehandlung

Mittel	Beschreibung	Anwendung	Bei	Bemerkungen
Lack	Mischung von Harzen in Azeton, Alkohol und anderen leichtflüchtigen Lösungsmitteln. Mittel- bis Hochglanz.	1 bis 6 Überzüge mit Pinsel auftragen oder aufsprühen. Erster Überzug trocknet schnell, weitere können Stunden oder gar Tage beanspruchen. Lösung in Farbverdünner oder Aceton.	Tierfiguren und anderen Schnitzereien, die bemalt werden	Auf rohem oder gebeiztem Holz. Erster Überzug trocknet rasch. Gefährliche Lösungsmitteldämpfe. Kann nicht auf andere Überzüge aufgetragen werden.
Künstler-Ölfarben	Farbpigment-Konzentrate in Leinöl. Mittel- bis Hochglanz.	Mit Malpinsel auftragen. 1 Überzug. Trockenzeit zwischen 3 Tagen und mehreren Wochen. Lösung in Terpentin.	Tierfiguren, Lockvögel. Reliefschnitzereien in hellen Hölzern	Auf rohem oder versiegeltem Holz. Nicht zusammen mit Firnis oder Lack. Können mit Wachs überzogen werden.
Emaille-farben	Deckende Lösung von Farbpigmenten auf firnisartiger Basis. Matt bis hochglänzend.	1 bis 2 Überzüge mit Pinsel auftragen. Trocknungszeit 1 bis 12 Stunden je nach Hersteller. Lösung in Terpentin oder Spiritus.	Außenschildern und Schriften	Auf rohem, gefirnißtem oder lackiertem Holz.
Wachs	Mischung von natürlichen und synthetischen Wachsen. Mittlerer Glanz.	Nur 1 dünne Schicht mit Tuch auftragen. Nach 15 Minuten mit sauberem Tuch oder Roßhaarbürste blankreiben. (Selbstzubereitetes Wachs 1 Tag vor dem Auftragen stehenlassen.) Lösung in Spiritus oder Terpentin. (Nicht verdünnen.)	allen Schnitzereien außer Tierfiguren	Auf rohem Holz oder jedem Überzug außer Farbe. Letzter Überzug.

Viele Leute, die die Schönheit einer Schnitzerei bewundern, bewundern in Wirklichkeit die Wirksamkeit ihrer Oberflächenbehandlung. Es bereitet wirklich ein Vergnügen, ein gut behandeltes Stück Holz in die Hand zu nehmen.

Die Auswahl der richtigen Behandlung

Es gibt eine ganze Reihe geeigneter Mittel für die Oberflächenbehandlung fast jeder Holzart, weshalb die Auswahl oft lediglich eine Frage der persönlichen Vorliebe ist. Ich rate Ihnen jedoch davon ab, eine Hochglanzlackierung oder einen Kunststofflack zu wählen. Günstigstenfalls macht zuviel Glanz es schwierig, die Feinheiten eines Schnitzstückes bewundern zu können, schlimmstenfalls sieht das Teil so aus, als sei es aus Kunststoff hergestellt. Eine gut aufgebrachte, geschmackvolle Oberflächenbehandlung wird das Aussehen eines Schnitzstückes verbessern, aber eine falsch oder schlampig aufgebrachte wird selbst die beste Arbeit verderben. Befolgen Sie beim Auftragen immer die Anweisungen des Herstellers. Die Tabelle auf den vorhergehenden Seiten bringt eine kurze Beschreibung einiger Methoden, die ich bereits angewendet habe, einschließlich ihrer Vor- und Nachteile.

Um das Holz sicher vor Feuchtigkeitsaufnahme und Feuchtigkeitsverlust zu schützen, muß es allseitig gleichmäßig behandelt werden. Tragen Sie also zum Beispiel auf der Vorderseite einer Reliefschnitzerei Firnis und Mattwachs auf, dann müssen Sie auch ihre Rückseite und die Kanten entsprechend behandeln. Versiegeln Sie nur die Vorderseite, dann kann noch immer Feuchtigkeit von der Rückseite her eindringen und das Holz sich dadurch werfen.

Beizen

Beizen werden verwendet, um die Färbung des Holzes zu verändern, ehe ein endgültiger Überzug aus Firnis, Lack oder Mattwachs aufgebracht wird. Eine Beize ist eine Lösung von Farbpigmenten oder Farbstoffen, die in die Holzfaser eindringt. Beizen sind in allen Farben erhältlich, als Lösung in einer Mischung von Spiritus und Ölen. Manche Beizen gibt es auch als Pulver, das in Wasser aufgelöst werden kann, aber diese sollte man bei Schnitzstücken nicht anwenden, da sie die Holzfasern aufquellen lassen, wodurch die Oberfläche wieder rauh wird.

Die Farbe der Beize, die man wählt, hängt allein vom persönlichen Geschmack ab. Bei blassem Kiefern- oder Pappelholz nehme ich meist einen mittelbraunen Ton, der die Feinheiten der Schnitzerei hervorhebt und dem Holz eine warme Tönung verleiht. Bei hellen Harthölzern wie Eiche, Birke oder Ahorn ist beizen nicht unbedingt nötig, obwohl es auch hier die Farben wärmer machen und die Maserung hervorheben kann. Dunkle Hölzer, wie Walnuß, Mahagoni, Kirsche und Teak, sehen am besten aus, wenn man ihre natürliche Färbung beläßt und sie nur mit einem Klarlack versiegelt.

Die Beize wird mit einem Pinsel oder einem Tuch aufgebracht und sollte einige Zeit in das Holz eindringen können, ehe man den Überstand mit einem trockenen Tuch wieder abwischt. Sollten Sie eine dunklere Tönung wünschen, müssen Sie diesen Vorgang mehrere Male wiederholen. Seien Sie dabei aber vorsichtig, denn es ist sehr schwierig, wenn nicht unmöglich, die Tönung wieder aufzuhellen, falls sie zu dunkel geraten ist. Deshalb ist es wichtig, daß Sie die Beize zuvor auf einem Stück Abfallholz der gleichen Sorte auftragen. Dieselbe Beize kann bei unterschiedlichen Holzarten sehr verschiedene Wirkungen haben. Die meisten Beizen, die in Öl gelöst sind, können mit einem Lackverdünner oder mit Spiritus verdünnt werden, falls Sie eine schwächere Tönung wünschen. (Ich empfehle kein Terpentin, da es klebrige Rückstände hinterlassen kann.)

Wenn die Beize getrocknet ist, kann man sie mit jedem verträglichen Überzug, wie Wachs, Öl, Firnis oder Lack, versehen, oder man kann das Holz so belassen, wie es ist. Überprüfen Sie die Angaben des Herstellers daraufhin, was mit der verwendeten Beize verträglich ist.

Öle

Meiner Ansicht nach ist die beste Oberflächenbehandlung für die meisten Schnitzereien ein Ölüberzug. Nichts betont die Maserung des Holzes so gut wie die Behandlung mit Leinölfirnis, Holzöl oder einem tränkenden Harzöl. Holzöl und Harzöl sind in Deutschland nicht ohne weiteres zu erhalten. Ähnliche Öle liefern aber Firmen wie Biofan und Livos, die mit biologischen Oberflächenmitteln handeln. Im Gegensatz zu anderen Finishs, wie zum Beispiel Firnis, dringt das Öl in das Holz ein, tränkt seine Fasern und macht sie hart und widerstandsfähig. Auch Kratzer auf der Holzoberfläche sind nicht mehr so auffällig, weil sie vom Öl überdeckt werden. Selbst ein tiefer Kratzer kann dadurch, daß man ein paar Tropen Öl hineinreibt, unsichtbar gemacht werden. Man sollte allerdings keine Pflanzenöle oder rohe Leinöle verwenden, weil diese nicht aushärten oder polymerisieren, wenn sie der Luft ausgesetzt werden, und sich dadurch immer leicht klebrig anfühlen. Dahingegen enthält Leinölfirnis Trockner, die es besser verwendungsfähig machen.
Harzöle sind dünnflüssige Lösungen von Alkyd- oder Phenolharzen und Naturölen und Spiritus. Sie betonen Färbung und Maserung des ungebeizten Holzes, sind aber auch gemischt mit Beizen erhältlich. Außerdem gibt es Firnisse, die man über die Öltränkung auftragen kann, um das Holz noch haltbarer zu machen. Ich benutze sie bei Außenanwendungen.
Öle sind am leichtesten aufzutragen, deswegen sind sie besonders geeignet bei feinkonturigen Schnitzstücken. Man trägt sie mit einem Pinsel auf und läßt sie etwa eine Stunde eindringen. Wenn das Holz weiteres Öl nicht mehr aufsaugt, wird der Überschuß mit einem Lappen abgewischt. Dann läßt man das Holz mehrere Stunden an der Luft trocknen und wiederholt den Vorgang. Das Holz muß immer sauber abgewischt werden, denn Ölrückstände würden einen klebrigen Überzug bilden. (Ölgetränkte Lappen sind feuergefährlich, deshalb müssen sie zum Trocknen ausgebreitet und dann in Blechbehältern aufbewahrt werden.)

Öle, die das Holz tränken, ergeben ein dauerhaftes Finish und betonen die Maserung.

Handpolituren

Mit Handpolituren, auch Wiener Polituren genannt, wurden in der Renaissance die geschnitzten Möbelstücke poliert. Das damalige Verfahren ist ziemlich kompliziert. Ich wende ein vereinfachtes Verfahren an, und zwar bei Schnitzstücken mit glatten Flächen und nicht zu scharfen Konturen, denn das Auftragen der Politur auf unregelmäßige Flächen ist ziemlich schwierig. Es dauert länger und benötigt einige Übung, aber das Ergebnis lohnt sich. Gegenüber dem Tränken mit Öl erreicht man kräftigere Farbtönungen und Maserungen.

Die Handpolitur, die ich verwende, ist eine Lösung aus gleichen Teilen Spiritus, Leinölfirnis und Schellack. Das Leinöl betont die Färbung des Holzes, während der Schellack ihm eine glatte, glänzende Oberfläche verleiht. Die Mischung mit Öl vermittelt darüberhinaus größere Haltbarkeit, als sie mit dem Schellack alleine zu erzielen ist.
Schellack, ein bernsteinfarbiges Sekret tropischer Insekten, kann entweder in Pulver- oder Flockenform oder als Lösung in Spiritus bezogen werden. Wenn Sie die Lösung kaufen, müssen Sie auf das Herstellungsdatum achten. Ist sie älter, trocknet sie nicht mehr und hinterläßt einen klebrigen Überzug. Allerdings gibt es heute auch sehr gute haltbare Schellackmattierungen. Ich mische mir meine Lösungen selbst, wobei ich 1 cm Schellackflocken (weiß oder orange) in einen Krug schütte und darüber 2 cm Spiritus gebe. Die Lösung muß etwa so zähflüssig wie Sirup sein. Je nachdem müssen Sie noch etwas von dem einen oder anderen Bestandteil hinzugeben.
Danach mischt man diese Lösung mit gleichen Anteilen Leinölfirnis und Spiritus und schüttelt sie gut. Schütten Sie ein paar Tropfen der fertigen Politur auf ein Knäuel sauberer, fusselfreier Baumwolle und verreiben Sie sie mit behutsamen, kreisenden Bewegungen auf dem Holz. Halten Sie dabei nicht inne, sonst könnte die Baumwolle festkleben. Der erste Überzug versiegelt das Holz, der zweite bringt den ersten Glanz. Wünschen Sie einen stärkeren Glanz, dann tragen Sie noch einen weiteren Überzug auf. (Herkömmliche Polituren, die stärker verdünnt sind, benötigen oft Dutzende von Überzügen.) Ich trage für gewöhnlich nur zwei Überzüge auf und ziehe sie dann leicht mit Stahlwolle 000 oder 0000 ab. Wenn ich einen stärkeren Glanz wünsche, trage ich etwas Mattwachs auf und poliere mit einem Tuch oder einer Schuhbürste nach.
Mir gefällt es, mit dieser Politur zu arbeiten. Sie ist leicht zu mischen, trocknet schnell und sieht gut aus. Ich habe sie sogar bei folkloristischen Schnitzereien verwendet, die mit verdünnter Ölfarbe eingefärbt waren. Die Politur läßt die Maserung unter der Farbe durchscheinen und gibt dem Ganzen einen gleichmäßigen Mattglanz.

Firnislack

Firnislack ist einer der beliebtesten transparenten Überzüge für Möbel, ist aber sehr schwierig aufzutragen, weshalb ich ihn für Schnitzereien nicht empfehle. Er braucht lange Zeit zum Trocknen, mindestens eine Nacht, manchmal auch ein oder zwei Tage, wobei er Staub oder herumfliegende Fasern aufnehmen kann. Es gibt jedoch zwei Fälle, in denen man um ihn nicht herumkommt. Der erste ist, daß Ihre Schnitzerei Teil eines Möbelstücks werden soll, das gefirnißt wird. Dann sollten Sie das Stück im Ganzen firnissen, am besten mit einem hochwertigen Urethan- oder Polyurethan-Firnis. Sollte andererseits Ihre Schnitzerei im Freien angebracht werden, ist gleichfalls ein Firnissen zu empfehlen, und zwar mit mehreren Überzügen Bootslack. Dieses sehr haltbare Produkt hält Sonnenlicht und Regen stand, kann aber unter ungünstigen Bedingungen auch nach zwei bis fünf Jahren anfangen abzublättern.
Firnislack wird mit einem Malerpinsel aufgetragen. Dazu nimmt man am besten einen Pinsel mit Naturborsten, damit keine Borstenstriche im Überzug zurückbleiben. Die meisten Hersteller empfehlen, den Lack für den ersten Überzug mit Terpentin oder Spiritus zu verdünnen, damit er gut in das Holz eindringt. (Man kann diese Verdünner auch zum Auswaschen des Pinsels benutzen.) Verteilen Sie den Lack überall gut und lassen Sie keine freien Stellen. Dann wischen Sie den Pinsel trocken und nehmen mit leichten Strichen Überschüsse und Tropfnasen, die sich gebildet haben, weg. Ich trage für gewöhnlich zunächst einen dünnen, versiegelnden Überzug auf und danach ein oder zwei weitere, je nachdem, was die Hersteller vorschreiben.

Lack

Auch Lack ist nicht leicht zu verarbeiten. Zum Beispiel kann man ihn nur unter Schwierigkeiten aufpinseln (obwohl man ihn auch spritzen kann), weil der erste Überzug sehr rasch trocknet, und die Lackdämpfe sind gefährlich (gesundheitsschädlich und feuergefährlich). Lack wird aus einer Lösung von Nitrozellulose und anderen synthetischen Verbindungen in einem sich schnell verflüchtigenden Lösungsmittel hergestellt. Der Verdünner, mit dem die Lackpinsel gesäubert werden, ist gleichfalls schnell flüchtig. Vorsicht! Er löst nicht nur den Lack auf, sondern greift auch die meisten Kunststoffüberzüge und andere Dinge an.

Da Lacke nicht auf Ölbasis beruhen, verstärken sie auch nicht die Farbwirkung des Holzes wie Öle oder Schellack. Ich benutze sie, um meine Tierfiguren vor dem Bemalen zu versiegeln, indem ich sie mit dem Pinsel auftrage oder die Figuren einfach in den Lack tauche. Tropfnasen und ähnliche Mängel, wie zum Beispiel Staubpartikel oder Tierhaare im Lack, können mit einem scharfen Messer abgekratzt werden, nachdem der Lack getrocknet ist. Sprühlack in Dosen eignet sich gut für Schnitzereien, die wie unbehandelt aussehen sollen, die man aber doch vor Staub und Schmutz schützen will. Ich benutze einen Sprühlack, der eine mattglänzende Oberfläche ergibt und sich gut mit Stahlwolle 0000 bearbeiten läßt.

Farben

Farben bestehen aus feingemahlenen Farbpigmenten, die in einer Flüssigkeit gelöst wurden. Ich verwende Künstler-Ölfarben, bei denen es sich um dickflüssige Mischungen von Farbpigmenten in Leinöl handelt. Man kauft sie tubenweise in Zeichenbedarfsgeschäften. Wasserlösliche Farben, wie Acryl- oder Latexfarben, sollte man auf rohem Holz nicht verwenden, da sie die Holzfasern aufquellen lassen.

Holzschnitzereien wie Heiligenstatuen, Gallionsfiguren oder Ladenschilder wurden schon seit jeher angemalt. Sie müssen aber bedenken, daß Farben leicht grell und schreiend wirken können. Ich verwende Ölfarben in zweierlei Weise. Die erste ist eine Art Beize oder Tönung, wie sie bei volkstümlichen Schnitzereien aus Oberbayern, Tirol oder den skandinavischen Ländern verwendet wird. Dazu verdünnt man einen Klecks Ölfarbe auf einer Untertasse oder einem Dosendeckel mit ein paar Tropfen Terpentin. Hierfür nimmt man am besten einen kleinen Kamelhaar- oder Zobelhaarpinsel (Nr. 4 oder Nr. 6), den man in das Terpentin taucht. Mit ihm schüttelt man so lange einige Tropfen über die Farbe, bis man eine dünnflüssige Beize bekommen hat, die man vor dem Auftragen auf einem Stück Abfallholz ausprobiert. Derartig erzielte Tönungen wirken am besten bei hellem Holz wie Weymouthskiefer, Linde und Pappel. Bei ihnen wird damit die natürliche Tönung verstärkt, ohne die Maserung zu verdecken.

Die zweite Technik wende ich bei Tierfiguren-Schnitzereien an. Zunächst versiegele ich dabei das Holz mit Lack. Dann bemale ich es mit Kreidegrund, einer dicken, deckenden, wasserlöslichen weißen Farbe. Dies ist ein Verfahren, das dem der Vorbehandlung einer Leinwand für das Bemalen gleicht. Man erhält damit einen Untergrund, der die Farben hervorhebt. Auf diesen Kreidegrund trage ich die Ölfarben auf, diesmal ohne sie zu verdünnen. Durch die Verwendung verschieden breiter Pinsel erzeuge ich dabei eine Struktur, die der von Pelz oder Federn gleicht. Die Farbe muß danach bis zu acht Wochen trocknen.

Zusätzlich benutze ich auch Emailfarben. Bei ihnen handelt es sich um eine deckende Mischung von Farbpigmenten in einer dickflüssigen, firnisähnlichen Lösung. Man bekommt sie in einer Palette von Farben von matt bis hochglänzend. Aufgetragen werden sie mit ein oder zwei Überzügen. Bezüglich der Trocknungszeit hält man sich an die Herstellervorschriften.

Emailfarben werden vorzugsweise für Außenanwendungen genom-

Zum Lasieren eines Schnitzstückes werden zwei Lagen eines tränkenden Harzöls aufgetragen, dann pinselt man die Beize sorgfältig in alle Vertiefungen (links). Nachdem man sie mit einem sauberen Tuch wieder abgewischt hat (Mitte), treten ihre Details stärker hervor und ihre Schatten sind vertieft. Eine Lasur wirkt besonders gut bei hellem Holz.

men, zum Beispiel bei Hausverzierungen oder Gartenmöbeln. Ich verwende sie bei Ladenschildern und ähnlichen Dingen, die im Freien angebracht werden. Sie gewähren einen vorzüglichen Witterungsschutz, da sie die ultravioletten Strahlen der Sonne abhalten, welche das Holz verfärben und altern lassen. (Dabei nehme ich für alle Außenanwendungen mit Emailfarben Kiefernholz, weil dessen poröse Beschaffenheit die Farben tief in die Fasern eindringen läßt.)

Lasuren

Beim Lasieren handelt es sich um ein Spezialverfahren, das für viele Schnitzereien gut geeignet ist. Ich verwende es vornehmlich bei Ornament- und Reliefschnitzereien, die aus hellem Holz hergestellt sind und eine Menge feiner Details haben, die herausgestellt werden sollen.

Die Lasur wird durch das Auftragen einer dunklen Beize auf eine Oberfläche erzeugt, die bereits mit Öl oder einer anderen Beize behandelt wurde. Sie wird anschließend wieder abgewischt. Dies Verfahren hinterläßt eine dunklere Tönung in den Vertiefungen, was eine künstliche Schattenwirkung bewirkt.

Zunächst bekommt das Holz dabei zwei Überzüge eines transparenten Harzöls. Nachdem der zweite Überzug abgewischt wurde und antrocknen konnte, bringe ich eine Lage einer Spezial-Walnußbeize auf. Die Beize kann nicht mehr in das Holz eindringen und setzt sich in den Vertiefungen der Schnitzerei fest. Man muß nun dafür sorgen, daß sie in jede einzelne Vertiefung gelangt, dann wischt man sie mit einem sauberen, saugfähigen Tuch wieder ab. Etwas von der Beize bleibt dabei zurück und sorgt für die gewünschten Schattierungen. Die Intensität der Schattierung kann man leicht bestimmen, indem man zunächst an einer Stelle etwas mehr Beize als an den anderen aufträgt. Wie auf den Fotos oben gezeigt wird, hebt eine Lasur Feinheiten der Schnitzerei hervor, die sonst bei hellem Holz kaum sichtbar wären.

Wachspaste

Dies ist eine Mischung verschiedener natürlicher und künstlicher Wachse. Sie hat eine Konsistenz wie Butter und kann auf rohem Holz aufgetragen werden oder als zusätzlicher Schutz auf bereits behandeltem Holz.

Wenn Sie eine der handelsüblichen Pasten verwenden, tragen Sie sie sparsam mit einem weichen Tuch auf. Lassen Sie sie etwa 10 bis 15 Minuten antrocknen, dann polieren Sie sie mit einem weichen, trockenen Lappen oder einer Schuhbürste aus Roßhaar, bis das Holz einen seidigen Glanz bekommt.

Man kann sich die Paste auch selbst herstellen, indem man Bienenwachs mit Terpentinöl mischt. Eine so hergestellte Paste ist dicker als die handelsüblichen und gibt so noch etwas mehr Schutz, aber ihre Anfertigung birgt Gefahren in sich, wenn man nicht aufpaßt. Schmelzen Sie vorsichtig etwa 100 Gramm gebleichtes oder ungebleichtes Bienenwachs bei niedriger Hitze im Wasserbad. Dahinein rühren Sie etwa einen ½ Liter Terpentinöl und lassen das Ganze dann abkühlen. Innerhalb einer Stunde muß die Paste wie Butter geworden sein. Ist sie zu weich geworden, schmelzen Sie sie erneut und geben noch etwas Wachs hinzu, ist sie zu hart, geben Sie noch etwas Terpentinöl hinzu. Man kann auch etwas geschmolzenes Kolophonium hinzufügen, um die Paste zu härten und dunkler zu machen, aber darauf verzichte ich für gewöhnlich. Beachten Sie, daß die Mischung im flüssigen Zustand leicht entflammbar ist. Wenn sie zu qualmen beginnt, ist sie zu heiß. Halten Sie immer etwas parat, um eine Flamme direkt ersticken zu können. Wenn die Paste abgekühlt ist, bewahren Sie sie in einem luftdichten Behälter auf, damit sie frisch bleibt.

Die selbstgemachte Paste wird in einer dünnen Schicht auf das Holz gerieben oder gepinselt. Dann muß das Ganze einen Tag stehenbleiben, damit das Terpentin entweichen kann. Danach wird es mit einem sauberen Tuch oder einer Schuhbürste poliert.

1½ inch squares

Entwurf und Gestaltung

Was macht bestimmte Dinge so anziehend für den Betrachter? Diese Frage hat sich die Menschheit schon seit Urzeiten gestellt. Die Künstler aller historischen Zeitabschnitte, von den alten Ägyptern bis in die Moderne, haben immer wieder versucht, darauf mit der Aufstellung ästhetischer Prinzipien eine Antwort zu geben, obwohl Schönheitsideale von einer Kultur zur anderen immer wieder gewechselt haben. Die einzige unveränderliche Regel scheint zu sein, daß eine gute Gestaltung ganz einfach gefällt, wenn man sie betrachtet. Ob es nun eine Zeichnung, ein Gemälde oder eine Schnitzerei ist - ist sie gut gestaltet, dann zieht sie Ihre Aufmerksamkeit an und gefällt Ihnen beim Betrachten. Eine der Grunderkenntnisse eines erfahrenen Schnitzers ist, daß bloße handwerkliche Fähigkeiten allein nicht genügen, um ein schwaches oder uninteressantes Design wieder wettzumachen.
Das Wort Design hat hier mehrere Bedeutungen. Zum einen meine ich damit den Entwurf für die fertige Schnitzerei. Zum anderen bedeutet es, wie dieser Entwurf gestaltet wurde. Oft versteht man darunter auch eine bestimmte Art der Ausführung, also zum Beispiel ein keltisches oder ein geometrisches Design. Beim Holzschnitzen wird es in allen diesen Bedeutungen benutzt. Aber bevor ich darauf eingehe, möchte ich erklären, was ein gutes Design anziehend macht.

Einige Gestaltungsregeln

Ob eine Schnitzerei Gefallen findet, hängt letztlich davon ab, ob ihre sichtbaren Einzelheiten gut zusammenwirken. Es gibt einige grundsätzliche Regeln, die man bei allen Schnitzereien anwenden kann.
Die erfahrungsgemäß am besten gefallenden Schnitzereien haben einfache Konturen, weisen nur die allernotwendigsten Details auf und sind ausgewogen, das heißt, daß sie nicht kopflastig oder auf einer Seite zu sehr betont sind. Um zu vermeiden, daß eine Schnitzerei unausgewogen aussieht, sollte man sie symmetrisch gestalten, also so, daß die eine Seite das Spiegelbild der anderen ist. Viele mittelalterliche Holzbildhauer benutzten deshalb streng symmetrische Kreise und Bögen, wie die Abbildungen auf der nächsten Seite zeigen. Aber auch asymmetrische Designs, also solche, deren beiden Hälften sich nicht gleichen, können ausgewogen aussehen, wenn ihre Formen mit Überlegung gestaltet werden.

Wenn Sie den Entwurf für eine Schnitzerei fertig haben, übertragen Sie ihn auf eine Skala, wie auf der gegenüberliegenden Seite gezeigt, und tragen dabei soviel Einzelheiten wie möglich ein. Danach übertragen Sie den Entwurf auf das Holz.

Oft liegt die Schönheit eines Designs im Rhythmus seiner wiederkehrenden Formen. Dies trifft besonders auf Ornamentschnitzereien zu, wie diejenige, die im Foto auf der nächsten Seite gezeigt wird. Allerdings kann zuviel Wiederholung auch monoton wirken. So wurden besonders in der Epoche der Neugotik im 19. Jahrhundert oft traditionelle Muster gnadenlos wiederholt, ohne daß man dem Gesamteindruck oder ihrer Anordnung Beachtung schenkte.

Bei dieser französischen Truhe aus dem 15. Jahrhundert (oben) wirkt die fortlaufende Wiederholung der Ornamente und Bögen langweilig. Dies hätte durch die Anbringung dreier sich abwechselnder Muster oder eines unterschiedlichen Musters in der Mitte, das als Brennpunkt der Betrachtung diente, vermieden werden können. Das Paneel aus Italien (links) aus dem gleichen Jahrhundert verwendet dahingegen erfolgreich symmetrische Kreise und Bögen (Fotos mit freundlicher Genehmigung des Metropolitan Museum of Art, Rogers Fund, 1905).

Kopf- und Fußende dieser Bettstatt sind Beispiele für eine asymmetrische Gestaltung. Obwohl ihre rechten und linken Seiten unterschiedliche Formen und Kurven aufweisen, fließen sie zu einem harmonischen Gesamtbild ineinander (Entworfen und geschnitzt von Rick Gentile und Joan Columbus. Foto von Steve Chimento).

Eine gute Schnitzerei muß gute Proportionen besitzen, das heißt, eine interessante Vielzahl eng miteinander in Beziehung stehender Formen aufweisen. Dieses Prinzip wurde mit Erfolg in der Stilepoche des Rokoko im 18. Jahrhundert angewandt, die berühmt ist für ihre zierlichen geschnitzten Bilder- und Spiegelrahmen. Dabei pflegten keine zwei der verwendeten Muster gleich zu sein, und doch bildeten alle Muster zusammen ein anziehendes, ausgewogenes Ganzes. Nachahmungen solcher Rokokorahmen sehen dahingegen oft grob und unbeholfen aus, da ihnen die Abwechslung der Formen- und Liniengebung fehlt. Vergleichen Sie einmal, wie sich die geschwungenen Linien des auf Seite 60 unten abgebildeten Teils verändern, wie sie sich überall verjüngen. Dies ist eines der Geheimnisse des wohlproportionierten Designs: eine behutsame Veränderung der Linien und Kurven, die sie für das Auge wohlgefällig macht.
Ein anderer wichtiger Gesichtspunkt beim Entwurf von Holzschnitzereien ist die Harmonie. Als generelle Regel sollte man nur solche Formen und Motive zusammenbringen, die sich in Stil und Charakter ähneln. Zum Beispiel basierte der Baustil der Gotik auf geometrischen Linien und Kurven. Diese kann man nicht einfach mit den Stilelementen einer späteren Epoche, wie dem Rokoko, vermischen, dessen Formen viel fließender waren.
Schlimme Beispiele schlechten Geschmacks ergeben sich dann, wenn man Stilelemente verschiedener Epochen zusammenbringt, ohne sich um ihre generelle Wirkung zu kümmern. Dies bedeutet nicht, daß man solche Elemente nicht so abwandeln kann, daß sie sich miteinander vereinbaren lassen, aber das muß gut überlegt sein.
Einen guten, ausgewogenen Entwurf zu machen ist eine Frage der Übung. Für gewöhnlich müssen Sie mehrere Bleistiftzeichnungen anfertigen und hier eine Linie ändern und dort eine, ehe Sie zu einer befriedigenden Lösung kommen. Lassen Sie sich dabei Zeit! Das Ausarbeiten Ihrer Ideen auf dem Papier ist die beste Methode sicherzustellen, daß die fertige Schnitzerei nachher so aussieht, wie Sie sie sich vorgestellt haben.

Die Schönheit dieses holländischen Mangelbretts (Entstehung um 1748) wird verstärkt durch die Wiederholung der dreieckigen Einschnitte, die die geometrischen Formen ergeben (Wiedergabe mit freundlicher Genehmigung des Metropolitan Museum of Art, Rogers Fund, 1911).

Sinn für die Gestaltung entwickeln

Viele Leute haben Schwierigkeiten, die abstrakten Begriffe von Symmetrie, Proportion und Harmonie in einen Entwurf zu übertragen, nach dem sie arbeiten können. Falls das auch auf Sie zutrifft, dann können Sie am besten daraus lernen, daß Sie die Welt um sich herum aufmerksam betrachten, wie das Kinder sehr gut können. Ihre Umgebung ist so neu und faszinierend für sie, daß sie auch auf Einzelheiten achten, die die Erwachsenen nicht mehr bemerken. Wir müssen wieder lernen, wie man die Dinge ringsherum mit scharfem Auge und wachem Verstand betrachtet.
Ein Beispiel: Wir wissen alle, wie ein Blatt aussieht. Es ist grün und hat eine spezielle Form. Aber erst, wenn man es einmal genauer studiert, erkennt man seine subtilen Farbveränderungen und das wundervolle Filigran seines Aufbaus. Wenn dies nun schon für ein einzelnes Blatt zutrifft, dann können Sie sich denken, welche Wunder Ihnen die gesamte Welt offenbart, wenn Sie sie mit offenen Augen anschauen.
Und genau das ist es, was Sie lernen sollten, wenn Sie zu guten Schnitzentwürfen kommen wollen: Sie müssen die Dinge, mit denen Sie im Alltag zu tun haben, genau betrachten und ihre Formen studieren, damit Sie erkennen, was ihre Anziehungskraft ausmacht, und dies in Ihre Arbeit einbeziehen. Ich glaube daran, daß Menschen einen intuitiven Sinn für gute Gestaltung entwickeln können, ohne dessen selbst gewahr zu werden. Sie können vermutlich rein instinktiv erkennen, wenn etwas gut aussieht, ohne erklären zu können, warum das so ist. Noch ein Beispiel: Wie oft haben Sie schon bemerkt, daß

Die Mannigfaltigkeit schwingender Linien an dem Spiegelrahmen im Rokokostil vereinigt sich zu einem wohlausgewogenen Gesamteffekt (Geschnitzt von Rolf Tarldseth).

ein Bild leicht schief an der Wand hängt? Es mag nur wenige Millimeter von der Geraden abweichen, und doch fällt Ihnen dies auf. Ihr Auge hat sich einfach daran gewöhnt, auch geringste Kleinigkeiten festzustellen und dies Ihrem Unterbewußtsein mitzuteilen, das Ihnen wiederum ein ungutes Gefühl vermittelt. Fahren Sie damit fort, auf diese Art die Welt um sich herum zu betrachten und Ihr Wahrnehmungsvermögen weiter zu entwickeln.

Visualisierung

Eine andere Technik, die sehr hilfreich beim Entwerfen von Schnitzereien und bei der Entwicklung Ihrer visuellen Qualität sein kann, ist, sich bildlich etwas im Geist vorzustellen. Das ist etwas, was wir alle als Kinder in unseren Tagträumen getan haben; eine Fähigkeit, die vielen von uns als Erwachsenen wieder verlorengegangen ist. Aber sie kann mit etwas Übung wiedererlangt werden. Schließen Sie einfach die Augen und stellen Sie sich intensiv vor, wie Ihr Schnitzstück aussehen soll. Zunächst wird es bestimmt einiger Minuten Konzentration bedürfen, ehe sich Ihre Vorstellung zu einem klaren Bild realisiert. Später wird dies wesentlich schneller gehen.

Diese Technik wird Ihnen nicht nur beim Entwurf Ihrer Arbeit helfen, sondern auch bei der Verwirklichung. Es wird bald so scheinen, als ob Ihre Hände von selbst arbeiten, denn wenn Sie das, was Sie anfertigen wollen, vor ihrem inneren Auge fixieren, werden Ihre Hände sozusagen von Ihrem Unterbewußtsein gelenkt werden. Allmählich wird sich das in einen regelrechten »Holzschnitz-Instinkt« bei Ihnen verwandeln. Üben Sie diesen Prozeß bewußt immer wieder, und Ihre Fähigkeiten, sich etwas vorzustellen und es auszuführen, werden immer besser werden.

Entwurfszeichnungen

Zwei der besten Hilfsmittel, um Ihr Designvermögen weiterzuentwikkeln, sind Skizzenbuch und Bleistift. Das Skizzenbuch sollte die zeichnerische Realisation Ihrer Ideen enthalten, basierend auf Schnitzwerk, das Sie in Museen entdeckt haben, interessante Formen in der Natur oder irgend etwas anderem, das Ihr Auge gefangengenommen hat. Zeichnen zu können ist lediglich eine Frage der Übung, und dazu ist Ihr Skizzenbuch da. Schnitzen und Zeichnen sind nahe verwandt. Sie werden feststellen, daß mit Ihrer Fertigkeit zu zeichnen sich auch Ihre Fertigkeit zu schnitzen vervollkommnet.

Die sich verjüngenden geschwungenen Linien der Akanthusblatt-Schnitzerei erzeugen einen beschwingten Eindruck (Fotos mit freundlicher Genehmigung von Vesterheim. Norwegisch-Amerikanisches Museum in Decorah/Iowa).

Entwurfsarbeiten mit Skizzen und Ton

Die Skizze eines Schnitzstücks ist wie eine Landkarte. Sie vermittelt eine klare Idee davon, was man vorhat, bevor man tatsächlich mit dem Schnitzen beginnt. Die Skizze sollte im Maßstab 1:1 gemacht werden und alle Einzelheiten enthalten. In Querschnitten an verschiedenen Punkten sollte die Stärke des Teils an diesen Stellen festgehalten werden, damit man eine bessere Vorstellung von seiner Form und seinen wechselnden Stärken bekommt. Im Bild auf Seite 62 oben sind solche Querschnitte mit farbigen Flächen markiert, man kann sie aber auch mit gepunkteten Linien andeuten. Man kann aber auch die tiefer ausgeschnittenen Flächen eines Teils schattieren, um die Konturen darzustellen. Sie sollten sich aber auch nicht scheuen, direkt auf dem Holz Linien und Schatten - gewissermaßen als Wegweiser - anzubringen. Das ist besonders zu empfehlen, wenn man Reliefs schnitzt, die praktisch Erhebungen auf einer ebenen Grundfläche darstellen. Beim Schnitzen werden die Bleistiftlinien wieder entfernt oder man radiert sie weg, wenn das Stück fertig ist. Verwenden Sie aber keine Tusche oder Tinte, weil diese in das Holz eindringen und schlecht wieder zu entfernen sind.

Eine Skizzenbuchseite

Das Führen eines Skizzenbuches ist eine gute Methode, sich im Zeichnen zu vervollkommnen. Diese Seite enthält die Beobachtungen, die auf einer kurzen Wanderung gemacht wurden.

Der Entwurf

Bedenken Sie bei Ihren Entwürfen die strukturellen Schwächen und Stärken des Holzes. Holz ist am widerstandsfähigsten entlang des Faserverlaufs. Deswegen sollten Sie von vornherein sorgfältig darauf achten, wie die Holzfasern bei Ihrem Schnitzstück verlaufen.

Schattierte Flächen auf der Skizze deuten die Konturen dieser Schnitzerei an.

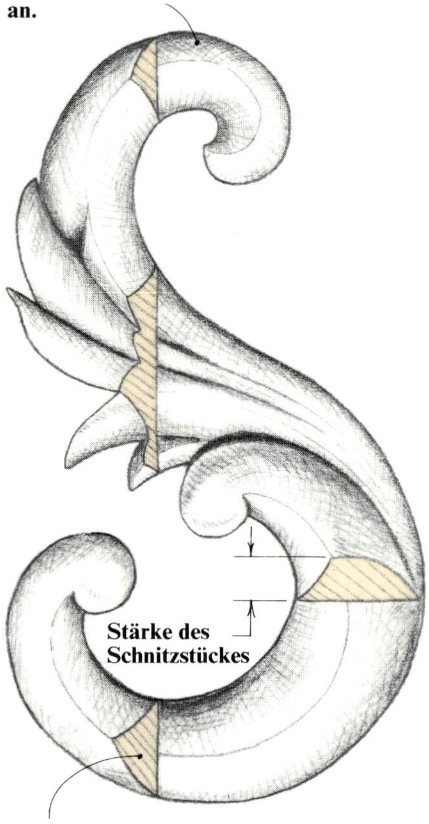

Querschnitte erläutern die Stärke des Teils und seine Formgebung.

Wenn Sie also Skulpturen, Tierfiguren oder andere dreidimensionale Sachen schnitzen wollen, dann legen Sie die dünnen, bruchgefährdeten Stellen am besten parallel zur Faserrichtung oder so nahe wie möglich zu ihr. Dies gewährleistet, daß die Teile nicht beim Schnitzen oder später abbrechen. Zweidimensionale Schnitzereien mit vielen Konturen, die in der gleichen Richtung verlaufen, sollten gleichfalls parallel zur Faserrichtung angelegt sein. Obwohl bei einer Reliefschnitzerei oder bei einer freistehenden Skulptur dieser Gesichtspunkt nicht so entscheidend ist, erleichtert bei ihnen der Gleichlauf mit den Fasern das Schnitzen, und das Splittern feiner Einzelheiten wird unwahrscheinlicher.

Das Übertragen von Mustern

Zusätzlich zum Entwurf eigener Muster kann man auch Muster aus anderen Vorlagen, z. B. Büchern, mit Hilfe von Paus- und Kohlepapier übertragen. Legen Sie dafür ein Blatt dünnes, reißfestes Pauspapier auf die Vorlage und zeichnen Sie ihre Linien nach. (Solches Pauspapier ist in jedem Schreibwarenladen erhältlich. Ich verwende aber auch andere geeignete Papiere, sofern sie transparent und reißfest sind, z. B. nicht zu dickes, weißes Schreibmaschinenpapier.) Dann legt man ein Blatt Kohlepapier mit der Farbseite auf das Holz und darauf das Papier mit den übernommenen Mustern. Mit stetigem Druck, jedoch nicht so stark, daß das Papier reißen könnte, überträgt man danach die Linien des Musters auf das Holz.

Es empfiehlt sich, eine Kante des Papiers mit einem Klebeband auf dem Holz zu befestigen, damit es nicht verrutschen kann. Dies hat den zusätzlichen Vorteil, daß man das Papier immer wieder hochheben kann, um zu überprüfen, ob alle Linien deutlich übertragen wurden. Sollte das nicht der Fall sein, so wurde der Bleistift nicht stark genug angedrückt.

Eine andere Methode ist die Anfertigung einer Pappschablone. Dazu überträgt man das Muster mit dem Kohlepapier auf die Pappe, schneidet sie aus, befestigt sie mit einer Stecknadel oder einer Heftzwecke auf dem Holz und zeichnet ihre Umrisse nach. Solche Schablonen eignen sich besonders für wiederkehrende Muster, z. B. auf Zierleisten und Simsen. Verwenden Sie dabei eine kurze Schablone für ein langes, sich wiederholendes Muster, sollten Sie darauf achten, daß sie an einer gut erkennbaren Unterbrechung im Muster beginnt und endet, damit Sie ohne schwierige Übergänge weiterzeichnen können.

Noch eine andere Methode ist, das Papier mit dem Muster mit etwas Gummilösung auf das Holz zu kleben und da hindurch zu schnitzen. Diese Methode eignet sich besonders für Kerbschnitte und Relief-

Dünne Partien können abbrechen, wenn sie quer zur Faserrichtung verlaufen.

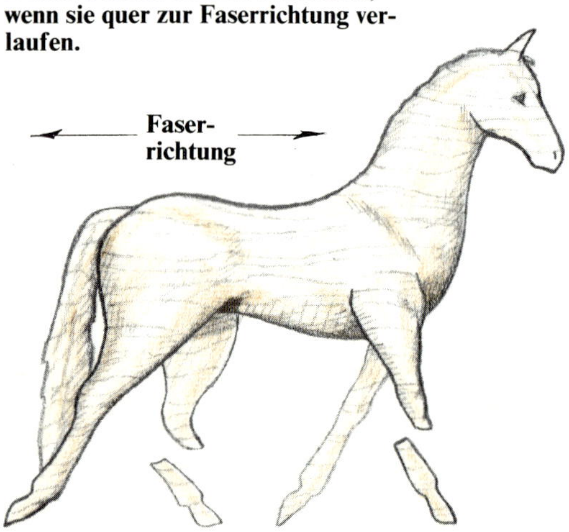

Zur besseren Haltbarkeit sollte die Faserrichtung längs verlaufen.

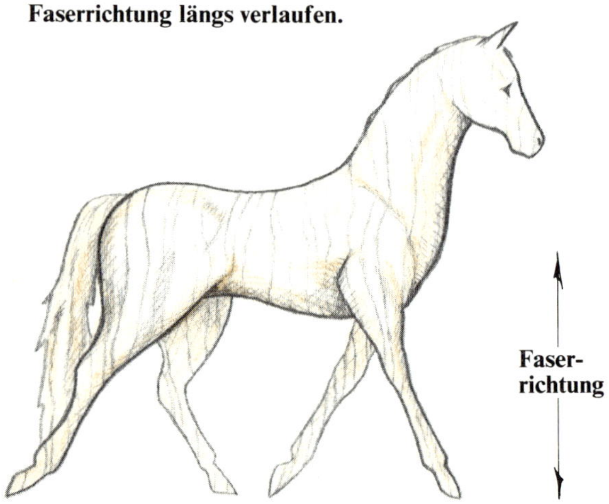

schnitzereien. Wenn Sie mit dem Schnitzen fertig sind, können Sie die Papier- und Kleberreste mit Sandpapier entfernen.
Noch eine andere, speziell bei Kerbschnitten und Reliefschnitzereien praktizierte Methode ist es, das Muster direkt auf das Holz aufzuzeichnen. Dabei muß man aber berücksichtigen, daß viele der Bleistiftlinien nach getaner Arbeit stehenbleiben, weil sie erhabene Stellen markieren, die nicht weggenommen werden. Diese Linien sollte man daher nicht zu stark auftragen, damit sie ohne Schwierigkeiten wieder entfernt werden können.
Das Entfernen der Bleistift- und Kohlepapier-Linien geschieht mit etwas Lösungsmittel und einem Wattebausch. Man kann dazu aber auch ein feines Schleifpapier mit 220er Körnung nehmen, womit man die Linien vorsichtig entfernt. Am besten wickelt man das Schleifpapier um ein flaches Stück Holz, um zu verhindern, daß man die scharfen Konturen des Schnitzstückes abrundet.
Wenn Sie den Maßstab einer vorhandenen Vorlage vergrößern oder verkleinern wollen, nehmen Sie dafür am besten Millimeterpapier, auf das Sie die Vorlage übertragen. Danach zeichnen Sie ein weiteres Gitter, das der Größe Ihres Schnitzstückes entspricht. Wenn Sie also z. B. die Größe einer Vorlage verdoppeln wollen, zeichnen Sie sie zunächst in ein Gitter mit 1 mm Abstand ein und übertragen sie dann auf ein Gitter mit 2 mm Kästchengröße. Das läßt sich ohne Schwierigkeit auch mit größeren Abständen machen. Sie erhalten so eine Vorlage in der benötigten Größe. In den nachfolgenden Beispielen wurde der Entwurf einmal vom Originalkästchen auf doppelte Kästchengröße übertragen und einmal auf die Hälfte verkleinert.

Um ein sich wiederholendes Muster zu übernehmen, überträgt man ein Teil davon auf ein Stück Pappe, das man als Schablone benutzt. Diese wird mit Stecknadeln oder Heftzwecken auf dem Holz befestigt. Danach wird das Muster auf das Holz gezeichnet.

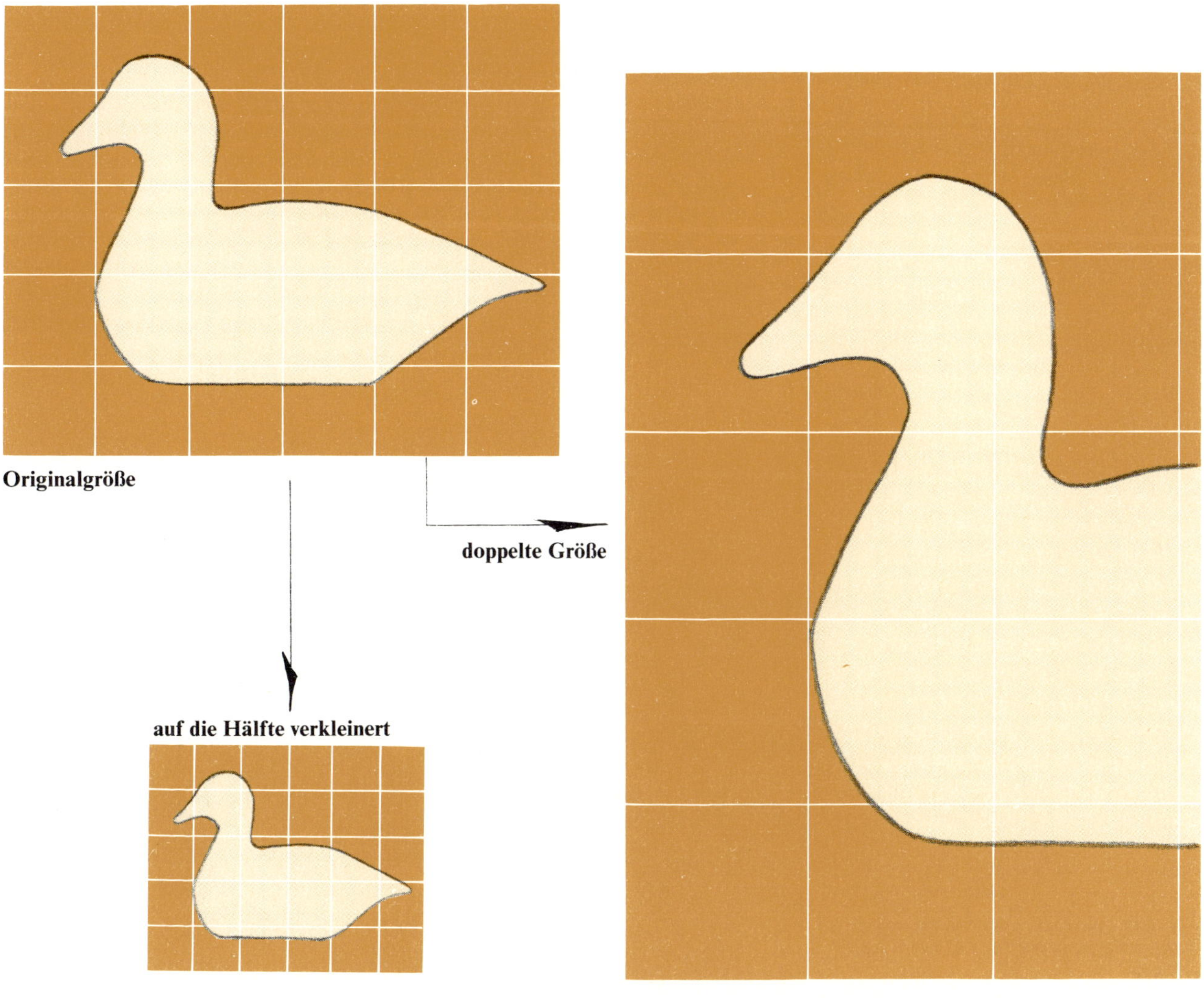

Manchmal ist es schwierig, Millimeterpapier passend für das geplante Teil zu bekommen. Dann zeichne ich mir selbst ein Gitter auf ein dünnes, reißfestes Blatt aus einem Zeichenblock auf. Auch sind Millimeterkästchen oftmals zu klein und können dadurch verwirrend wirken. Ich gehe meist von 1 cm-Gittern aus und passe meine Entwürfe so an, das es keine Schwierigkeit bereitet, sie auf größere oder kleinere Abstände zu übertragen.

Verwendung von Tonmodellen

Will man ein kompliziertes Objekt schnitzen, so kann es hilfreich sein, vorher ein Modell aus Ton anzufertigen. An ihm kann man genau ermessen, wie das fertige Objekt aussehen wird. Das ist besonders wichtig, wenn man dreidimensional schnitzen will. Manchmal mache ich auch Tonmodelle von zweidimensionalen Objekten, wenn sie z. B. ein sich windendes oder verschlungenes Blattwert haben oder auch andere komplizierte Formen, die man in einer Zeichnung schlecht darstellen kann.

Ich nehme dafür gewöhnlichen Töpferton, weil er sich leicht in Wasser löst und weil er verhältnismäßig billig ist. Weil er jedoch schnell austrocknet und dann spröde wird, muß man ihn in einem Plastiksack aufbewahren. (Auch Ihre Schnitzereien sollten Sie vor dem Austrocknen schützen, indem Sie sie mit einer Plastikfolie abdecken, wenn Sie nicht daran arbeiten.) Es gibt auch einen Modellierton auf Ölbasis, der in Amerika Plasticene genannt wird. Dieser trocknet nicht aus und kann immer wieder verwendet werden. Ich nehme ihn aber nicht gerne, weil er sich so schlecht wieder von den Händen entfernen läßt.

Für die Herstellung zweidimensionaler Modelle benötigt man ein Stück Sperrholz als Unterlage, wobei eine Größe von etwa 35 cm im Quadrat für die meisten Vorhaben ausreicht. Befestigen Sie darauf eine Skizze Ihres Entwurfes als Unterlage und bauen Sie das Modell darauf auf. Für dreidimensionale Modelle werden Sie außerdem ein Drahtgestell als Gerüst benötigen. Dazu nehmen Sie am besten stärkeren Draht, den Sie zu einem Rohmodell zusammendrehen. Für das Modell eines Pferdes zum Beispiel benötigen Sie ein einfaches Gestell für die vier Beine, eventuell noch für den Hals, um das Gewicht des Tons zu tragen. Es gibt für das Modellieren des Tons spezielle Werkzeuge und Spachtel. Auf dem Foto benutze ich zum Modellieren des Tons Werkzeuge mit Drahtenden, aber es genügt auch ein Teelöffel oder ein normales Messer.

Vor dem Schnitzen eines komplizierten Teiles sollte man ein Modell aus Ton anfertigen.

Licht- und Schattenwirkungen spielen eine wichtige Rolle dabei, wie ein fertiges Schnitzwerk wirkt. Bei dem obigen Porträt hat der Schnitzer die Gesichtszüge so gestaltet, daß sie vom Licht hervorgehoben werden, obwohl sie nicht stark heraustreten. Die Blätter des Kranzes sind unterschiedlich tief gehalten, so daß sie dreidimensional und freiliegend erscheinen. Dieser Kontrast lenkt die Aufmerksamkeit des Betrachters auf das Porträt und verleiht der Gesamtgestaltung eine überaus interessante Wirkung (Foto mit freundlicher Genehmigung der University of Texas, Institute of Texan Cultures in San Antonio).

Licht- und Schattenwirkungen

Die Gestaltung einer Schnitzerei endet nicht mit dem ursprünglichen Entwurf. Noch während des Schnitzens selbst hat man zum Beispiel immer die Wirkungen von Licht und Schatten in Betracht zu ziehen.

Obwohl sie oft außer acht gelassen werden, können diese Effekte einen bedeutsamen Einfluß ausüben, besonders bei Reliefschnitzereien, denn diese werden für gewöhnlich an der Wand angebracht und können aus den verschiedensten Blickwinkeln betrachtet werden. Wenn Licht auf die Oberfläche eines Schnitzwerks fällt, wird es entweder reflektiert oder aber von schattigen Flächen absorbiert. Diese Licht- und Schattenwirkungen lassen die Gestaltung des Werkes erst voll zur Geltung kommen. Der Winkel, in dem Licht auftrifft, kann aber Glanz und Schatten verschieben und dadurch bestimmte Einzelheiten der Schnitzerei entweder betonen oder aber zum Verschwinden bringen. Das ist der Grund, weshalb manchmal ein Schnitzstück, das im Entwurf so gut aussah, nachher überhaupt nicht mehr wirkt. Es wurde einfach die Tatsache übersehen, daß Schnitzen ein Arbeiten mit Licht und Schatten bedeutet. Dieser Gesichtspunkt darf also bei der Anfertigung eines Entwurfes nie außer acht gelassen werden.

George Jack, der Verfasser des Buches »Wood Carving, Design and Workmanship«, das erstmalig 1903 erschien, beschreibt das Problem, das er beim Schnitzen einer Rose hatte, wie folgt: »Nachdem ich mir die größte Mühe gegeben hatte, ihre zahlreichen Blütenblätter und ihr kompliziertes Rankenwerk naturgetreu nachzubilden, mußte ich feststellen, daß das Licht, das auf sie fiel, nicht etwa diese schönen Formen hervortreten, sondern sie im Zwielicht zu einer formlosen Masse verschwinden ließ.«

Wenn ein Maler ein Bild malt, arbeitet er auf einer durchgehend flachen, glatten Unterlage, von der das Licht gleichmäßig reflektiert wird. Ein Schnitzwerk ist jedoch dreidimensional, und so erreicht das

Obwohl diese geschnitzte Lilie absolut symmetrisch gestaltet ist, werden bestimmte Einzelheiten je nach Einfallrichtung des Lichts bei ihr besonders betont. Von oben nach unten: Lichteinfall von der Seite, von oben, von unten.

Licht bestimmte Stellen besser als andere. Dies kann man aber in den Griff bekommen, indem man die Höhen und Tiefen des Schnitzwerks aufeinander abstimmt und damit auch Lage und Intensität von Licht und Schatten.

In der Theorie ist die Grundfläche einer Reliefschnitzerei eben. Jedoch haben die Holzbildhauer vergangener Zeiten die Tiefe des Hintergrunds bei ihren Schnitzwerken an der einen oder anderen Stelle erheblich verändert, indem sie hier und dort mehr Holz wegnahmen. Dadurch erzielten sie tiefere Schatten, wodurch die herausragenden Teile in einen größeren Kontrast gerieten und die Aufmerksamkeit des Betrachters mehr auf sich zogen.

Machen Sie sich keine Sorgen, wenn das alles ein bißchen kompliziert klingt. Durch Übung werden auch Sie es schon lernen, wie man Licht- und Schattenwirkungen ausgleicht. Bald wird Ihnen das Vertiefen eines Hintergrundes, damit er etwas dunkler erscheint, genauso geläufig von der Hand gehen wie die Schattierung einer Zeichnung mit dem Bleistift.

Die einfachste Methode, die Wirkung, die das Licht ausübt, zu ermessen, ist, beim Schnitzen immer daran zu denken. Treten Sie hin und wieder einmal zurück und betrachten Sie das Schnitzwerk aus einiger Entfernung und aus verschiedenen Richtungen; am besten in der gleichen Höhe, in der es zum Schluß angebracht oder aufgestellt wird, und unter den gleichen Lichtverhältnissen. Soll es natürliches Licht bekommen, hängen Sie es zweckmäßigerweise neben dem Fenster auf. Ein großes Schnitzstück, wie eine Statue oder eine Altarfigur, sollten Sie mit einigen Punktscheinwerfern anstrahlen, möglichst genauso, wie später der Lichteinfall sein wird.

Wie der Lichteinfall die Wirkung eines Schnitzwerkes verändern kann, zeigt die links abgebildete Lilie. In früheren Zeiten wurde dieses Motiv sehr oft zur Ausschmückung öffentlicher Gebäude, aber auch an Privathäusern verwendet. Wie viele andere Standardmotive in der Architektur wurde es symmetrisch gestaltet, um bei den verschiedensten Lichtbedingungen ausgewogen zu erscheinen - größtenteils auch deswegen, weil die Holzbildhauer wenig Einfluß darauf haben, wo sich die Fenster eines Gebäudes befinden.

Sehen Sie sich die Abbildungen einmal darauf an, wie die Richtungsänderung des Lichteinfalls bestimmte Einzelheiten betont und andere verschwimmen läßt. Fällt das Licht von der Seite ein, bekommt besonders das ovale Oberteil eine lebhafte Licht- und Schattenwirkung. Kommt das Licht jedoch aus einer anderen Richtung, dann ist diese Wirkung nahezu verschwunden. Beachten Sie auch, wie wuchtig die oberen Blätter erscheinen, wenn das Licht von unten kommt. Viel weniger kopflastig sieht die Lilie dagegen bei einem Lichteinfall von oben aus. Wichtig ist es, sich immer zu vergegenwärtigen, daß Sie bis zu einem bestimmten Grad selbst bestimmen können, welche Konturen betont werden sollen und welche nicht, und zwar durch Beachtung der Wirkung des Lichteinfalls bei Ihren Entwürfen.

Bei einem asymmetrischen Motiv können die wechselnden Lichtwirkungen sich noch stärker bemerkbar machen. Beachten Sie zum Beispiel auf den Fotos rechts oben, wie die obere Hälfte des Ornamentes in der Breite abzunehmen scheint, wenn das Licht statt von links von rechts einfällt. Dies kann man dadurch kompensieren, daß man die entsprechende Partie etwas weniger hoch gestaltet, um den Schatten, den sie wirft, zu verringern, oder indem man die im Licht liegende Fläche vergrößert. Man kann auch die Abmessungen bestimmter Teilstücke eines Schnitzwerks vergrößern, um einen ausgewogenen Eindruck zu erzielen, aber das muß vorher wohl bedacht werden, damit man nicht irgendwo zuviel Holz wegnimmt.

Dieselben Prinzipien treffen auch zu, wenn man ein Schnitzwerk fotografiert. Egal, ob man das Teil innen mit künstlichem oder außen mit natürlichem Licht aufnimmt, beträgt der beste Winkel des Lichteinfalls 45° (sofern man es nicht für andere Lichtverhältnisse gestaltet hat). Man sollte außerdem mit einem Stück weißer Pappe etwas Licht auf die schattigen Stellen reflektieren lassen. Dadurch werden die

Bei diesem asymmetrischen Motiv verändert die Richtung des Lichteinfalls vermeintlich das Verhältnis seiner Dimensionen. Beachten Sie, wie das Oberteil bei Lichteinfall von links schmaler erscheint als bei Lichteinfall von rechts (von links nach rechts).

Kontraste verringert und Feinheiten erhellt, die sonst auf dem Film gar nicht erscheinen würden. Studieren Sie genau, welche Wirkung das Licht auf Ihr Schnitzwerk hat, und gehen Sie entsprechend vor. Aber verwenden Sie niemals ein Blitzlicht. Dieses verwischt alle Konturen, weil es die Schatten wegnimmt. Mehr Informationen darüber, wie man Kamera und Lichtquellen plaziert, finden Sie in einer Reihe von Büchern und Broschüren, die in jedem guten Fotofachgeschäft erhältlich sind.

Eine Schlußbemerkung

Holzschnitzer haben heutzutage viel mehr Freiheit in der Gestaltung ihrer Schnitzwerke als ihre Vorgänger in früheren Zeiten. Heute gibt es nur noch wenige künstlerische und stilistische Einschränkungen, und wir sind frei darin, die Stilarten aller vergangenen Epochen nachzuempfinden. Aber darin liegt auch eine Gefahr. Man kann nicht einfach ein bißchen von diesem und ein bißchen von jenem

Dies ist die Nachbildung einer Renaissancetruhe aus einem Kloster in Florenz, geschnitzt von Peter Mansbendel. Sie ist etwa 86 cm hoch, 75 cm breit und 186 cm lang und aus vierzölligem Walnußholz hergestellt. Trotz der Vielzahl verschiedenartiger Ornamente vermittelt sie einen ausgewogenen Eindruck. Ihre Ausführung ist symmetrisch – das ovale Wappen unter dem Schlüsselloch markiert die Mitte –, aber die feinen Unterschiede in den Gesichtern und Körpern der abgebildeten Figuren lassen trotzdem keinen eintönigen Eindruck aufkommen (was sehr wichtig ist bei einem Schnitzwerk dieser Größe). Die an der Vorderkante des Truhendeckels aufgereihten ovalen Fächer bilden das sich am meisten wiederholende Motiv, aber auch dies wird durch das große Namensschild um das Schlüsselloch herum aufgelockert, das als interessantes Detail den Blick des Betrachters auf sich zieht (Foto mit freundlicher Genehmigung der Universität von Texas, Institut für texanische Kultur in San Antonio).

Stil nehmen und dann meinen, es käme immer etwas Gutes dabei heraus.
In früheren Zeiten mußte ein Holzbildhauerlehrling lange Jahre üben, um zu lernen, wie man überkommene Stilarten reproduziert. Ich bin nicht der Meinung, daß dies heute noch notwendig ist, aber das Studium und das Verständnis überlieferter Methoden vermittelt uns größere Freiheiten, sie in unsere Arbeit einzubeziehen. Wie die meisten Fertigkeiten in der Holzbildhauerei ist die Kunst einer guten Gestaltung nicht schwierig zu erlernen, aber manchmal benötigt man ein ganzes Menschenleben, um sie auch meistern zu können.

Dieser aus einem Holzstamm geschnitzte Stuhl, »Kubbestol« genannt, ist ein gutes Beispiel für zusammenpassende symmetrische und asymmetrische Motive. Alle in den Blick fallenden Elemente befinden sich in der Mitte: die Spitze der Oberkante, das Ornament im Scheitelpunkt der Umrandung, der herausgearbeitete Abschnitt im Mittelpunkt und die Blockhütte oben. Dies betont die Asymmetrie der Landschaftselemente. Die Berge und der Wald scheinen zurückzuweichen und vermitteln so eine gute Tiefenwirkung (Geschnitzt 1975 von Halvor Landsverk. Foto mit freundlicher Genehmigung von Vesterheim, Das Norwegisch-Amerikanische Museum in Decorah/Iowa).

Wie gut die Wiederholung eines Motivs wirkt, hängt oftmals von der Form eines Schnitzwerks ab. Dieser »Kubbestol« ist ca. 110 cm hoch und wurde von Halvor Lie Kristiansand um 1900 geschnitzt. Sich wiederholende Ornamente und Konturen bedecken seine gesamte Oberfläche und machen auch die Randverzierungen am Boden, am Sitz und an der Lehne aus. Da sie sich den unregelmäßigen Formen des Sitzes anpassen, bieten sie einen angenehmen Anblick (Foto mit freundlicher Genehmigung von Vesterheim, Das Norwegisch-Amerikanische Museum in Decorah/Iowa).

Die Akanthusschnitzereien an der Truhe (oben) und der Schranktür (rechts), beide von Rolf Tarldseth, illustrieren, wie gute Proportionen sein müssen, aber auch, wie man verwandte, doch leicht voneinander abweichende Motive zusammen verwenden kann.

Bei diesem ovalen Holzkorb, den Ole Siengaard schnitzte, werden die Ornamente und Konturen des Deckels in den Voluten der Seitenteile wiederholt. Diese Wiederholungen machen das ganze Schnitzstück nicht etwa eintönig, sondern tragen zur Verbindung seiner einzelnen Teile bei (Fotos mit freundlicher Genehmigung von Vesterheim, Das Norwegisch-Amerikanische Museum in Decorah/Iowa).

Schnitzen

Die meiste Zeit meines Lebens habe ich Holz auf die eine oder andere Weise geschnitzt. Ich begann damit, als ich noch sehr jung war und hatte das Glück, im Laufe meines Lebens viele hilfreiche Menschen kennenzulernen, die mir bereitwillig ihre Kenntnisse weitervermittelten. Eine meiner frühesten Kindheitserinnerungen ist, wie ich auf dem Bauernhof, auf dem wir lebten, meinem Vater beim Schnitzen von Spielzeug für mich und meine Brüder zusah. Ich erinnere mich noch genau an die sich kräuselnden Kiefernspäne und ihren harzigen Wohlgeruch, wenn sie im Kamin verbrannt wurden. Manchen Winterabend haben wir so in der Wohnstube gesessen und zugeschaut, wenn Vater winzige Tiere und andere Figuren für uns schnitzte. Für uns Kinder war es immer ein Wunder, wenn so aus einem Holzstück zum Beispiel ein winziges Pferd entstand.
Ich glaube, daß es vornehmlich diese Erinnerungen sind, die mir das Holzschnitzen zur Freude werden ließen. Es ist schon faszinierend, zu erleben, was alles durch einen einfachen Messerschnitt entstehen kann. Mir scheint, daß das Messer, gerade weil es ein so unkompliziertes Werkzeug ist, von Anfängern oft einfach übersehen wird, weil sie begierig darauf sind, sich mit komplizierteren Schnitzwerkzeugen zu versuchen. Dies ist zu bedauern, denn so werden sie nie all die Möglichkeiten kennenlernen, die in einem einfachen Messerschnitt liegen. Dabei gibt es keine bessere Methode, alle jene diffizilen Fähigkeiten voll zu entwickeln, die man zum Holzschnitzen benötigt, als mit dem Messer zu arbeiten. Aus diesem Grund glauben auch viele Holzschnitzer, daß das Messer ihr wichtigstes Werkzeug ist.

Messer

Es gibt verschiedene Arten von Messern, die sich für das Schnitzen eignen. Fünf davon sind auf Seite 72 abgebildet: je ein Taschenmesser mit zwei und drei Klingen, zwei Kerbschnittmesser und ein sogenanntes X-acto-Messer. Man kann aber fast jedes Messer zum Schnitzen benutzen, vorausgesetzt, daß seine Klinge nicht zu lang ist. (Man kann auch Messer mit gekrümmter Klinge nehmen, aber ich verwende lieber solche mit gerader Klinge, weil sie beim Schnitzen von Feinheiten besser zu führen sind.)
Ein Taschenmesser mit zwei Klingen war eins der ersten Messer, die ich je besaß. Das Messer, das auf dem unteren Foto auf der nächsten Seite abgebildet ist, bekam ich vor mehr als zwanzig Jahren zum Ge-

Es gibt keine bessere Methode, sich alle für das Schnitzen benötigten Fertigkeiten anzueignen, als mit dem scharfen Messer zu arbeiten.

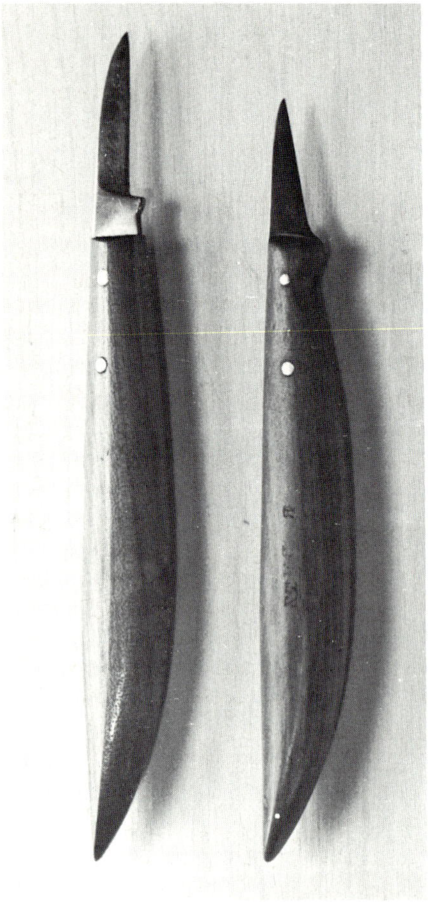

Ein Kerbschnittmesser (links) läßt sich ohne große Mühen für Messerschnitte umarbeiten, indem man seine Klinge etwas abschleift und am Griff eine Vertiefung anbringt (rechts).

burtstag geschenkt. Seine kurze Klinge ist knapp 4 cm lang – gerade die richtige Länge zum Schnitzen. Noch heute trage ich dieses Messer immer bei mir und halte seine Klingen immer scharf, für den Fall, daß ich auf einem meiner Spaziergänge ein mich interessierendes Stück Holz finde. Es hat mir schon viel Freude bereitet und hat nur einen Nachteil, den alle Taschenmesser besitzen: sein Griff ermüdet, wenn man zu lange damit schnitzt. (Die längere Klinge dieses Messers mißt etwa 6 cm und ist damit zu lang zum Schnitzen. Deshalb benutze ich sie nur zum Schneiden von Sachen, für die ein gutes Messer zu schade ist, zum Beispiel, um Pappe oder Draht zu schneiden, wenn ich kein anderes Werkzeug greifbar habe.)

Für die meisten Messerschnittarbeiten benutze ich mein altes, aus Deutschland stammendes Kerbschnittmesser. Deutsche und Schweizer Messer besitzen Klingen aus bestem Stahl. Wenn man ihre Klingen und Griffe den eigenen Bedürfnissen anpaßt, kann man tagelang hintereinander mit ihnen arbeiten. Ich schleife mir die Klingen jeweils um etwa einen halben Zentimeter auf einer Schmirgelscheibe oder einer motorgetriebenen Schleifscheibe ab. Dabei achte ich darauf, daß ich nicht zu schnell schleife und kühle die Klinge öfters im Wasserbad ab, um den Stahl nicht zu überhitzen. Er sollte nie so heiß werden, daß man ihn nicht mehr anfassen kann. Dann forme ich mir auch den Griff noch etwas um, indem ich in die Unterseite ca. 1 cm hinter der Klinge eine Vertiefung feile, in die mein Zeigefinger gut hineinpaßt, um sein Abrutschen zu verhindern. Auch kann ich auf diese Art feine Details besser bearbeiten, weil ich einen Hebelpunkt in der Nähe der Klinge habe.

Außerdem schmirgele ich den Lack des Messergriffes mit Schleifpapier ab und versiegele den Griff mit einer Schicht Leinölfirnis, wodurch ich einen glatten, porösen Überzug bekomme, der den Schweiß meiner Hand absorbiert. Der Griff klebt so nicht an und verursacht keine Blasen oder Schwielen.

Auch ein sogenanntes X-acto-Messer kann ein nützliches Werkzeug beim Schnitzen sein, obwohl ich es selten benutze. Es ist für gewöhnlich mit einem Satz auswechselbarer Klingen erhältlich, manchmal sogar mit ein paar zusätzlichen kleinen Schnitzeisen, mit denen man das Holz aus kleineren Schnitzereien herausarbeiten kann. Dieser Werkzeugsatz eignet sich gut für Anfänger. Allerdings habe ich die Erfahrung gemacht, daß seine Plastik- oder Metallgriffe nicht besonders gut in der Hand liegen, aber man kann sie oft durch runde Holzgriffe ersetzen, die im Handel erhältlich sind.

Die Messertypen, die ich hier beschrieben habe, sind die meist gebräuchlichen. Fast jeder Holzschnitzer entwickelt im Laufe der Zeit seine eigene, ganz persönliche Vorliebe für einen bestimmten Typ. Am besten ist, Sie probieren einmal verschiedene Messer aus. Sie werden dann bald dasjenige herausfinden, das Ihnen am besten in der Hand liegt.

Eine Auswahl verschiedener Schnitzmesser. Von links nach rechts: ein Taschenmesser mit zwei Klingen, ein Taschenmesser mit drei Klingen, ein normales Kerbschnittmesser, ein umgearbeitetes Kerbschnittmesser und ein sogenanntes X-acto-Messer mit auswechselbaren Klingen.

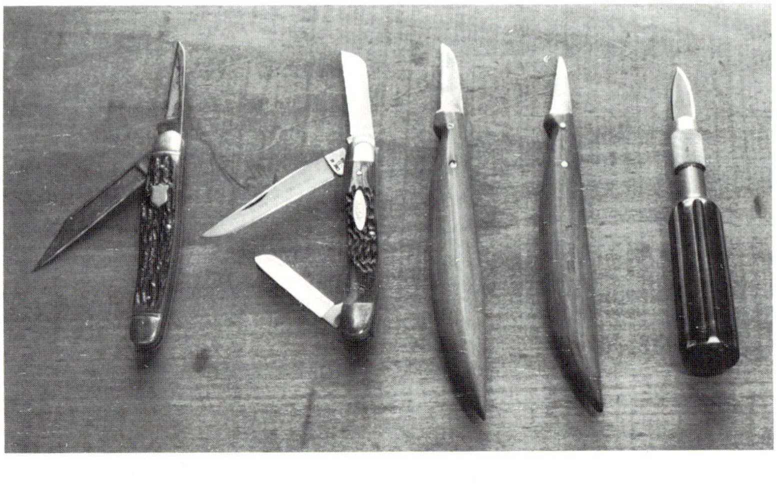

Techniken

Es gibt zwei Grundtechniken beim Messerschnitt. Die Methode, die Sie vermutlich am meisten anwenden werden, nennt man den Schälschnitt, weil sie dem Schälen eines Apfels ähnelt. Sie eignet sich gut, um größere Mengen Holz wegzuschneiden, wenn Sie zum Beispiel einen Block bearbeiten. Man kann mit ihr aber auch feinere Späne bei Detailarbeiten entfernen. Halten Sie dazu das Messer so, daß seine Schneide auf Sie zeigt, wie Sie es auf dem Foto rechts oben sehen. Stemmen Sie dann den Daumen gegen das Holz und schließen Sie langsam die Hand in Richtung auf den Daumen (wobei Sie darauf achten müssen, daß der Daumen immer unterhalb der Höhe der Messerschneide liegt). Dadurch fährt die Messerklinge mit einer kontrollierten Bewegung durch das Holz. Denken Sie immer daran, das Messer nur mit Ihren Handmuskeln zu bewegen, nicht mit der Kraft Ihres ganzen Armes. Sollte das Messer nämlich einmal mit dieser Kraft hinter sich ausrutschen, würden Sie es niemals rechtzeitig stoppen können, um Verletzungen zu vermeiden. Ihr Daumen und Ihre Hand alleine üben auch genügend Kraft aus, um das Messer sicher durch das Holz zu ziehen. Trotzdem ist es gut, einen Lederschutz über den Daumen zu ziehen, nur für den Fall, daß doch einmal etwas passiert.

Die zweite Methode, Hebelschnitt genannt, erweist sich dort als sehr nützlich, wo man in enge Stellen hineinkommen muß, aber auch bei schwierigen Holzstrukturen. Ich wende sie zum Beispiel an, um Schwanz und Schnabel einer kleinen Lockente zu schnitzen oder die Figur des Einsiedlers (siehe Seite 77) abzurunden, also überall dort, wo man mit dem Schälschnitt nicht zurechtkommt. Dabei hält man das Messer so, daß die Schneide vom Körper wegweist, und preßt den Daumen der Hand, die das Holz hält, gegen den Messerrücken, wie es auf dem nebenstehenden Foto gezeigt wird. Indem man den Daumen als Stütze benutzt, kann man durch Drehbewegungen des Messers das Holz abspanen. Mit dieser Methode kann man auch hartes und zähes Holz bearbeiten. Nach dem Foto könnte es so aussehen, als zöge man das Messer wie beim Spitzen eines Bleistiftes durch das Holz, aber das ist nicht der Fall. Das könnte auch gefährlich sein, und in diesem Fall beherrschen Sie das Messer nicht so, wie es für das Schnitzen feiner Details erforderlich ist.

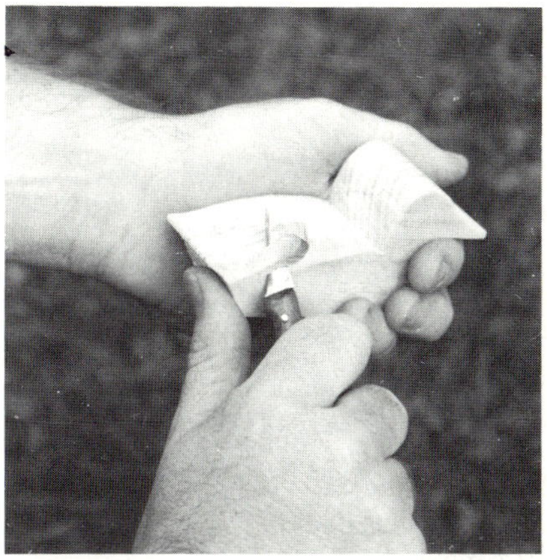

Der Schälschnitt kann sowohl für die Grobbearbeitung eines Holzklotzes angewandt werden wie für das Wegnehmen kleiner Späne für Details. Pressen Sie den Daumen gegen das Holz und schließen Sie langsam die Hand, um die Klinge an sich heranzuziehen.

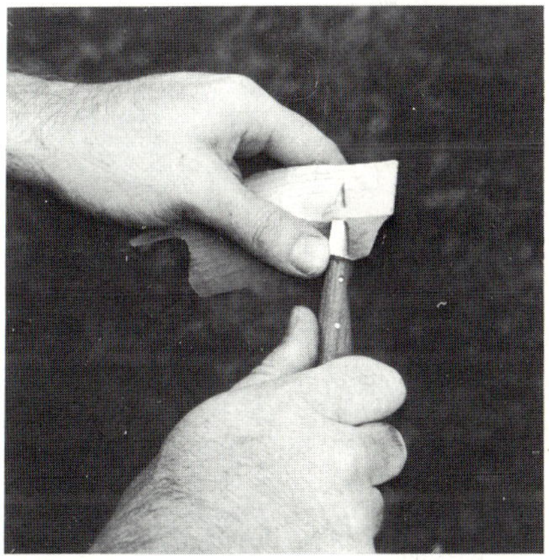

Mit dem Hebelschnitt kann man in enge Zwischenräume hineinkommen und auch zähes Holz bearbeiten. Benutzen Sie den Daumen der einen Hand als Stütze für den Messerrücken und drehen Sie mit der anderen Hand das Messer vorsichtig herum.

Eine kleine Lockente

Bei diesem Anwendungsbeispiel handelt es sich um die kleinere Ausführung einer Ente, wie sie in Amerika früher als Lockvogel bei der Jagd verwendet wurde. Dieses Beispiel eignet sich gut dazu, Erfahrungen beim Schnitzen zu sammeln, weil man das Holz in verschiedenen Richtungen seines Faserverlaufs bearbeiten muß.

Wie ich im Kapitel »Die Hölzer und ihre Oberflächenbehandlung« ausführte, bestimmt die Faserrichtung des Holzes auch die Richtung, in der Sie schnitzen müssen. Geschieht dies in Richtung der Fasern, so erhalten Sie glatte, gleichmäßige Späne, die sich von der Klinge abschälen. Schneiden Sie dahingegen entgegengesetzt zur Faserrichtung, dann wird die Klinge durch die Fasern blockiert und reißt sie auseinander – das Holz splittert, was Sie vermeiden sollten.

Nach einiger Übung werden Sie ein Gefühl dafür bekommen, in welcher Richtung Sie das Holz bearbeiten müssen, ohne lange darüber nachzudenken. Das ist etwas, was sich schwer beschreiben läßt, aber leicht zu begreifen ist, wenn man sich erst einmal an die Arbeit gemacht hat. Und wenn Sie es begriffen haben, dann wird Ihr Messer künftig durch das Holz wie durch Butter schneiden.

Eine solche kleine Lockente zu schnitzen, ist verhältnismäßig ein-

Die Umrißreichnung der Ente wird auf das Holz übertragen.

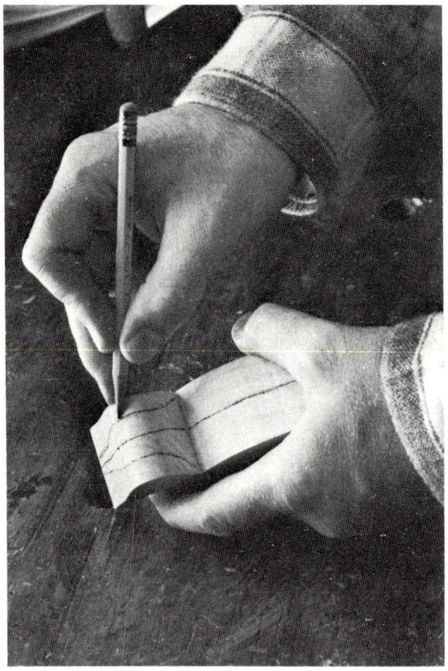

In der Mitte des Holzblocks wird eine durchgehende Linie, vom Schnabel bis zum Schwanz, gezogen. Dann zeichnet man die Breiten von Kopf, Hals und Körper ein.

fach. Nur einige Partien um den Kopf und den Hals herum sind schwieriger und erfordern etwas Überlegung. Lassen Sie sich jedoch nicht entmutigen; seien Sie beharrlich und Sie werden feststellen, daß Sie eine Menge gelernt haben, wenn die Ente fertig ist.

Zeichnen Sie zunächst die Umrisse der Ente auf ein Stück Papier und schneiden Sie sie aus. Legen Sie diese Schablone auf ein Stück Holz, das etwa 10 cm lang, 5 cm breit und 6 cm dick ist. Am besten nehmen Sie für den Anfang Linden- oder Kiefernholz, doch ist jedes andere geradfaserige Weichholz ebenso gut geeignet. Legen Sie die Schablone so, daß die Holzfasern parallel zur Länge der Ente verlaufen, also vom Kopf zum Schwanz, wie es in der Zeichnung auf der nächsten Seite dargestellt ist, dann sägen Sie den Rohling mit einer Band- oder Laubsäge aus. (Wenn Sie eine Laubsäge nehmen, sollten Sie die Umrisse auf beiden Seiten des Holzes aufzeichnen, um genau arbeiten zu können. Bei einer Bandsäge ist das nicht nötig, weil diese rechtwinklig schneidet.) Fertigen Sie auch eine Schablone für die Unterseite der Ente an, die Sie auf die Unterseite des Holzblocks übertragen. Dies hilft Ihnen, die genaue Form zu bestimmen. Nun müssen Sie nur noch, wie ein alter Holzschnitzer sagen würde, alles wegnehmen, was nicht wie eine Ente aussieht.

Am besten beginnen Sie damit, daß Sie sich in Ihrer Phantasie ein Bild der fertigen Ente einprägen. Studieren Sie die Fotografien der verschiedenen Arbeitsstadien und stellen Sie sich vor, wie Sie es selbst machen. Diese Übung erleichtert es Ihnen, sich die Formen der Ente vorzustellen, und hilft Ihnen so dabei, aus einem rechteckigen Holzblock eine runde Tierfigur herauszuarbeiten.

Ich selbst beginne für gewöhnlich mit dem Unterteil der Ente. Mit den Rundungen der Brust- und Schwanzpartien erhalte ich die ersten groben Umrisse. Bei einer großen Lockente schneidet man das überflüssige Holz meist mit der Bandsäge weg, aber bei einer solch kleinen Schnitzerei arbeitet man schneller mit dem Messer. Zumeist werden Sie dabei mit dem Schälschnitt arbeiten, nur an der Brust ist vielleicht einmal der Hebelschnitt besser.

Wenn Sie Vorder- und Hinterteil der Ente abgerundet haben, ziehen Sie mit Bleistift eine Mittellinie vom Schnabel bis zum Schwanz. Dies hilft Ihnen, daß die beiden Hälften der Ente gleichmäßig ausfallen. Über Kopf und Hals ziehen Sie auf jeder Seite dieser Mittellinie im Abstand von etwa 1 cm zwei weitere Linien als Begrenzung für die Breite. Schneiden Sie das Holz in diesem Bereich vorsichtig mit kleinen Spänen weg, weil Sie hier oft parallel zum Faserverlauf arbeiten und es dadurch leicht möglich ist, daß Sie mehr Holz wegnehmen, als Sie beabsichtigen. Nötigenfalls müssen Sie mit einem kleinen Stück Schleifpapier die Partien unter Kopf und Hals nachschmirgeln.

Beim Schnitzen von Kopf und Hals muß das Holz in kleinen Spänen abgenommen werden, damit es nicht zu stark absplittert.

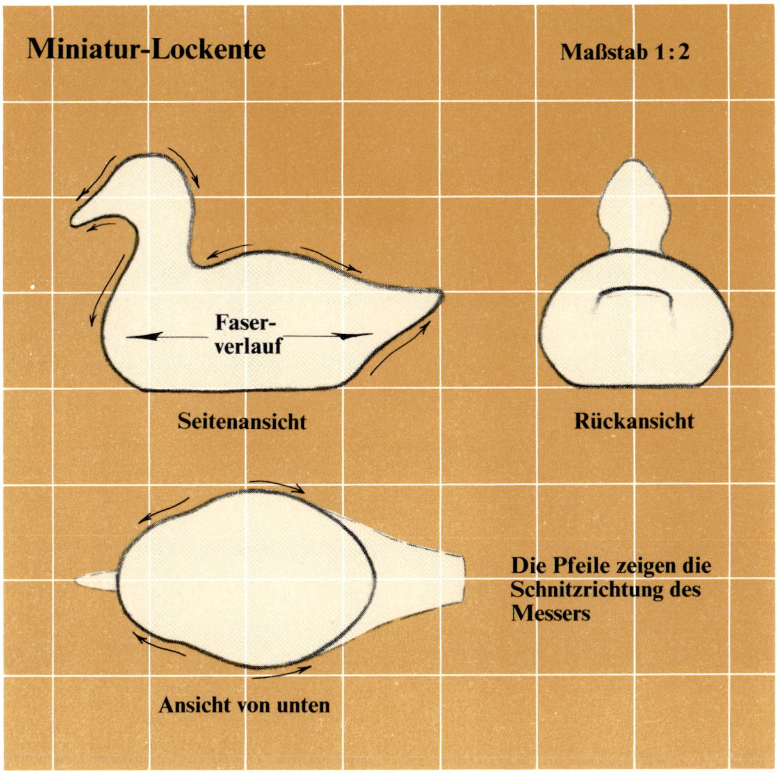

Schnitzen entlang der Faserrichtung ergibt glatte Späne.

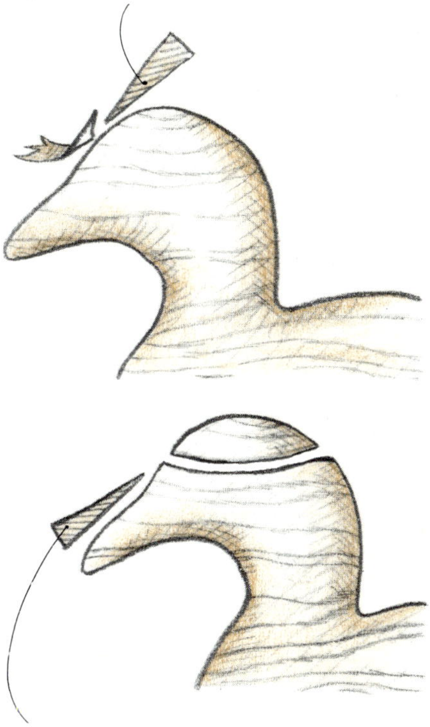

Schnitzen gegen die Faserrichtung läßt das Holz splittern.

Nachdem Sie den Kopf fertig haben, bringen Sie mit Schäl- und Hebelschnitten den Entenkörper in seine ovale Form. Beherzigen Sie dabei immer den alten Holzschnitzerspruch »Drei kleine Späne sind besser als ein großer«. Lassen Sie sich Zeit, bis Sie spüren, daß Ihre Bewegungen immer flüssiger werden.
Sollten Sie gerade erst mit dem Schnitzen angefangen haben, werden Sie irgendwann merken, wie Ihre Hände sich verkrampfen oder müde werden. Ruhen Sie sich einen Augenblick aus oder gehen Sie ein paar Schritte umher. Wenn Sie ernstliche Schwierigkeiten haben und das Schnitzen Ihnen nicht länger Spaß macht, legen Sie eine Pause ein. Denken Sie dabei über Ihre Schwierigkeiten nach. Vielleicht arbeiten Sie gerade gegen den Faserverlauf. Es kann auch sein, daß das Holz einen verborgenen Astknorren hat oder einen unregelmäßigen Faserverlauf, oder aber Ihr Messer ist nicht mehr scharf genug. Wenn Sie gegen den Faserverlauf arbeiten, werden Sie das daran erkennen, daß das Holz splittert und reißt, anstatt sich sauber abzuschälen. Ist das der Fall, dann drehen Sie das Stück einfach herum, so daß Sie Ihre Schnitzrichtung ändern. Oft hilft auch, daß Sie die Art des Schneidens ändern, weil Sie dadurch die Messerrichtung ändern. Bei kleinen Holzstücken kann man Astknorren meist vorher erkennen. Stoßen Sie aber erst später darauf, dann werfen Sie das Holz nicht weg! Es macht zwar viel Mühe, um einen Knorren herum zu schnitzen, da der Faserverlauf an dieser Stelle unterbrochen ist, aber wenn man langsam und vorsichtig arbeitet, ist es möglich.
Auch ein Messer, das nicht scharf genug ist, kann Probleme verursachen. Wenn Sie nur noch mit großer Anstrengung schnitzen können, ist das Messer vermutlich stumpf. Einen anderen Hinweis auf diese Tatsache erhalten Sie, wenn das Messer nicht mehr sauber schneidet. Dann können Sie sogar ein leises Knirschen hören. Prüfen Sie die Schärfe des Messers öfters, indem Sie es über Ihren Daumennagel ziehen, wie es auf Seite 32 beschrieben ist, und arbeiten Sie nur mit einem gut geschärften Messer.
Und erinnern Sie sich immer daran: Perfektion ist bei diesem ersten Versuch nicht gefordert. Auf Schwierigkeiten zu stoßen soll sogar Teil Ihrer Lernerfahrung sein. Deshalb betrachten Sie Ihre Arbeit immer

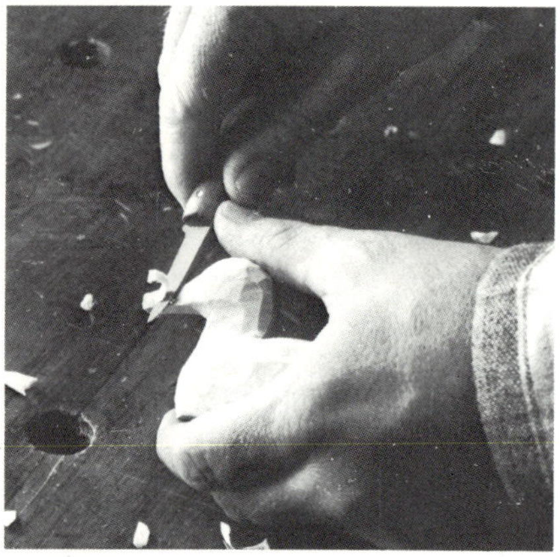

Den Schnabel schnitzt man mit dem Hebelschnitt.

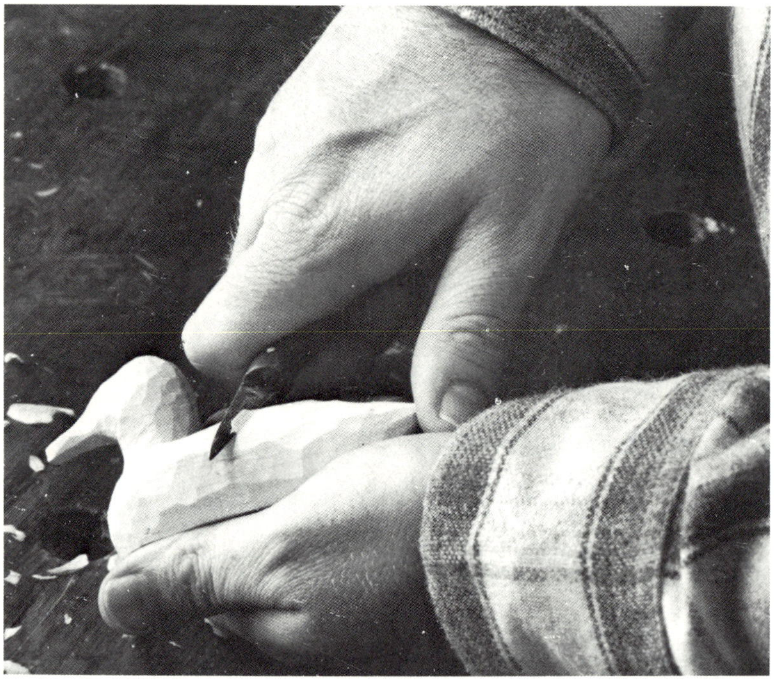

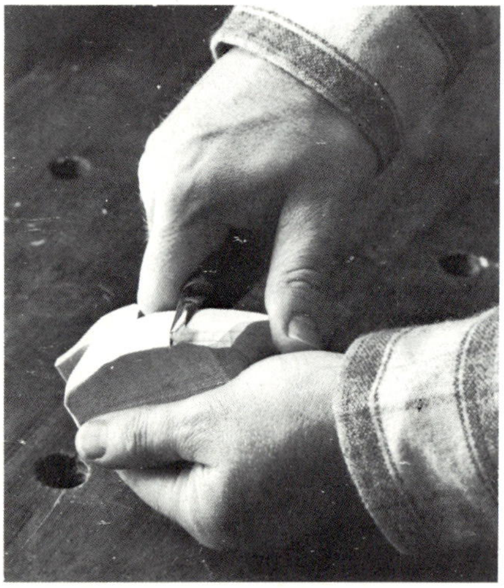

Die Seiten der Ente werden mit dem Schälschnitt der Grundfläche angepaßt. Auch den Rücken rundet man mit dem Schälschnitt ab.

als Vergnügen und bringen Sie sich nicht in Situationen, in denen sie Ihnen keinen Spaß mehr macht.
Wenn Sie die Lockente fertig haben, können Sie das Holz entweder im Naturzustand belassen oder es beizen oder anmalen. Manche Holzschnitzer schmirgeln auch ihre Arbeiten mit Schleifpapier glatt, aber ich belasse sie lieber im Rohzustand, da die Schnittspuren ihnen eine interessante Oberfläche verleihen. Wenn Sie sich dazu entschlossen haben, das Holz gleichfalls im Naturzustand zu belassen, dann versiegeln Sie es mit Leinölfirnis oder einem Wachs und reiben es trocken. Die Versiegelung ist leicht transparent und läßt Färbung und Maserung des Holzes durchschimmern.

Die fertige Ente beläßt man entweder im Naturzustand und versiegelt sie mit Leinölfirnis oder einem Wachs, oder aber man beizt oder bemalt das Holz.

Ein Einsiedler

Dies ist eine meiner Lieblingsfiguren. Es handelt sich um Old Mountain Phelps, einen Einsiedler, der im vergangenen Jahrhundert in den Adirondacks, einem Gebirgszug im Nordosten des Staates New York, lebte. Er führte die Fremden auf die Gipfel der Berge, und einige von den Pfaden, die er bahnte, gibt es heute noch. Die Figur ist alten Fotos nachempfunden, die um 1880 gemacht wurden.

Zeichnen Sie die Umrisse der Figur im Originalmaßstab mit starken Linien auf ein Stück Linden- oder Kiefernholz mit den Maßen 14 × 8 × 5 cm auf, wobei die Fasern vom Kopf zu den Füßen verlaufen sollten. Sägen Sie mit einer Band- oder Dekupiersäge zunächst das seitliche Profil aus, so daß die Figur flach aufliegt, wenn Sie die Frontumrisse aussägen. Dadurch können Sie den Rohling bei der Bearbeitung bequemer und sicherer festhalten. Dann zeichnen Sie alle Linien der Vorder- und Rückseite wieder ein, die beim Sägen wegfielen, und sägen danach das Frontprofil aus.

Zeichnen Sie nun die Umrisse von Kopf, Bart und Armen ein und runden dann die scharfen Kanten des Rohlings mit Schäl- und Hebelschnitten ab. Ich beginne meist bei den Beinen und arbeite mich nach oben, wobei ich mir den Kopf für zuletzt aufspare. Schnitzen Sie so lange, bis Beine und Körper wohlgerundet sind.

Um die Arme vom Rücken abzuheben, schneiden Sie eine lange Kerbe von der Schulter bis zur Hüfte und runden die Konturen des Rükkens, der Arme und Ellenbogen ab. Mit derselben Methode separieren Sie die Vorderseite des Kopfes von den Armen an der Schulter. (Dabei kann es hilfreich sein, die engen Stellen mit einem kleinen Geißfuß zu bearbeiten.)

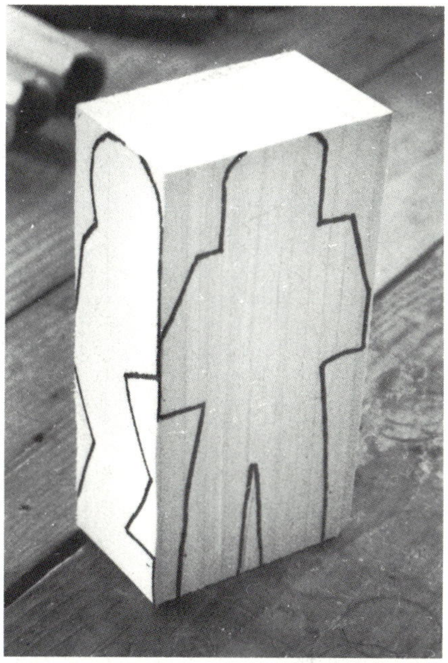

Beim Aufzeichnen der Umrisse müssen Sie darauf achten, daß die Holzfasern in Längsrichtung verlaufen.

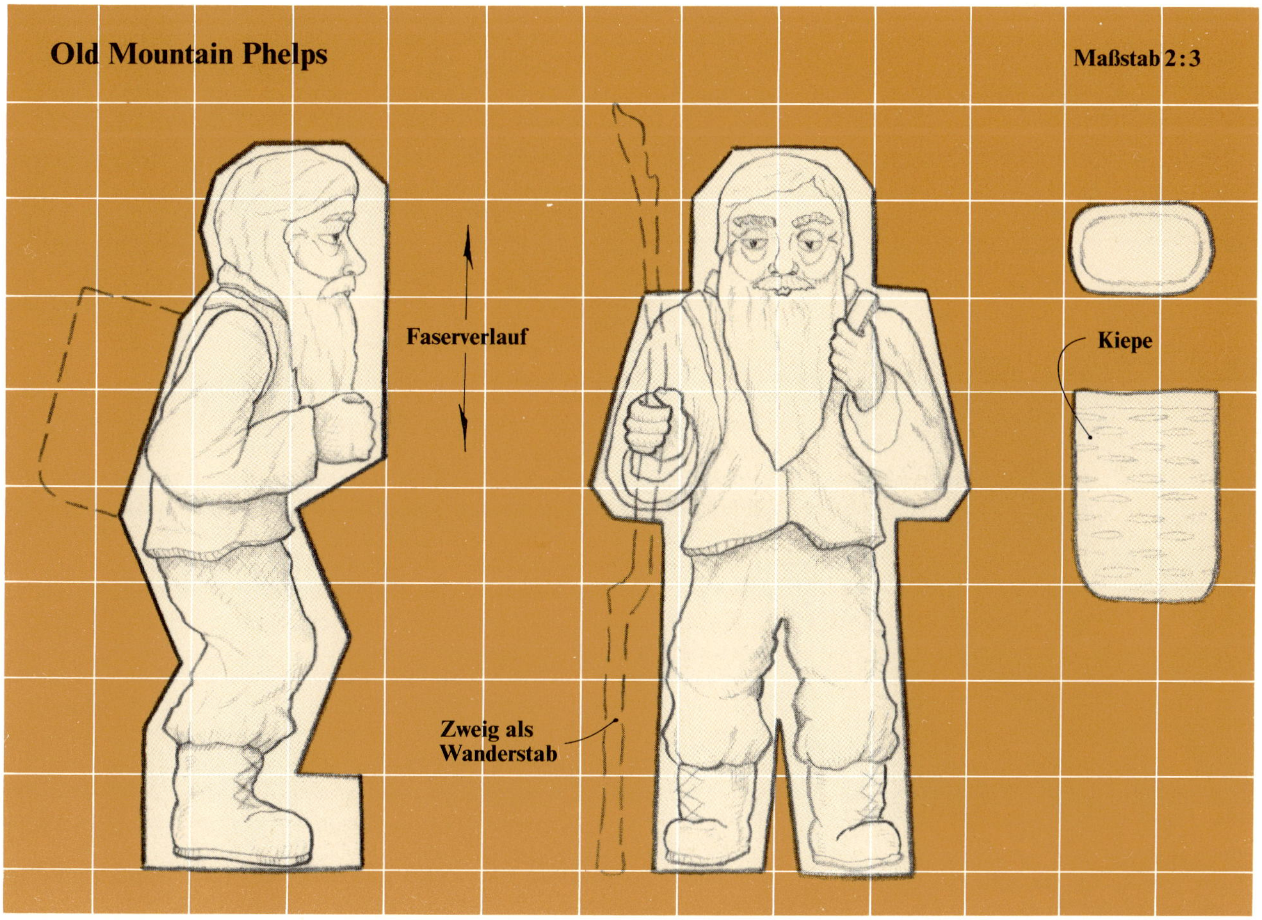

Sägen Sie zunächst das Seitenprofil aus. Dann zeichnen Sie die weggefallenen Umrisse wieder ein und schneiden das Vorderprofil mit einer Band- oder Dekupiersäge aus.

In den Rohling zeichnen Sie Kopf, Bart und Arme ein.

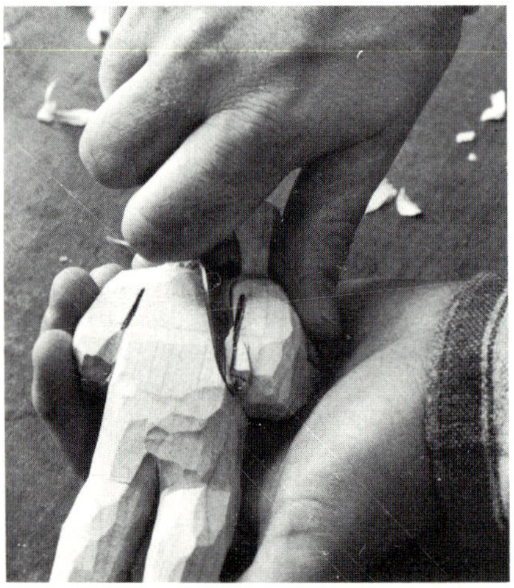

Trennen Sie die Arme durch einen langen Schlitz vom Rücken und runden Sie Rücken, Arme und Ellenbogen ab.

Der linke Arm wird so gestaltet, daß er scheinbar das Trageband der Kiepe festhält. Beginnen Sie mit dem Unterarm, indem Sie einen dreieckigen Ausschnitt zwischen Arm und Bart machen. Dies geschieht durch zwei vertikale Schnitte, zwischen denen Sie das Holz herausholen. Dies wiederholen Sie so lange, bis Sie etwa 2 cm tief ins Holz hineingekommen sind. Die gleiche Methode wenden Sie an, um zwischen der linken Hand und der Schulter eine Vertiefung von etwa 12 mm herzustellen. Dann machen Sie einen langen Schlitz, um Unter- und Oberarm voneinander zu trennen, und runden danach die Konturen ab.

Auf dieselbe Weise formen Sie den rechten Arm. Seien Sie darauf bedacht, dabei nicht zuviel Druck anzuwenden. Diese Partie verläuft nämlich entgegengesetzt zur Faserrichtung und kann leicht absplittern. Eine Methode, dies zu verhindern, ist, das Messer auf dem Abziehleder besonders scharf zu machen und immer nur ein paar kleine Späne auf einmal wegzunehmen.

Danach schnitzen Sie Kopf und Bart, aber warten Sie mit dem Gesicht, bis der ganze Körper fertig ist.

Um den linken Arm zu formen, schneidet man eine dreieckige Fläche unter der Hand zwischen Bart und Arm aus.

Mit der Spitze des Messers schneidet man eine etwa 12 mm tiefe Kerbe zwischen der linken Hand und der Schulter aus.

Den linken Unter- und Oberarm trennt man durch eine Kerbe, dann rundet man den Arm ab.

Beim Schnitzen des rechten Armes muß man darauf achten, nicht zuviel Druck anzuwenden, weil das Holz sonst leicht abbrechen kann.

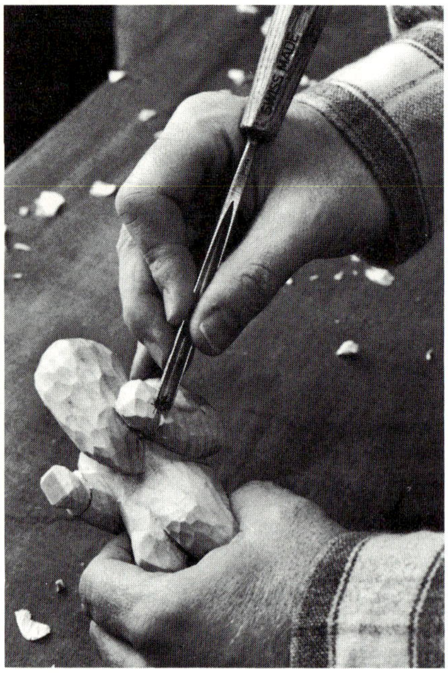

Mit einem 6-mm-Geißfuß werden die Ärmelaufschläge ca. 12 mm vom Ende eines jeden Armes geformt.

Zum Schnitzen der Hände nehmen Sie einen 6-mm-Geißfuß. Mit kurzen Schnitten etwa 12 mm vom Ende eines jeden Armes markieren Sie eine Linie, die den Ärmelaufschlag formen soll.
Danach schnitzen Sie die Stiefel. Zeichnen Sie mit Bleistift etwa 25 mm über den beiden Stiefelsohlen eine Linie ein und schnitzen Sie mit einem Messer oder einem Geißfuß um diese Linie herum eine Einkerbung von etwa 6 mm Tiefe. Das überflüssige Holz um den Stiefel nehmen Sie so weg, daß es wie in die Stiefel gesteckte Hosenbeine aussieht. Beim Schnitzen der Stiefelkappen dürfen Sie nicht zuviel Druck anwenden, weil auch hier die Fasern quer verlaufen und das Holz leicht absplittern kann.
Jetzt schnitzen Sie die Taille aus. Danach machen Sie mit einem Messer oder einem 6-mm-Geißfuß eine Einkerbung von etwa 2 mm Tiefe rund um den Körper für den unteren Rocksaum. Diese Kerbe sollte etwa auf der Hälfte zwischen den Knien und den Ellenbogen sitzen. Unterhalb dieser Kerbe schneiden Sie das Holz mit Hebelschnitten so weg, daß das Ganze zum Schluß so aussieht, als hinge der Rock über der Hose.

Mit einem 6-mm-Geißfuß wird eine Einkerbung gemacht, die den unteren Saum des Rockes festlegt. Dann wird mit Hebelschnitten das Holz darunter so bearbeitet, daß es den Anschein hat, als hinge der Rock über der Hose.

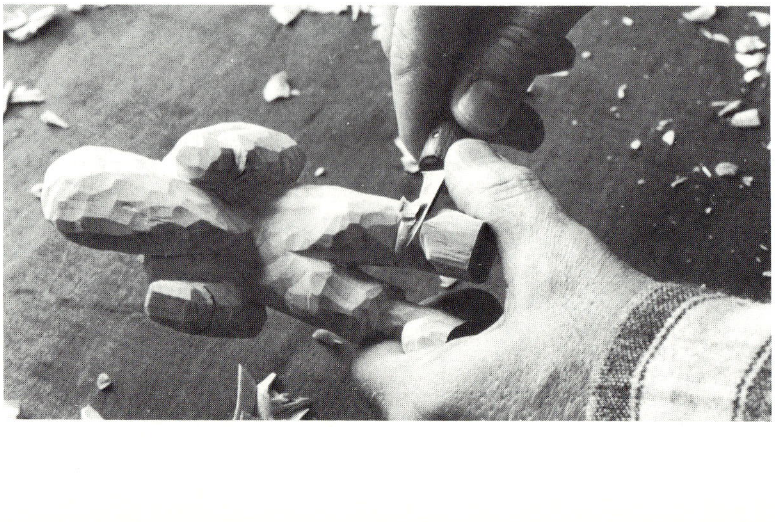

Nachdem die Oberkante der Stiefel mit einer ca. 6 mm tiefen Einkerbung bestimmt wurde, nimmt man das Holz so weg, daß es wie in die Stiefel gesteckte Hosenbeine aussieht.

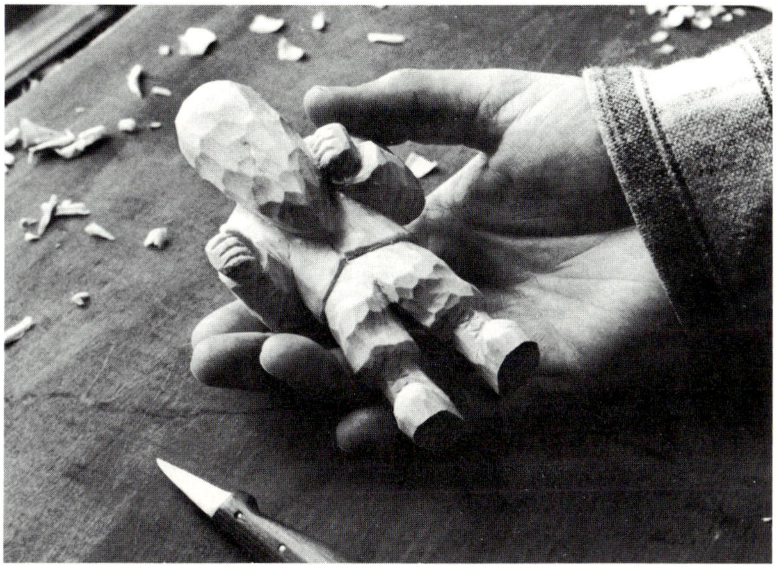

Mit einem scharfen Messer schnitzt man Schnürriemen in die Stiefel. Die Finger werden mit einem kleinen Geißfuß herausgearbeitet.

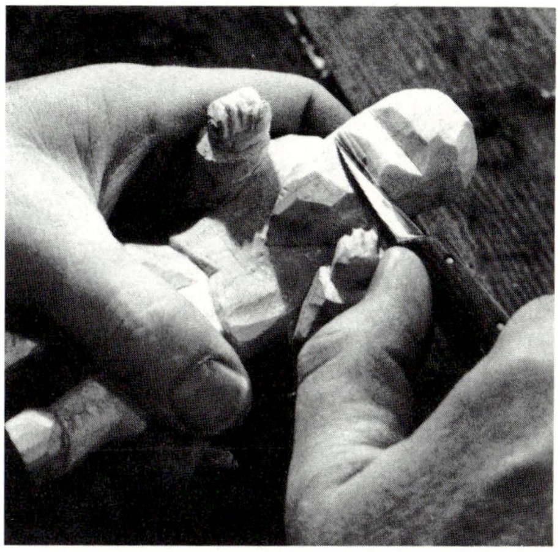

Ich bringe für gewöhnlich danach ein paar Details an, wie die X-förmigen Einkerbungen für die Schnürsenkel an den Stiefeln sowie die Finger an den Händen. Die Hände selbst sollten Sie mit einem scharfen Messer schnitzen, die Finger mit einem 3-mm-Geißfuß. (Man kann sie aber auch durch die Anbringung kleiner Kerben mit dem Messer ausformen.)

Die schwierigste Partie bei dieser Schnitzerei ist das Gesicht des Einsiedlers, denn wenn Sie hier einmal abrutschen und dadurch zuviel Holz wegnehmen, ist es schwierig, dies wieder auszugleichen. Deswegen benötigen Sie hierfür ein sehr scharfes Messer mit einer spitzen Klinge (ich nehme dazu mein umgearbeitetes Kerbschnittmesser). Ziehen Sie es zusätzlich noch ein paarmal auf dem Leder ab, um sicher zu sein, daß es rasiermesserscharf ist. Dann beginnen Sie, indem Sie eine Kerbe machen, die die Augenbrauen von der Nase trennt, und eine weitere Kerbe, die den unteren Rand von Nase und Wangen fixiert. Ich mache die Kerbe für die Augenhöhlen etwa 20 mm unterhalb der Schädeloberkante, etwa 3 mm tief und in einem Winkel von fast 90°. Etwa 6 mm darunter mache ich die Kerbe für die Unterkante von Nase und Wangen. Diese Maßangaben sind natürlich ungefähr und nicht so genau festzulegen. Ein Teil des Reizes, die Figur zu schnitzen, besteht ja darin, daß selbst die kleinste Änderung in den

Man beginnt mit dem Formen des Gesichtes, indem man zwei Kerben macht, die die Augenpartie bzw. Nasen- und Wangenunterkante markieren.

Die Umrisse des Gesichtes werden mit einem 3-mm-Geißfuß herausgearbeitet, dann nimmt man das Holz weg, um Haaransatz und Bart zu bestimmen. Danach wird eine Kerbe auf beiden Seiten der Nasenpartie eingeschnitten und zuletzt werden die Wangenpartien bearbeitet.

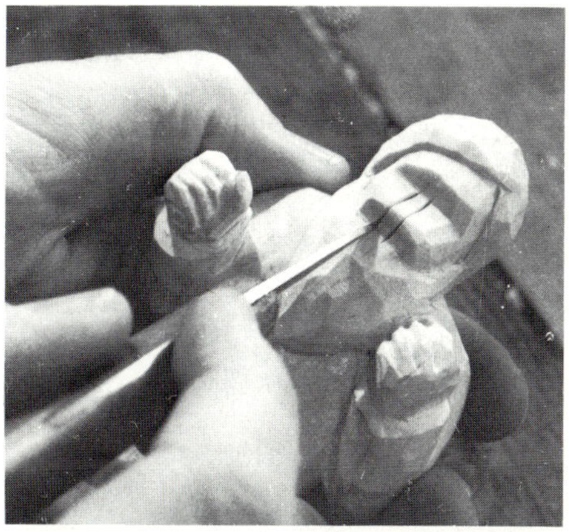

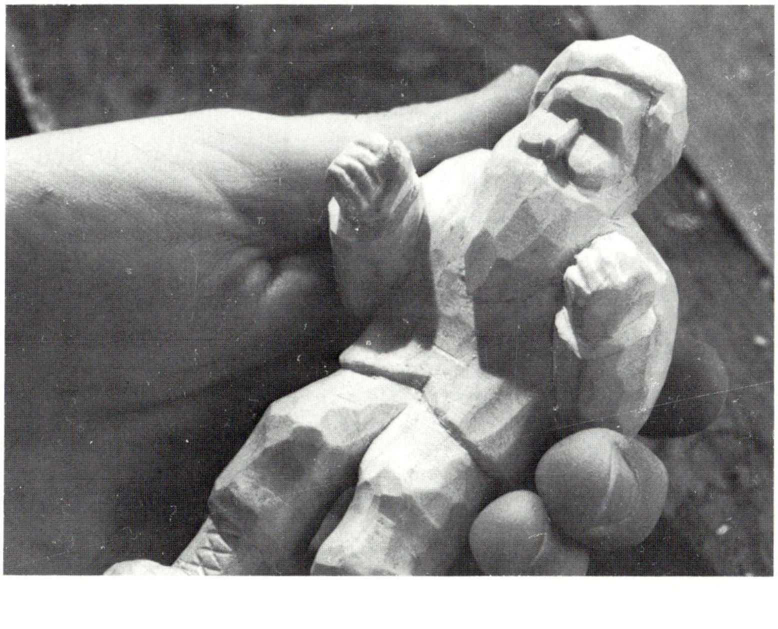

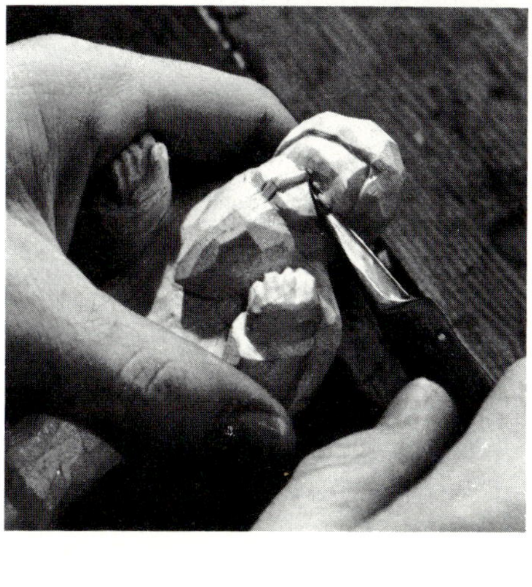

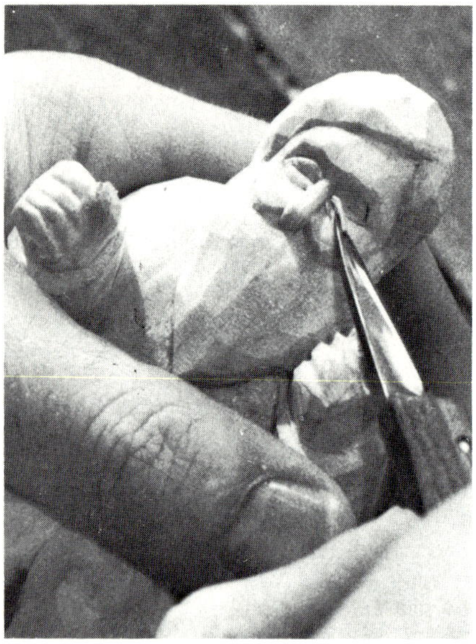

Die Umrisse der Augenlider werden mit der Messerspitze markiert. Für die Pupillen gräbt man zwei winzige, dreieckige Späne auf jeder Seite des unteren Lides aus oder nur einen Span in der Mitte.

Für die Strähnen von Haar und Bart nimmt man einen 3-mm-Geißfuß.

Proportionen des Gesichtes dem Einsiedler ein vollkommen anderes Aussehen verleiht.
Um Haare und Bart zu formen, nehme ich zunächst einen 3-mm-Geißfuß, mit dem ich die Stirn- und Wangenpartien herausarbeite, und dann schnitze ich die anderen Gesichtspartien dementsprechend. Schneiden Sie mit der Messerspitze eine Kerbe auf beiden Seiten der vorgesehenen Nasenpartie ein und nehmen Sie dann vorsichtig den Rest der Wangenpartie weg.
Um die Augenlider herauszuarbeiten, müssen Sie das Messer wie einen Bleistift halten und die Umgebung der Augenpartie mit der Messerspitze einkerben. Danach müssen Sie vorsichtig einen dünnen Span oberhalb und unterhalb des Mittelpunkts dieser so abgegrenzten Partie herausnehmen. Für die Pupille schneiden Sie zwei dreieckige Späne an jeder Seite des unteren Lides heraus. (Für ein nicht so kompliziertes Auge genügt es auch, nur einen Span im Mittelpunkt des unteren Lides herauszuarbeiten.) Die Strukturierung von Haar und Baar erfolgt durch das Eingraben beliebiger Linien mit einem 3-mm-Geißfuß. Damit können Sie auch ein paar Runzeln im Gesicht andeuten, indem Sie zwei oder drei enge Linien an den Außenwinkeln der Augen und ein oder zwei Linien quer über die Stirn eingraben. (Manche Leute machen das mit einigen langen Messerschnitten, aber ich glaube, daß der Geißfuß hierfür bequemer und schneller ist.) Mit diesem Werkzeug können Sie auch die Umrisse des Rockkragens am Nacken ziehen. Danach arbeiten Sie das Holz darunter derart heraus, daß der Kragen heraussteht.
Man braucht bei dieser Figur nicht zu viele Einzelheiten auszuführen. Die akkurate Gestaltung ihrer Proportionen vermittelt ihr bereits das lebensechte Aussehen. Mehr als ein paar Falten in der Kleidung sind kaum nötig. Diese können Sie mit dem 6-mm-Geißfuß hinter den Knien und in der Biegung der Ellenbogen anbringen, welche mit dem Messer nachgearbeitet werden. Allerdings erzielt man mit dem Messer einen besseren Effekt, denn der alte Einsiedler pflegte Kleidung aus rauher Wolle zu tragen, die keine scharfen Falten warf. Mit diesen einfachen Details bekommt die Figur bereits den derben Charme, der diese Leute früher auszeichnete.
Für den Wanderstab des Einsiedlers bohren Sie ein kleines Loch und stecken dadurch einen Zweig in beliebiger Länge. Die Kiepe arbeiten Sie aus einem Stückchen Abfallholz heraus und kleben sie mit einem Tropfen eines schnelltrocknenden Epoxyklebers auf der Mitte des Figurenrückens an. Die ursprünglichen Kiepen wurden aus ineinandergeflochteten Eschenspänen hergestellt. Deren Struktur ahmen Sie mit ein paar Linien in gleichmäßigem Abstand nach, die ich mit einem 3-mm-Geißfuß oder einem Messer einkerbe.
Zum Anmalen der Figur nehmen Sie Künstler-Ölfarben. (Verwenden Sie keine Wasserfarben, da diese das Holz aufquellen lassen.) Für die Haare verwende ich Zinkweiß, für den Rock Elfenbeinschwarz, gemischt mit etwas Gebranntem Umbra. Für die Farbe der Hose wähle ich Preußischblau, gleichfalls mit Gebranntem Umbra gemischt, und die Stiefel sowie die Tragriemen der Kiepe färbe ich auch mit Gebranntem Umbra. Diese Farben findet man oft bei den folkloristischen Schnitzereien aus Bayern. Sie eignen sich auch gut für andere Schnitzereien, weil sie die natürlichen Holzfarben betonen.
Die Ölfarben werden mit Terpentin zu einer schwachen Beize verdünnt, die das Holz nur anfärbt und seine Struktur hervorhebt, anstatt sie zu überdecken. Zu diesem Zweck drücken Sie etwas Farbe aus der Tube auf den Rand einer sauberen Untertasse, lassen einige Tropfen Terpentin hineinfallen und mischen Farbe und Terpentin mit einem Naturhaarpinsel. Bevor Sie diese Beize auftragen, vergewissern Sie sich am besten an einem Stück Abfallholz, ob sie die gewünschte Tönung hat. Ist sie zu hell, geben Sie noch etwas Farbe hinzu, ist sie zu dunkel, noch etwas Terpentin. Es genügt ein einziger Überzug, den Sie über Nacht trocknen lassen. Wenn er trocken ist, können Sie etwas Wachspaste auftragen und mit einem sauberen, weichen, faserfreien Tuch oder mit einer Roßhaarbürste polieren.

Man benötigt für die Figur nicht sehr viele Einzelheiten, ihre Haltung und Proportionen vermitteln bereits einen lebensechten Eindruck. Angemalt wird sie mit Ölfarben, die mit Terpentin verdünnt werden, um die Maserung des Holzes durchscheinen zu lassen.

A: Machen Sie zwei diagonale Einschnitte auf beiden Vorderseiten, etwa ein Drittel ins Holz hinein, was Sie von der Seite aus kontrollieren können.

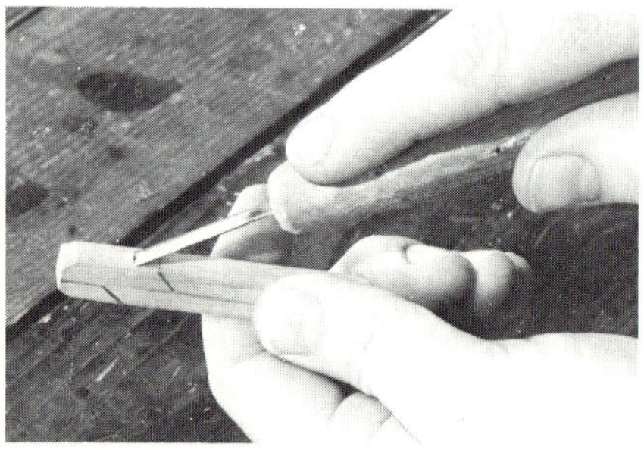

B: Mit der Messerspitze schneiden Sie in der Mitte der Seiten im Winkel von 45° hinein, etwa 5 mm von den diagonalen Einschnitten entfernt.

C: Für das Scharnier machen Sie zwei Einschnitte in einer Seite, die den 45-Grad-Einschnitt mit den Enden der Einschnitte auf der Vorderseite verbinden. Dabei sollten Sie vorsichtig mit der Klinge wippen. Dann entfernen Sie die Späne auf beiden Seiten, um innen eine sechseckige Fläche freizulegen.

Eine geschnitzte Tüftelei

Ein Kapitel über das Messerschnitzen wäre nicht vollständig, würde man nicht mindestens eine der bei Holzschnitzern so beliebten Tüfteleien erwähnen. Also bringe ich einen meiner Favoriten: eine hölzerne Flachzange, die man mit nur zwölf Messerschnitten aus einem einzigen Stück Holz herstellen kann. Dazu benötigt man ein langes Messer mit einer dünnen Klinge. Sie können sich ein solches Messer selbst anfertigen, indem Sie sich ein Stück Stahl zurechtschleifen und daran einen Griff anbringen; oder aber Sie benutzen ein X-acto-Messer mit einer geeigneten Klinge oder etwas ähnliches. Ich habe mir das Messer, das in den Fotos gezeigt wird, selbst aus einem Messer angefertigt, das zum Linoleumschneiden verwendet wird.

Stellen Sie zunächst anhand der Zeichnung einen eigenen Entwurf her, den Sie auf ein Stück Linden-, Kiefern- oder Zedernholz übertragen, das Sie auf die benötigte Größe zugeschnitten haben. An diesem bringen Sie vier diagonale Schnitte auf den Vorderseiten gemäß Abbildung A an, und zwar so, daß sie etwa ein Drittel der Holzstärke betragen. Mit der Messerspitze schneiden Sie sodann in einem Winkel von 45° in die Mitte der Seiten bis etwa zur Hälfte hinein (Abbildung B). Mit diesen Schnitten müssen Sie etwa 5 mm von den Enden der diagonalen Schnitte entfernt beginnen.

Für das Scharnier machen Sie nun zwei Schnitte auf jeweils einer Seite der beiden Holzstücke durch die Breite des Holzes (Abbildung C). Damit beginnen Sie bei den 45°-Seiteneinschnitten und trennen das Holz bis zu den diagonalen Schnitten auf der Vorderseite ab, wie es auf der Zeichnung auf der nächsten Seite erläutert ist.

Während Sie durch das Holz schneiden, sollten Sie vorsichtig mit der Klinge wippen und darauf achten, daß sie immer parallel zur Vorderseite bleibt, damit der Schnitt gerade erfolgt. Nachdem Sie das Holz abgetrennt haben, bohren Sie die Messerspitze von beiden Seiten jedes Schnittes in das Holz hinein und machen ein sechseckiges Loch, wie gleichfalls in der Zeichnung dargestellt. Dies ist das Geheimnis Ihrer Tüftelei. Alle Späne in diesem Scharnierpunkt müssen sorgfältig entfernt werden, weil sonst die Zange bricht, wenn man sie öffnet.

Als nächstes machen Sie einen geraden Schnitt halb in jede Vorderseite hinein von dem diagonalen Schnitt der Stufe A beginnend bis zum Ende (Abbildung D). Dadurch erhalten Sie die Zangenbacken und Handgriffe. Dann halten Sie die Zange an den Griffen und biegen äußerst vorsichtig die Backen auseinander. Mit etwas Glück brechen sie dabei nicht. Sollte das doch der Fall sein, müssen Sie die Arbeit noch einmal von vorn beginnen. Möglicherweise ist das Holz zu trocken. Lassen Sie es sich ein paar Stunden mit Wasser vollsaugen und dann über Nacht an der Luft trocknen. Dadurch können Sie es besser auseinanderbiegen, obwohl der Scharnierpunkt dann schlechter zu schnitzen sein wird.

Dieses Stück wird Ihre Freunde bestimmt in Erstaunen versetzen, da man kaum mehr erkennt, wie es zusammengesetzt wurde – und jedermann sich vorstellen kann, daß dazu Fingerspitzengefühl und Geschicklichkeit erforderlich sind. Aber seien Sie nicht zu eingebildet, wenn Sie es endlich geschafft haben, denn dann wird bestimmt ein alter, erfahrener Holzschnitzer kommen und Ihnen zeigen, wie er das Gleiche aus einem Streichholz zustandegebracht hat.

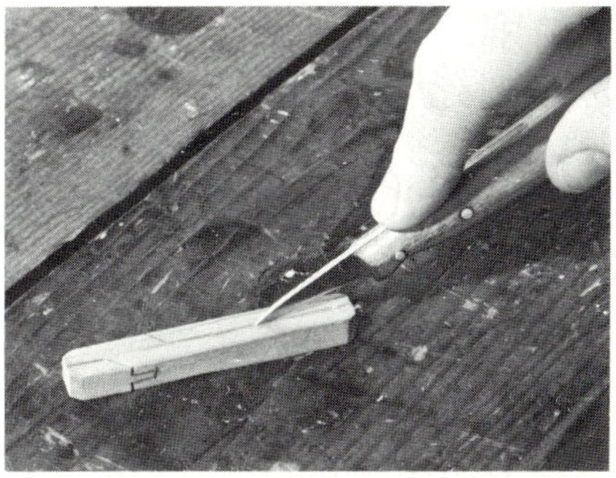

D: Machen Sie einen Einschnitt auf der Vorderseite zwischen Zangenbacken und Griff halb ins Holz hinein. Mit vorsichtigem Druck müßte sich nun die Zange öffnen, ohne zu brechen, andernfalls müssen Sie von vorn beginnen.

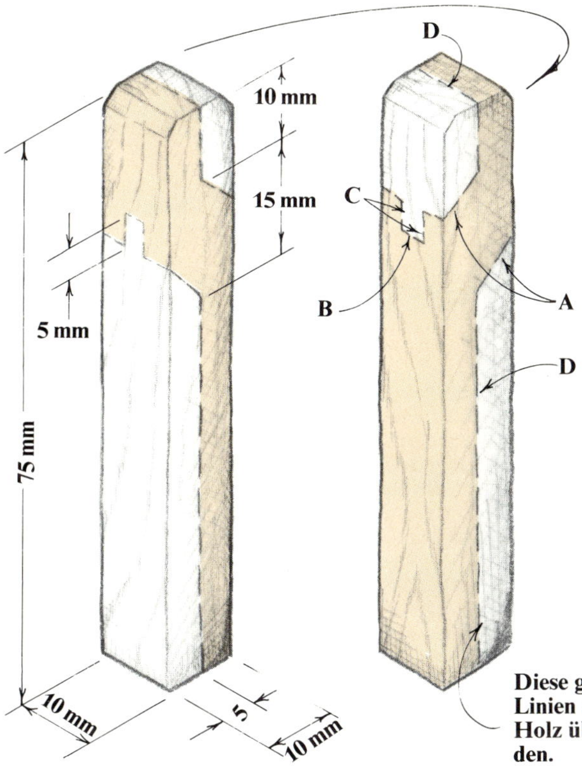

A: Zwei Diagonalschnitte von 45°, 3 mm tief an beiden Vorderseiten angebracht.

B: Zwei Einschnitte im Winkel von 45° von jeder Seite bis zur Mitte, die 5 mm von den Enden der Diagonaleinschnitte aus Stufe A beginnen.

C: Zwei durchgehende Schnitte von einer Seite aus, die die Einschnitte der Stufen A und B miteinander verbinden und innen einen sechseckigen Freiraum schaffen.

D: Zwei gerade Schnitte auf jeder Vorderseite, die Backen und Griffe voneinander trennen.

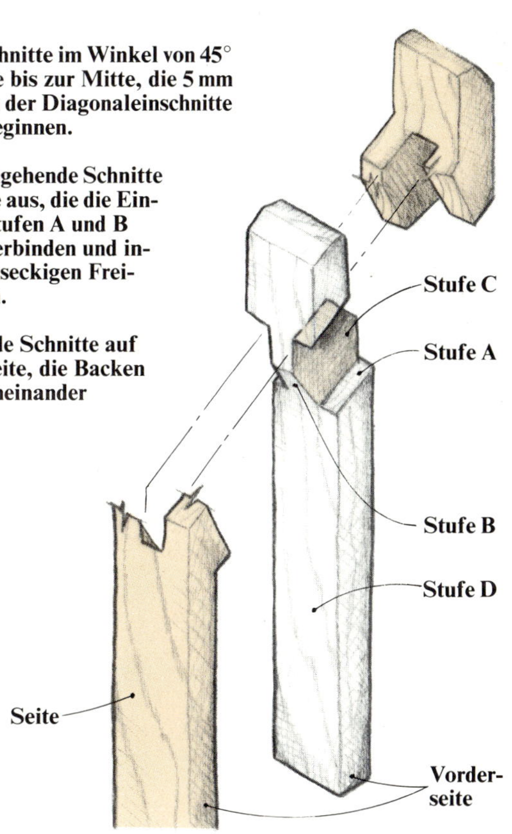

Das abgebildete Boot diente früher zum Transport auf den Wasserwegen in der Wildnis der Adirondacks. Es war aus sich überlappenden Planken von 5-6 mm Stärke, die durch Tausende von Kupferstiften zusammengehalten wurden, und es war sehr leicht und konnte mühelos getragen werden. Zwei leichte Ruder wurden hinter dem Tragejoch befestigt.

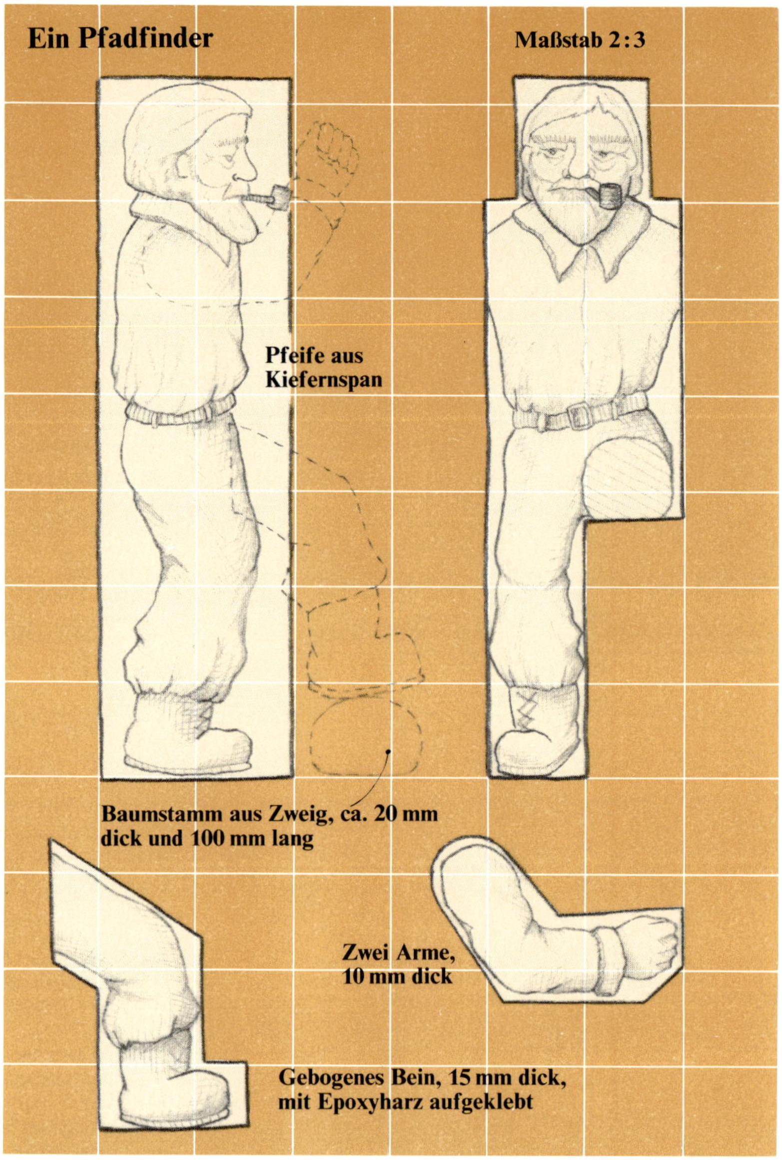

Schnitzen Sie den Pfadfinder genauso wie den Einsiedler von Seite 77. Das gebogene Bein wird getrennt angefertigt und mit Epoxyharz angeklebt. Die Pfeife stellen Sie aus einem Kiefernspan her, bohren mit der Messerspitze ein Loch in den Mund und kleben sie an. Das Tragejoch wird in Nuten im Bootskörper befestigt. In der Mitte bekommt es einen Ausschnitt, der sich um Nacken und Schultern des Trägers legt. Dann tragen Sie in der Mitte und an den Enden etwas Epoxyharz auf, ebenso am Kopf des Trägers, wo dieser das Boot berührt, fügen die Teile zusammen und lassen sie trocknen.

Bearbeiten Sie die Arme so, daß sie gut an die Schultern passen. Die Hände müssen bis zur Bootskante reichen. Dann kleben Sie die Arme am Körper und die Hände am Boot an und halten sie fest, bis sie angetrocknet sind.

Am schwierigsten ist die Verbindung zwischen Fuß und Baumstamm. Stellen Sie zunächst die Figur mit dem Boot auf den Stamm. Falls sie nach hinten umfällt, müssen Sie etwas von der Unterseite des Stamms wegnehmen; fällt sie nach vorne, müssen Sie einen dickeren Stamm nehmen.

Die Innenseite des Bootes wird leicht mit Gebranntem Umbra angefärbt, während die anderen Bootsteile im Naturzustand belassen werden und nur einen Überzug aus Wachs bekommen. Die Adirondack-Pfadfinder trugen früher gewöhnlich blaugraue oder braune Wollhosen, ein rot- oder grünkariertes Wollhemd und braune oder schwarze Stiefel. Wenn die Bemalung getrocknet ist, befestigen Sie die Ruder mit einem Tropfen Kleber hinter dem Tragejoch.

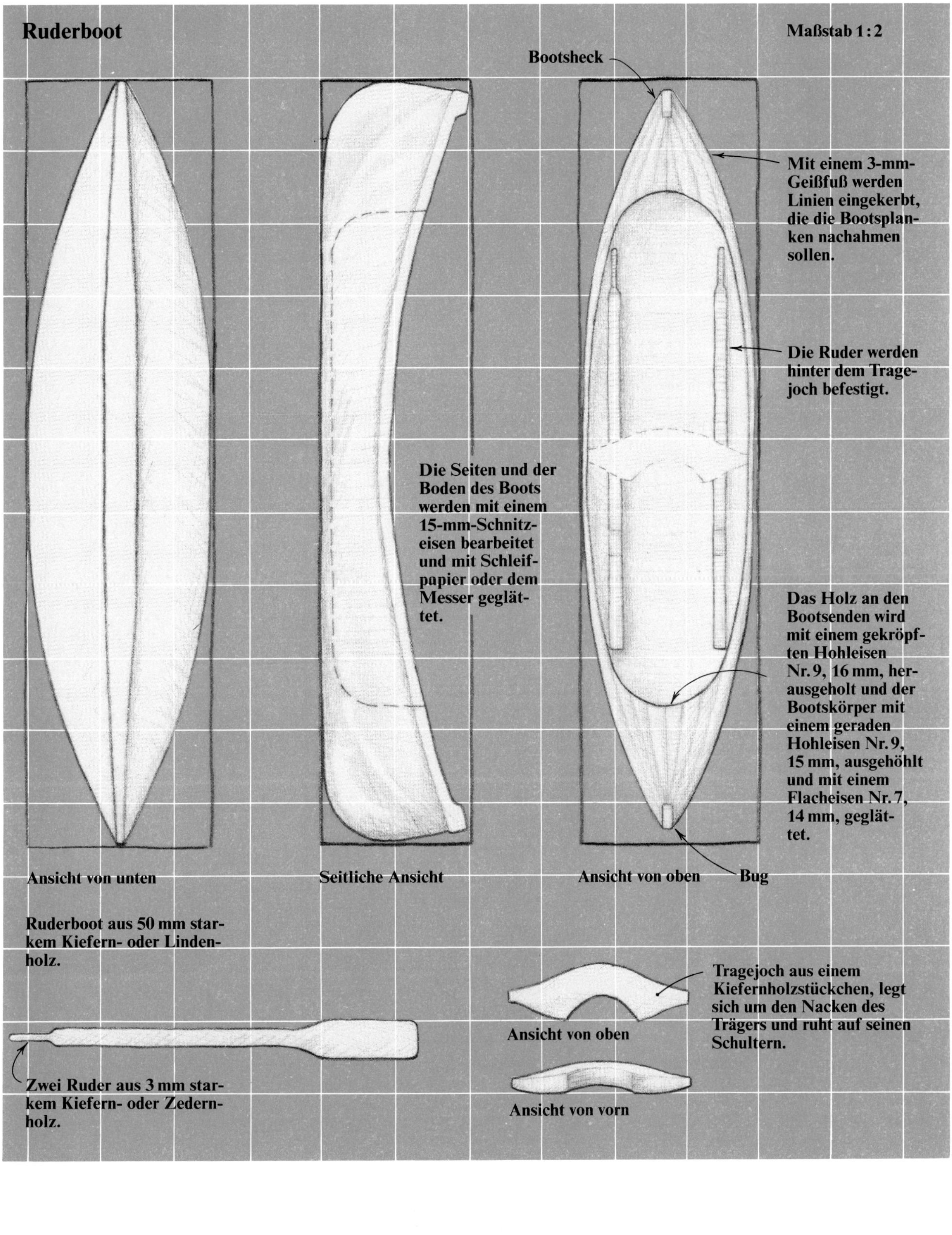
Ruderboot
Maßstab 1:2
Bootsheck
Mit einem 3-mm-Geißfuß werden Linien eingekerbt, die die Bootsplanken nachahmen sollen.
Die Ruder werden hinter dem Tragejoch befestigt.
Die Seiten und der Boden des Boots werden mit einem 15-mm-Schnitzeisen bearbeitet und mit Schleifpapier oder dem Messer geglättet.
Das Holz an den Bootsenden wird mit einem gekröpften Hohleisen Nr. 9, 16 mm, herausgeholt und der Bootskörper mit einem geraden Hohleisen Nr. 9, 15 mm, ausgehöhlt und mit einem Flacheisen Nr. 7, 14 mm, geglättet.
Ansicht von unten
Seitliche Ansicht
Ansicht von oben
Bug
Ruderboot aus 50 mm starkem Kiefern- oder Lindenholz.
Tragejoch aus einem Kiefernholzstückchen, legt sich um den Nacken des Trägers und ruht auf seinen Schultern.
Ansicht von oben
Ansicht von vorn
Zwei Ruder aus 3 mm starkem Kiefern- oder Zedernholz.

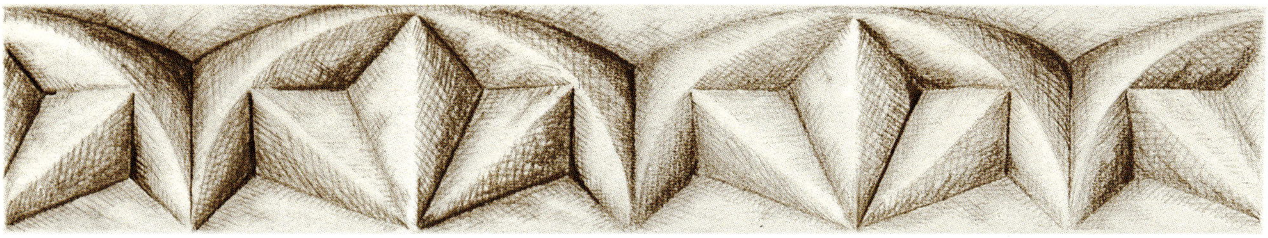

Der Kerbschnitt

Kerbschnitte gehören zu den ältesten Arten künstlerischer Schnitzarbeiten und zu den am einfachsten auszuführenden. Durch die Kombination Dutzender kleiner, dreieckiger Messereinkerbungen kann man komplizierte geometrische Muster erzielen. Auf den ersten Blick mag diese Arbeitsweise umständlich und zeitraubend erscheinen, aber sobald Sie etwas Übung darin bekommen haben, wird die Arbeit Ihnen flott von der Hand gehen und Spaß bereiten.

Die Einfachheit dieser Methode wie die Befriedigung, die sie verschafft, ließ sie über Jahrhunderte hinweg zu einer beliebten Volkskunst werden. Sie entwickelte sich zur gleichen Zeit in den ländlichen Gebieten Skandinaviens, Deutschlands, Rußlands und der Schweiz. Auf den Britischen Inseln, so nimmt man an, wurde sie von den Wikingern heimisch gemacht, die sich an ihren Küsten niederließen. Im Laufe der Zeit wurden viele der Motive zwischen den Völkern ausgetauscht, so daß man heute kaum noch ihren Ursprung feststellen kann.

Wie bei den meisten Volkskunstarten diente die Kerbschnitzerei ursprünglich dazu, Haushaltsgegenstände zu verzieren. Hölzerne Truhen und Kästen wurden ebenso mit komplizierten Zierleisten und Rosetten versehen wie Eimer, Waschbretter, Stühle, Eßgeräte und viele andere Utensilien für den Haushalt, aber auch Balken, Pfosten und Fensterläden des Hauses. Während der langen Wintermonate schnitzten die Landbewohner viele reich verzierte Gegenstände, die dann zu besonderen Gelegenheiten verschenkt wurden. Leider hat die industrielle Revolution auch das gemächliche Tempo des Landlebens beschleunigt, was dazu führte, daß immer weniger Winterabende schnitzenderweise am häuslichen Herd verbracht wurden. Schließlich geriet die Kunst des Holzschnitzens fast in Vergessenheit und wurde nur noch in einigen entlegenen Gegenden der Schweiz und Skandinaviens gepflegt. Nach Amerika gelangte sie mit deutschen Siedlern in Pennsylvanien.

Durch die Jahrhunderte hindurch wurde die traditionelle Holzschnitzkunst als Teil der Ausbildung für Holzbildhauerlehrlinge betrachtet, und sie ist noch immer eine gute Übung in bezug auf Selbstdisziplin und ein Test für scharfe Messer. Fehler und zu starke Einkerbungen lassen sich bei ihr kaum korrigieren oder verbergen.

Kerbschnitzen ist eine Volkskunst, die mit einem einzigen Messer ausgeführt wird (geschnitzt von Wayne Barton).

Bankhaken

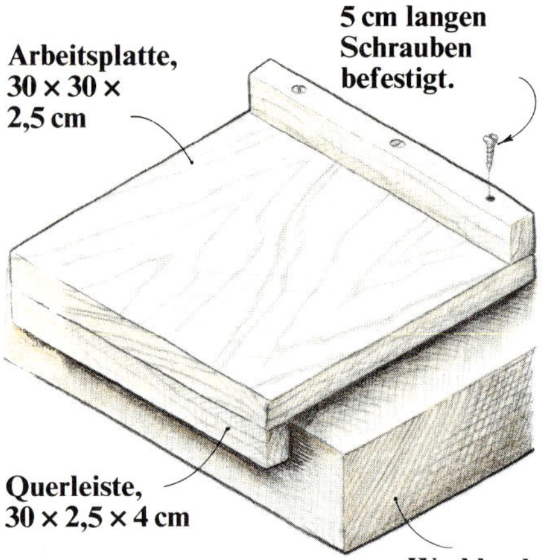

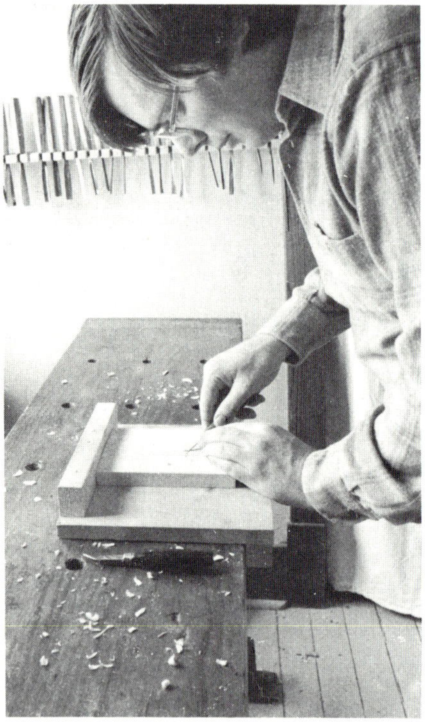

Beim Schnitzen pressen Sie das Holz gegen einen kleinen, aus Abfallholz gefertigten Bankhaken.

Materialien

Um mit dem Kerbschnitzen zu beginnen, benötigt man tatsächlich nichts anderes als ein Messer. Ich nehme dafür meist das geradklingige Messer deutscher Herkunft, das ich auch zum Schnitzen (siehe vorhergehendes Kapitel) verwende. Manche Schnitzer bevorzugen ein Messer mit abgeschrägter Klinge, wie es unten als zweites von links abgebildet ist, oder aber ein abgewinkeltes Messer Schweizer Herkunft (drittes von links). Für welchen Messertyp man sich schließlich entscheidet, hängt von der persönlichen Vorliebe ab, denn alle drei Typen eignen sich gleich gut dazu, die Schnitte zu machen, die für dreieckige Einkerbungen erforderlich sind. Ein Messer mit stark abgewinkelter Klinge (rechts) erweist sich als besonders nützlich bei langen, geschweiften Schnitten, wie sie auch manchmal beim Kerbschnitzen vorkommen.

Welches Messer Sie auch immer nehmen, es muß in jedem Fall rasiermesserscharf sein. Die Schönheit einer Kerbschnitzerei ergibt sich aus ihren sauberen Einkerbungen und ihren scharfen Kanten, eine Wirkung, die man nicht mit einem stumpfen Messer erzielen kann. Ein scharfes Messer rutscht auch nicht so schnell ab und verringert dadurch die Gefahr von Verletzungen und Enttäuschungen über eine mißlungene Arbeit. Ich selbst ziehe für gewöhnlich mein Messer alle fünf Minuten auf einem Leder ab, um sicher zu sein, daß es tatsächlich äußerst scharf ist. (Anleitungen zum Schärfen der Messer finden Sie auf den Seiten 31 und 32.)

Zum Kerbschnitzen kann fast jede einigermaßen weiche, geradfaserige Holzsorte verwendet werden, einschließlich Kiefer, Linde, Walnuß, Kirsche und einiger Arten Zedernholz und Mahagoni. Vor Jahrhunderten nahm man in England dazu sogar feinfaseriges Eichenholz, aber das Eichenholz, das heute erhältlich ist, ist meist zu grob und nicht für feine Details, sondern nur dann geeignet, wenn es sich nur um einfache, ziemlich großflächige Schnitzereien handelt. Nehmen Sie aber möglichst kein Fichtenholz, es splittert leicht und eignet sich kaum.

Am besten bearbeitet man das Holz auf einem sogenannten Bankhaken (siehe links oben). Auf ihm liegt es sicher und fest auf und kann doch während der Arbeit frei bewegt werden, ohne daß man immer wieder Spannzwingen befestigen muß. Einen solchen Bankhaken kann man selbst aus Abfallholz mit Leim und ein paar Schrauben herstellen. Mein eigener Bankhaken mißt 30 × 30 cm, worauf ich Stücke der verschiedensten Größe bequem bearbeiten kann. Er ist sehr einfach anzuwenden. Man stößt ihn mit der unteren Querleiste gegen die Kante der Werkbank und preßt das zu bearbeitende Holzstück gegen die obere Querleiste.

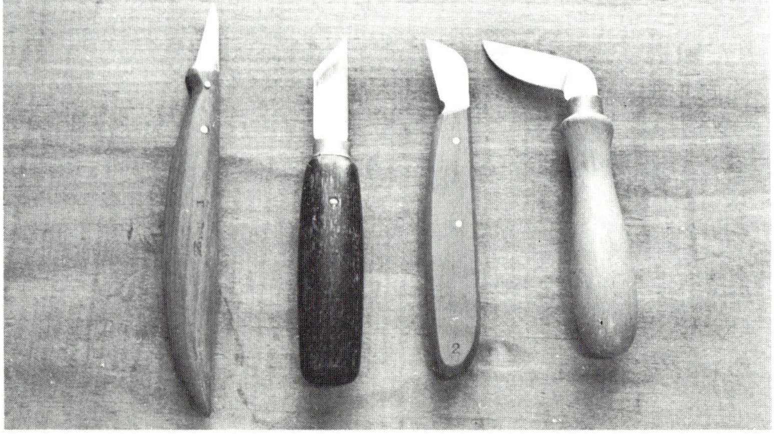

Vier zum Kerbschnitzen geeignete Messer. Von links nach rechts: ein deutsches Schnitzmesser mit gerader Klinge, ein Messer mit abgeschrägter Klinge, ein Messer aus der Schweiz mit abgewinkelter Klinge. Alle drei eignen sich gut für dreieckige Einkerbungen. Das Messer mit stark abgewinkelter Klinge ist für lange, geschwungene Schnitte geeignet.

Techniken

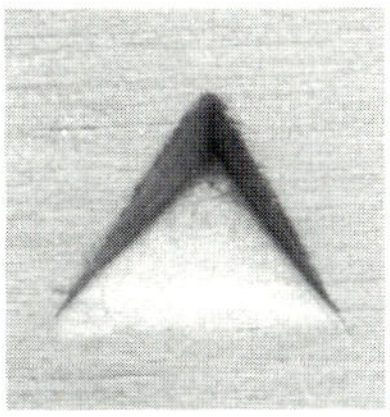

Der Dreischnitt (links) (auch »Wolfszahn«) wird mit zwei senkrechten Schnitten und einem Schrägschnitt gemacht. Der Sechsschnitt (rechts) besteht aus drei senkrechten Schnitten und drei Schrägschnitten.

Die meisten herkömmlichen Kerbschnittmuster bestehen aus Serien einfacher Dreiecksausschnitte. Durch wechselnde Kombinationen und Zusammenstellungen erhält man eine große Anzahl verschiedenartigster Muster. Die Auskerbungen werden mit drei Messerschnitten gemacht, weshalb man sie »Dreischnitt« nennt. Oft werden drei Dreischnitte zu einem großen Dreieck kombiniert, was insgesamt sechs Schnitte erfordert, weshalb man diese Auskerbung »Sechsschnitt« nennt. Die Dreiecksausschnitte sind so einfach, daß sie schneller zu machen als zu beschreiben sind. Üben Sie sie an einem Stück Abfallholz so lange, bis Sie sie praktisch im Schlaf machen können, egal, in welche Richtung die Holzfasern verlaufen. Eine Stunde intensiver Übung kann Ihnen viel spätere Enttäuschung ersparen.

Der Dreischnitt

Dieser einfache Dreiecksausschnitt wird meist für Zierbänder verwendet. Jeder Ausschnitt besteht aus zwei vertikalen Schnitten für die Seiten und einem horizontalen Kerbschnitt, mit dem das Holz herausgeschält wird.

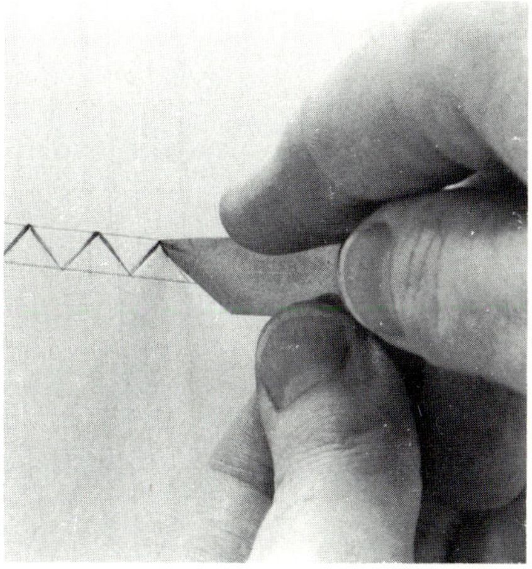

Nach dem Aufzeichnen eines Zierbandes aus Dreiecken drückt man die Messerspitze an der Spitze der Dreiecke ins Holz und macht zwei senkrechte Schnitte an den Seiten entlang.

Für ein Zierband aus diesen Dreiecken zeichnen Sie zunächst zwei parallele Linien auf, deren Abstand davon abhängt, wie groß die Dreiecke sein sollen. Markieren Sie die Spitzen der einzelnen Dreiekke mit einem Zirkel, indem Sie von Punkt zu Punkt einen Bogen schlagen. Die Bogenabstände können Sie variieren, aber zur Übung ist es am besten, mit gleichseitigen Dreiecken zu beginnen.

Dann beginnen Sie den ersten Dreischnitt, indem Sie die Messerspitze etwa 2 bis 3 mm tief an der Spitze des Dreiecks in das Holz drükken, wie es auf dem Foto rechts gezeigt wird. Halten Sie den Messergriff in einem Winkel von etwa 45° zum Holz, um sicherzustellen, daß der Schnitt nicht zu tief hineingeht, dann ziehen Sie das Messer langsam an einer Seitenlinie entlang nach unten. Der Einschnitt sollte an der Spitze am tiefsten sein und sich allmählich bis zur Grundlinie hin abflachen. Dies wiederholen Sie auf der anderen Seitenlinie.

Zum Herausholen des Holzes machen Sie dann einen horizontalen Schälschnitt zwischen den beiden senkrechten Schnitten. Halten Sie dazu die Messerklinge in einem Winkel von 10 bis 15° zur Oberfläche des Holzes und drücken die Messerspitze in die linke Ecke des Dreiecks hinein. Fahren Sie mit dem Messer an der Grundlinie des Dreiecks entlang und drehen Sie es leicht, während Sie es mit dem Zeigefinger der linken Hand in Richtung zur Dreiecksspitze drücken. Dabei sollte Ihre rechte Hand das Messer zwar führen und drehen, aber nicht vorwärts schieben. Damit der Kerbschnitt sauber wird, muß das Messer exakt vom einen zum anderen senkrechten Schnitt geführt werden. Das Geheimnis dieser Schnitte liegt darin, daß sie flach bleiben und an der Spitze des Dreiecks nicht tiefer als 2 bis 3 mm sind.

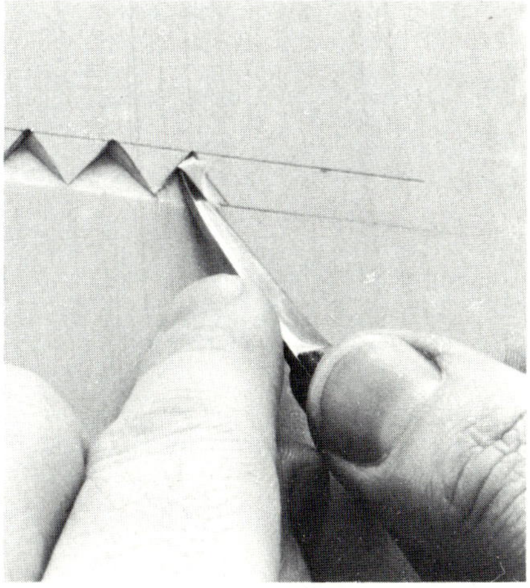

Danach schält man vorsichtig das Holz heraus, indem man das Messer horizontal in einem Winkel von 10 bis 15° zur Holzoberfläche dreht.

Wenn Sie gerade erst mit dem Schnitzen begonnen haben, besteht die Möglichkeit, daß die Tiefe der Dreiecke leicht ungleich ist, obwohl sie einwandfrei aussehen. Um regelmäßige Dreiecke zu bekommen, bedarf es der Geduld und der Übung. Sie können die Tiefen auch absichtlich ändern, um unterschiedliche Effekte zu erzielen, aber ich empfehle, daß Sie zunächst das Schneiden flacher Dreiecke üben. Je tiefer man geht, desto schwieriger wird es nämlich, die Holzfasern zu entfernen, ohne daß man Splitter hinterläßt, so daß Sie unter Umständen zum Säubern der Einkerbungen einige zusätzliche Schnitte machen müssen.

Bei den Schälschnitten sollten Sie auf die Faserrichtung des Holzes achten, um zu vermeiden, daß das Holz splittert. Merken Sie, daß es zu splittern beginnt, dann müssen Sie die Schnittrichtung umkehren und die Messerklinge mit dem linken Zeigefinger mit der gleichen

leicht drehenden Bewegung zu sich heranziehen, um das Holz zu entfernen.
Gewöhnen Sie sich daran, das Holz, um es gut im Griff zu haben, auf dem Bankhaken zu bearbeiten. Andererseits ist es für Anfänger auch empfehlenswert, solche Schnitte mit beiden Händen am Messer auszuführen. Damit hat man eine bessere Kontrolle über die Messerführung, und, was noch wichtiger ist, man verhindert die natürliche, doch gefährliche Neigung des Anfängers, das Holz mit der einen Hand festzuhalten und mit der anderen zu schneiden. Zwar gibt es erfahrene Holzbildhauer, die so arbeiten – mit der einen Hand halten

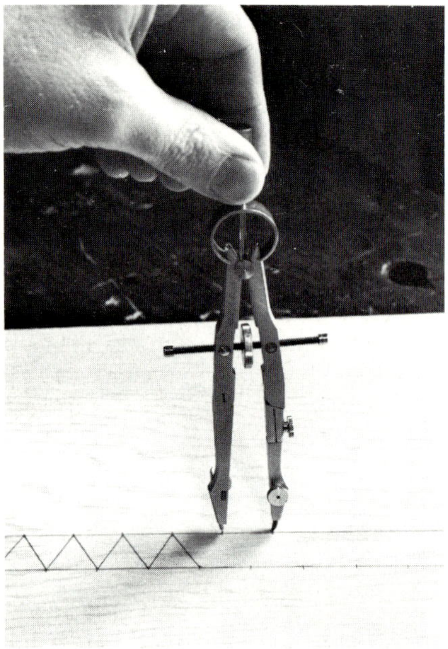

Für ein Zierband mit Dreischnitten ziehen Sie zwei parallele Linien und bestimmen mit einem Zirkel die Eckpunkte der Dreiecke.

Vom Punkt B ziehen Sie eine Senkrechte zum Punkt C. Dann schlagen Sie mit dem Zirkelabstand A, beginnend bei C, Bögen zur Bestimmung der weiteren Scheitelpunkte.

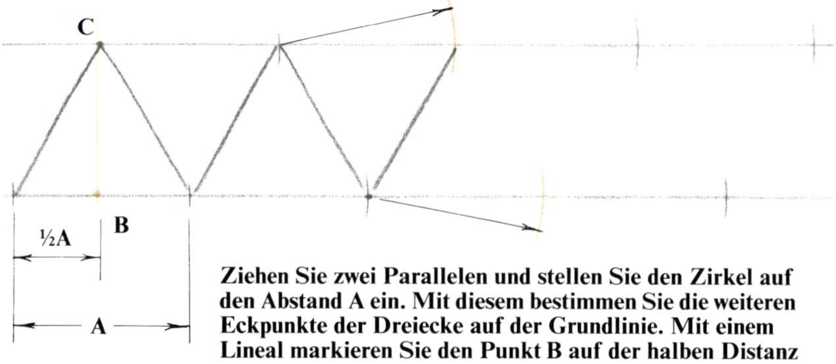

Ziehen Sie zwei Parallelen und stellen Sie den Zirkel auf den Abstand A ein. Mit diesem bestimmen Sie die weiteren Eckpunkte der Dreiecke auf der Grundlinie. Mit einem Lineal markieren Sie den Punkt B auf der halben Distanz von A.

Alle diese traditionellen Zierbandmuster kann man mit dem Dreischnitt herstellen.

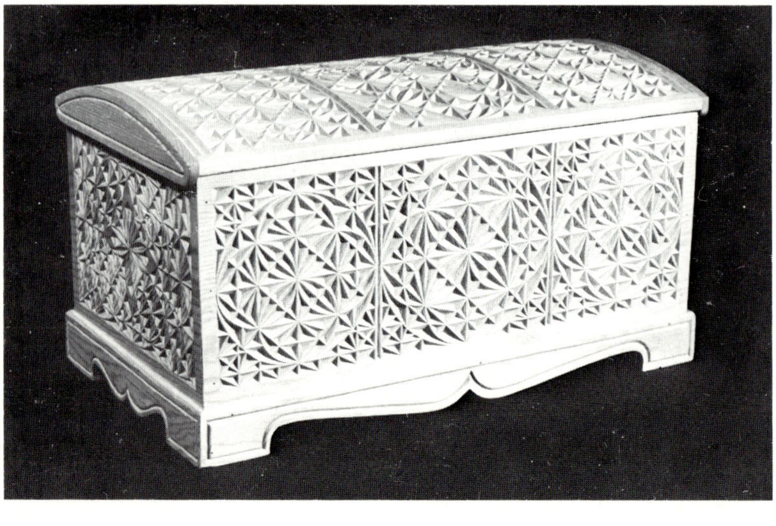

Schmuckkästchen aus Norwegen, etwa 22 cm hoch, 35 cm lang und 20 cm tief. (Geschnitzt 1972 von John Gundersen. Foto mit freundlicher Genehmigung von Vesterheim, Das Norwegisch-Amerikanische Museum in Decorah/Iowa.)

sie das Holz auf ihrem Schenkel fest, mit der anderen schnitzen sie es –, aber solange Sie noch nicht die nötige Erfahrung erworben haben, würde ich das nicht empfehlen. Bei diesem Verfahren macht der Holzschnitzer die gleichen Bewegungen bei den Senkrecht- und Schälschnitten, wie ich sie beschrieben habe, nur geschieht das alles allein mit der rechten Hand ohne Unterstützung durch den linken Zeigefinger. Das geht sehr gut bei Weichhölzern und geht sehr schnell vonstatten, doch kann das Messer dabei leicht ausrutschen.

Der Sechsschnitt

Der Sechsschnitt besteht aus drei Dreischnitten, die zu einem großen Dreieck kombiniert wurden. Zeichnen Sie sich zur Übung drei parallele Linien im Abstand von 10 mm auf. Die beiden Außenlinien legen Spitze und Grundlinie der Dreiecke fest, während die Mittellinie ihren tiefsten Punkt bestimmt. Mit einem Lineal oder Zirkel markieren Sie die Eckpunkte der Dreiecke auf den beiden Außenlinien, so, wie Sie es bei den Dreischnitten gemacht haben. Diese verbinden Sie mit Bleistiftlinien. Danach verbinden Sie die Eckpunkte mit dem Mittelpunkt, wie dies auf dem Foto rechts dargestellt ist. Diese Linien zum Mittelpunkt bestimmen die Lage der drei senkrechten Schnitte.
Wenn Sie mit dem Schnitzen beginnen, setzen Sie die Messerspitze im Mittelpunkt an und machen drei Schnitte zu den Spitzen der Dreiecke. Dabei sind die Schnitte wieder am tiefsten im Mittelpunkt und flachen zu den Spitzen hin ab. Dann holen Sie mit horizontalen Kerbschnitten vorsichtig die drei Späne heraus. Der fertige Sechsschnitt hat dadurch drei sich zur Mitte hin vertiefende Seiten und sieht ähnlich wie eine umgekehrte Pyramide aus. (Achten Sie wieder darauf, daß Sie bei den Kerbschnitten nicht gegen den Faserverlauf schneiden.) Auch dieses Dreieck kann in einer Anzahl von Formen und Proportionen gestaltet werden, mit geraden oder geschwungenen Seiten. Die geschwungenen Seiten können Sie mit einem Zirkel oder aber freihändig zeichnen. Sie werden genauso geschnitzt wie die geraden Seiten.

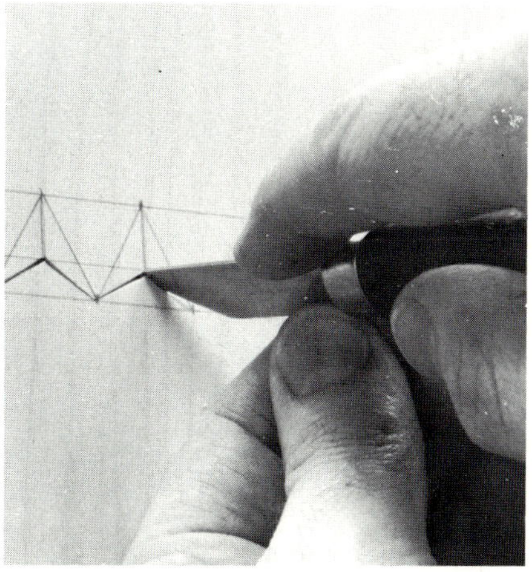

Der Sechsschnitt besteht aus drei Senkrechtschnitten von der Mitte des Dreiecks zu seinen Spitzen, und drei Schrägschnitten.

Diese traditionellen Zierbänder wurden aus Sechsschnitten mit geraden und geschwungenen Seiten geschnitzt.

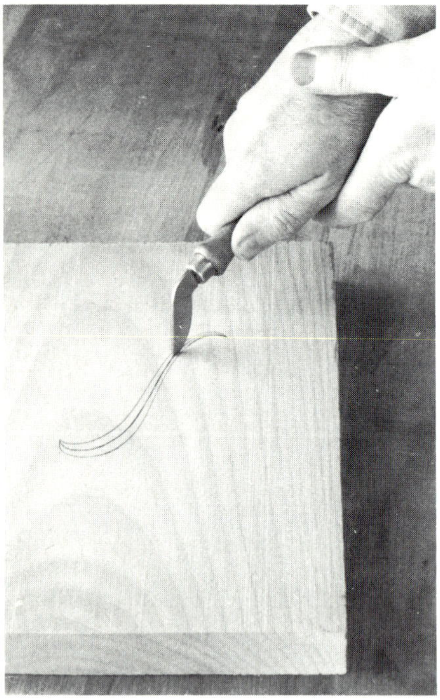

Bei einem Schweifschnitt machen Sie zunächst einen senkrechten Schnitt auf der Mittellinie (oben), dann flache Kerbschnitte auf beiden Seiten (unten). Achten Sie dabei auf die Faserrichtung des Holzes. Gegebenenfalls müssen Sie die Schnittrichtung ändern, um ein Splittern zu vermeiden.

Der Schweifschnitt

Eine andere Schnittform beim Kerbschnitzen ist ein langer, geschwungener Schnitt, der wie ein tiefes V aussieht und an seinen beiden Enden in einem Punkt zusammenläuft. Für Schweifschnitte, die nicht länger als 5 bis 8 cm sind, kann man jedes Standardschnitzmesser benutzen. Für längere Schnitte empfehle ich, ein Messer mit stark abgewinkelter Klinge zu nehmen. Bei ihm haben Sie eine bessere Führung, da Sie beim Schnitzen die Hand gegen das Holz abstützen können.

Zeichnen Sie Ihren Entwurf auf dem Holz auf und befestigen es mit Spannzwingen auf der Werkbank. Dann machen Sie an der Mittellinie entlang mit der Messerspitze einen langen senkrechten Schnitt, wie auf dem Foto links gezeigt. Halten Sie dabei das Messer mit der rechten Hand und ziehen Sie es mit einer langsamen, stetigen Bewegung zu sich heran. Wenn Sie dabei das Messer mit der stark abgewinkelten Klinge benutzen, dann können Sie die Hand auf dem Holz abstützen. (Bei einem sehr langen Schnitt sollten Sie das Messer mit beiden Händen führen.) Schneiden Sie nicht mit zu hastigen Bewegungen, sonst wird es Ihnen schwerfallen, der vorgezeichneten Linie zu folgen. Die Schnittiefe sollte, abhängig von der Größe des Musters, zwischen 3 und 12 mm liegen, wobei der Schnitt sich zu den Enden hin wieder verflachen muß. Danach machen Sie mit der gleichen Handstellung, aber diesmal die Klinge im Winkel von 45° haltend, einen langsamen und vorsichtigen Kerbschnitt zum Senkrechtschnitt hin. Diese Prozedur wiederholen Sie von der anderen Seite. Dadurch erhalten Sie einen langen, geschwungenen V-Einschnitt. Achten Sie dabei wieder auf die Faserrichtung. Bei bestimmten Partien kann es erforderlich sein, die Schneidrichtung zu wechseln, um ein Splittern des Holzes zu vermeiden. Wenn Sie merken, daß das Holz zu splittern beginnt, drehen Sie das Schnitzstück herum und beginnen aus der entgegengesetzten Richtung zu schneiden. Die Breite des Spans können Sie durch eine Änderung des Winkels der Klinge zur Holzoberfläche verändern. Wenn Sie diesen Winkel verringern, wird der Span breiter, jedoch nicht tiefer.

Wenn Sie noch keine Erfahrung haben, können Sie den Schweifschnitt bis kurz vor den auslaufenden Spitzen in gleichmäßiger Tiefe belassen. Später sollten Sie den Schnitt jedoch dort, wo er breiter ist, auch tiefer machen, und flacher, wo er enger wird. Dadurch können Sie bei komplizierten Biegungen besser arbeiten, gleichzeitig sehen sie aber auch interessanter aus. Diese Schnitte kosten mehr Mühe als der Dreischnitt, aber mit ihnen lassen sich weiche, fließende Linien schnitzen. Eine Kombination aller drei beschriebenen Techniken kann sehr eindrucksvolle Effekte zustandebringen.

Dieses Muster ist eine Kombination verschiedener Schweif- und Dreischnitte.

Ein Streichholzhalter

Dieser Streichholzhalter wird mit Sechsschnitten geschnitzt. Bei mir zu Hause hängt eine solche Arbeit am Kamin. Seine Vorlage stammt aus dem Jahr 1908 und wurde mir von einem alten Freund, einem deutschen Holzbildhauer, überlassen, der ein solches Stück in seiner Lehrzeit schnitzte.
Sobald Sie sowohl den Drei- wie den Sechsschnitt meistern und Ihre Messer geschärft haben (siehe Seiten 31 und 32), können Sie mit dem Schnitzen dieses Teils beginnen. Es ist etwa 17 cm hoch und 12 cm breit. Dazu müssen Sie die nebenstehende Vorlage mit einem Gitternetz oder mit Zirkel und Lineal maßstäblich vergrößern. Wenn Sie es in der vorgegebenen Größe schnitzen wollen, können Sie die Vorlage auf ein dünnes, reißfestes Blatt Papier abpausen, wie es auf Seite 63 beschrieben ist, und sie dann auf das Holz übertragen. Obwohl nicht unbedingt nötig, können Sie die Partien, die wegfallen sollen, leicht mit Bleistift schattieren.
Meinen eigenen Halter habe ich aus einem Stück Walnußholz von etwa 18 mm Stärke geschnitzt. Manchmal bringe ich erst alle Schnitzereien an, ehe ich das Holz auf die fertige Form zuschneide, denn ein größeres rechteckiges Stück ist beim Schnitzen bequemer und sicherer in Position zu halten. Das Teil auf den nachstehenden Fotos habe ich vorher mit der Bandsäge zugeschnitten.
Wo Sie mit dem Schnitzen beginnen, ist ausschließlich Ihre eigene Entscheidung. Ich selbst beginne meist oben und arbeite nach unten

Sie legen den Entwurf mit einem Blatt Kohlepapier auf das Holz, halten ihn mit Reißzwecken fest und übertragen ihn.

Dieser Streichholzhalter wurde ausschließlich mit Drei- und Sechsschnittmustern geschnitzt.

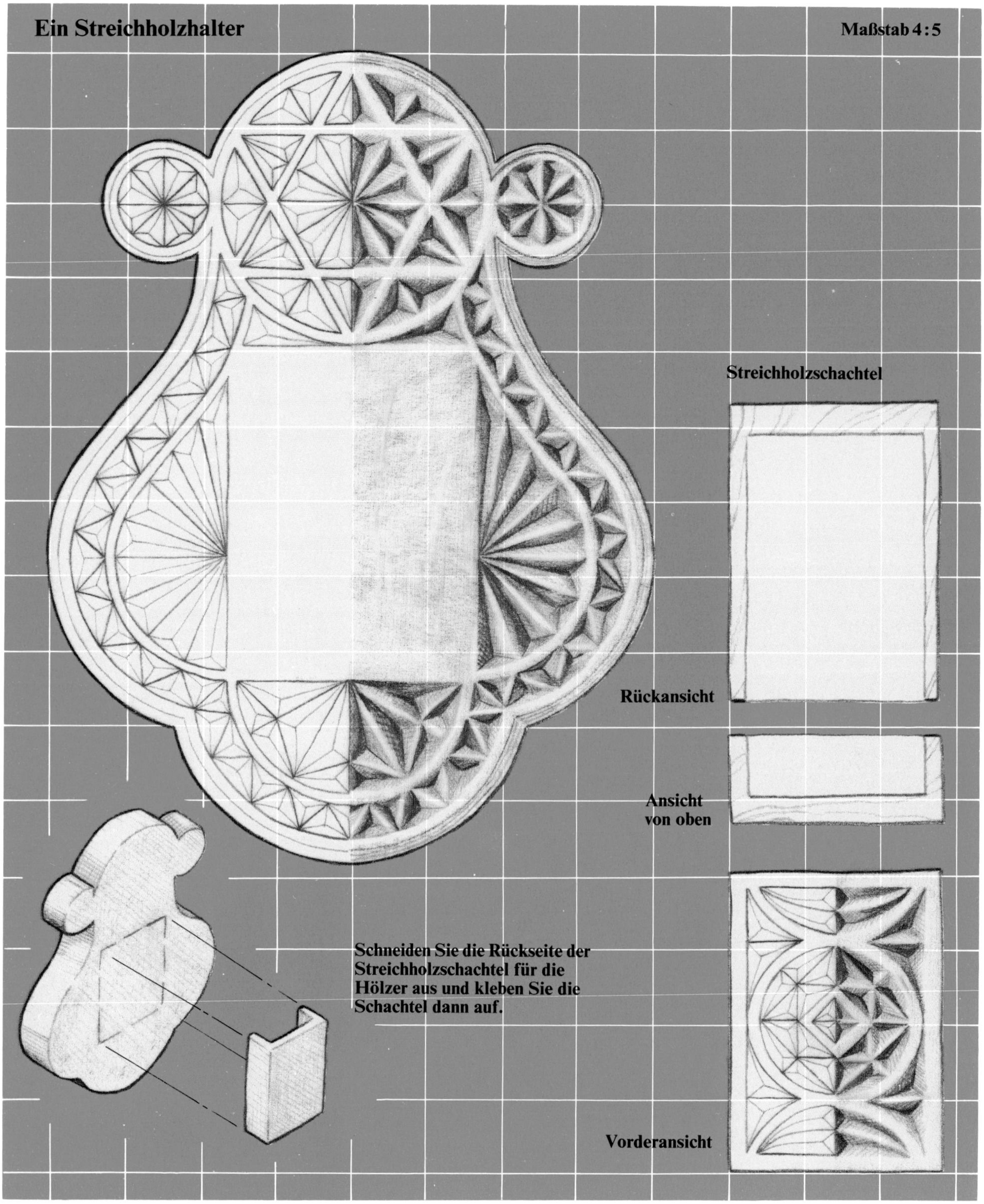
Ein Streichholzhalter
Maßstab 4:5
Streichholzschachtel
Rückansicht
Ansicht von oben
Schneiden Sie die Rückseite der Streichholzschachtel für die Hölzer aus und kleben Sie die Schachtel dann auf.
Vorderansicht

Beginnen Sie mit den Senkrechtschnitten für die geradeseitigen Sechsschnitte am Rand.

Nach den Senkrechtschnitten machen Sie die Schälschnitte, die nicht tiefer als 1,5 bis 2 mm sein sollten, mit einem Messer mit gerader Klinge.

Für die langen Senkrechtschnitte in dem Fächermuster empfiehlt es sich, das Messer wie einen Bleistift zu halten, während Sie es zur Außenkante hin ziehen.

Nach dem langen mittleren Senkrechtschnitt machen Sie die anderen senkrechten Schnitte und dann die Schälschnitte.

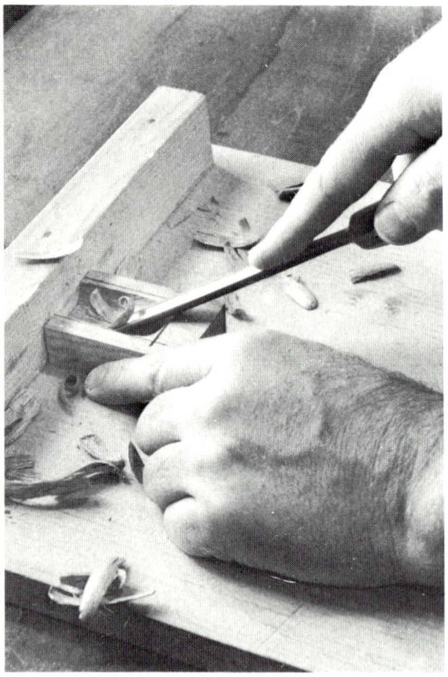

Halten Sie den Block gegen einen Bankhaken und höhlen Sie ihn mit einem Schnitzeisen oder einem Messer aus.

Außen- und Innenkanten der Schachtel werden mit einem Messer begradigt, bevor die Schachtel aufgeklebt wird.

weiter. Zunächst mache ich alle Senkrechtschnitte und entferne danach erst die Späne. (Wenn ich sehr viele Senkrechtschnitte zu machen habe, nehme ich das Messer mit der abgeschrägten Klinge, weil ich dabei nicht oft die Handstellung verändern muß und deshalb schneller arbeiten kann.) Denken Sie daran, die Einkerbungen flach zu halten. 1,5 bis 2 mm Tiefe genügen. Vielleicht haben Sie leichte Schwierigkeiten mit den fächerartigen Einkerbungen auf den beiden Seiten neben der Streichholzschachtel. Die Senkrechtschnitte auf ihren Mittellinien sind verhältnismäßig lang und könnten Ihnen Mühe bereiten, wenn Sie sie nur durch Eindrücken der Messerklinge einschneiden. Es wird einfacher sein, wenn Sie das Messer dabei wie einen Bleistift halten. Stoßen Sie die Messerspitze in die Mitte des Dreiecks hinein und ziehen Sie es an der Linie entlang, wobei Sie den Schnitt am tiefsten an der Außenkante des Fächers machen. Dann kerben Sie den Rest des Sechsschnitts wie gewohnt aus. Die anderen Schnitte dürften Ihnen keine Probleme bereiten, wenn Sie sich Zeit nehmen und langsam und gleichmäßig arbeiten. Obwohl dieses Muster kompliziert aussieht, benötigt man nur annähernd zwei Stunden, um es zu schnitzen.

Die Größe der Streichholzschachtel kann variieren. Die Schachtel in meinem Modell mißt 62 × 42 × 18 mm. Die Muster auf der Vorderseite der Schachtel können Sie mit Schäl- und Hebelschnitten wie auf Seite 73 beschrieben schnitzen. (Wenn Sie dabei das Holz in der einen Hand halten und es mit der anderen schnitzen wollen, wie ich es auf dem Foto mache, seien Sie vorsichtig, daß Sie sich bei einem Ausrutschen des Messers nicht die Hand verletzen!)

Nach dem Schnitzen entfernen Sie alle Kohlepapier- und Bleistiftspuren mit etwas flüssigem Lackentferner auf einem weichen Tuch oder mit einem feinen Schleifpapier, das Sie um ein Stückchen Holz wickeln.

Zum Aushöhlen der Schachtel nehme ich ein Schnitzeisen Nr. 8, 10 mm, oder ein Messer. Die Aushöhlung ist 30 mm breit und 12 mm tief. Darin finden etwa zwei Dutzend Streichhölzer Platz. Begradigen Sie die Außen- und Innenkanten mit einem Messer, wie auf dem Foto unten gezeigt. Ich habe die Schachtel mit einem gelblichen Kunstharzkleber aufgeklebt. Man kann auch einen weißen Alleskleber nehmen, der allerdings etwas längere Zeit zum Härten braucht.

Wenn das gesamte Schnitzstück fertig ist, können Sie es noch mit einem Schutzüberzug versehen. Viele alte Schnitzereien wurden im Naturzustand belassen, aber Sie werden feststellen, daß ein dünner Überzug mit Wachs das Holz versiegelt und schützt. Außerdem betont er die Facetten der Schnitzerei, weil er das Licht reflektiert. Das Auftragen des Wachses geschieht durch leichtes Einreiben oder Aufbürsten einer dünnen Schicht. Danach warten Sie zehn bis fünfzehn Minuten, bis Sie mit einer sauberen Roßhaarbürste nachpolieren. Mit der Zeit bekommt das Holz eine warme, seidige Patina.

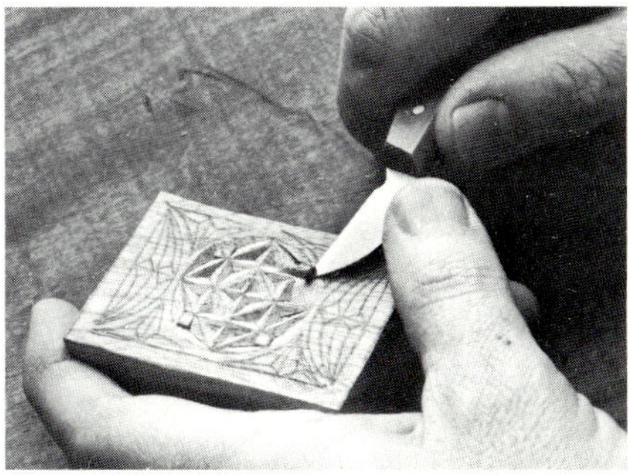

Das Muster auf der Vorderseite der Schachtel wird mit winzigen Schäl- und Hebelschnitten geschnitzt.

Rosetten

Rosetten sind runde Schnitzmuster, die oft bei fortgeschrittenen Schnitzereien angebracht werden. Sie können beim Schnitzen sehr viel Spaß bereiten. Jahrhundertelang waren sie ein wichtiger Bestandteil aller Kerbschnitzereien, oftmals ihr Mittelpunkt. Ich habe sie schon auf sehr vielen alten Schnitzereien entdeckt, so auf Trinkbechern der Wikinger, gotischen Truhen und Mangelbrettern aus dem 18. Jahrhundert.

Das Entwerfen von Rosetten ist nicht schwierig. Im Grunde handelt es sich darum, einen Kreis in gleichmäßige Segmente zu unterteilen, die wieder in Dreiecke jeglicher Form, die Sie schnitzen können, aufgeteilt werden. Zum Zeichnen der Rosetten benötigen Sie einen Zeichenzirkel und ein Winkellineal. (Falls Sie nicht zurechtkommen, ziehen Sie ein Geometriebuch zu Rate.) Der Trick besteht darin, den Kreis in vollkommen gleiche Segmente zu unterteilen. Ist Ihnen dies nicht gelungen, dann wird die Rosette verrutscht aussehen. Am besten lernt man diese Kunst, indem man Zirkel und Papier zur Hand nimmt und so lange übt, bis es einwandfrei klappt.

Wenn Sie Ihren Entwurf fertig haben, dann können Sie ihn unmittelbar auf das Holz übertragen, besser ist es jedoch, Sie zeichnen ihn auf Papier auf und pausen ihn mit einem Blatt Kohlepapier durch. Ziehen Sie die geraden oder geschwungenen Linien für die erhabenen Konturen und unterteilen Sie die restlichen Flächen in Dreiecke. Dann schnitzen Sie diese Dreiecke mit Drei- oder Sechsschnitten aus. (Der Sechsschnitt erweist sich dabei als vielseitiger, weil Sie seine Proportionen ändern können.) Zunächst werden Sie wohl einige Zeit darauf verwenden müssen, wie und mit welchen Schnitten Sie am besten arbeiten, aber nach einiger Übung wird Ihnen das immer leichter fallen.

Die auf den nächsten Seiten abgebildeten Rosetten sind typische Muster, wie sie seit Jahrhunderten verwendet werden. Sie sind nach Schwierigkeit geordnet und beginnen mit den einfachsten Ausführungen. Sie können sich genau an die vorgegebenen Muster halten, sie aber auch, nachdem Sie sich mit den Grundzügen vertraut gemacht haben, nach Belieben variieren. (In jeder Fachliteratur werden Sie weitere Muster finden.)

Die Spirale

Um eine spiralenförmige Rosette (auch »Sonnenrad« oder »Sonnenwirbel«) zu zeichnen, ziehen Sie zunächst einen Kreis im gewünschten Durchmesser. Mit dem gleichen Zirkelradius schlagen Sie von einem beliebigen Punkt der Kreislinie aus einen Bogen zwischen Kreismittelpunkt und Kreislinie, dann einen weiteren Bogen von dem Punkt aus, an dem der erste Bogen die Kreislinie berührt, und so fort. Dadurch erhalten Sie die Punkte A bis F auf der Zeichnung Mitte links.

Von diesen sechs Punkten aus schlagen Sie mit dem gleichen Zirkelradius je zwei Bögen außerhalb des Kreises. Die so gewonnenen sechs Schnittpunkte verbinden Sie mit Linien durch den Mittelpunkt des Kreises miteinander. Sie brauchen diese Linien nicht einzuzeichnen, sondern lediglich die Punkte zu markieren, an denen sie die Kreislinie schneiden. Von diesen neuen Punkten G bis L schlagen Sie wieder Bögen wie zuvor und erhalten so eine zwölfteilige, spiralförmige Rosette. Für das erste Muster machen Sie nun in jeder Spirale einen Sechsschnitt, dessen tiefste Stelle nahe der Außenlinie liegt. Beim Senkrechtschnitt auf der Mittellinie dieser Sechsschnitte sollten Sie das Messer wie einen Bleistift halten, wie auf S. 97 beschrieben.

Für das zweite Muster zeichnen Sie freihändig noch weitere Bögen ein, die den Rand der Spirale muschelförmig aussparen. Ziehen Sie sich Hilfslinien zur Anbringung kleiner Schweifschnitte in diesen Aussparungen.

Die Spirale

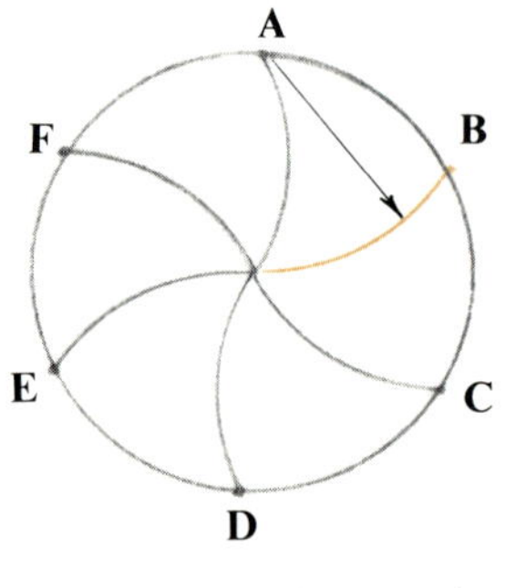

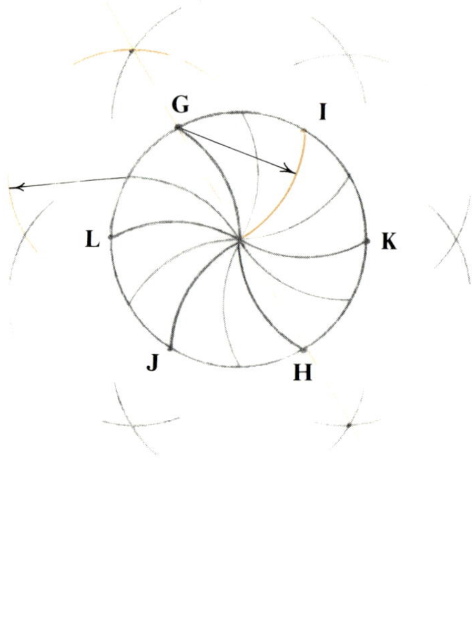

Muster 1

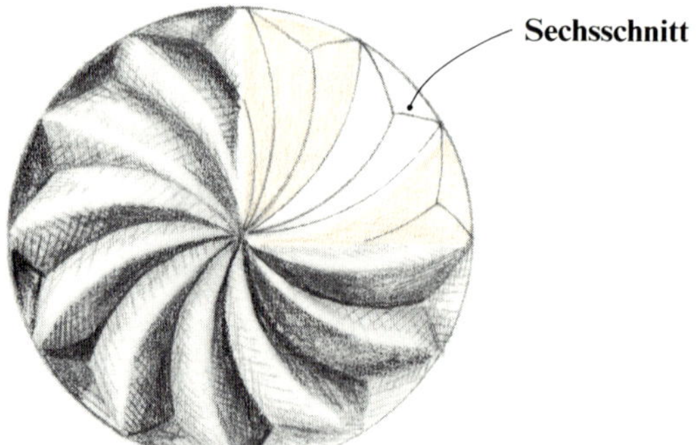

Muster 2

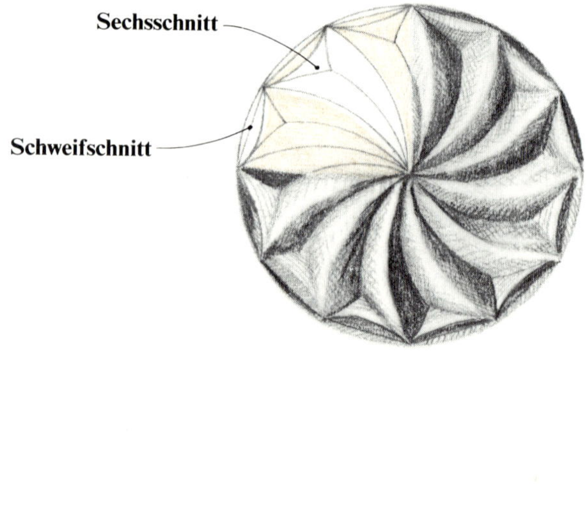

Das Hexagon

Um eine sechsteilige Rosette zu entwerfen, ziehen Sie zunächst eine gerade Linie von A nach B und schlagen darauf in der Mitte einen Kreisbogen. Von den Punkten C und D, wo dieser die Linie schneidet, ziehen Sie mit dem gleichen Zirkelradius zwei weitere Kreise. Dann nehmen Sie deren Schnittpunkte E bis H als Mittelpunkt für vier weitere Kreise. Der erste Kreis ist dadurch in sechs gleiche Blütenblätter aufgeteilt.

Für das erste Muster bringen Sie nun, immer noch mit dem gleichen Zirkelradius, Verbindungsbögen zwischen diesen Blütenblättern an, und zwar, indem Sie, wie bei der Spirale beschrieben, die Außenpunkte I bis N bestimmen und von ihnen aus Bögen innerhalb des Kreises schlagen. Dieses Muster besteht ausschließlich aus Schweifschnitten. Halbieren Sie die Blütenblätter und die muschelförmigen Aussparungen am Rand durch gerade Linien und bringen Sie darauf die Senkrechtschnitte an.

Beim zweiten Muster zeichnen Sie in das ursprüngliche Hexagon noch einen Kreis ein, dessen Radius zwei Drittel des Außenkreises beträgt. Dann ziehen Sie drei diagonale Linien, die die Zwischenräume zwischen den sechs Blütenblättern halbieren. Auf diesen Linien und dem kleineren Innenkreis markieren Sie die Spitzen je eines doppelten Dreiecks, wie unten rechts dargestellt. Da die Blütenblätter wieder mit Schweifschnitten ausgekerbt werden, müssen Sie wieder mittlere Hilfslinien ziehen.

Das Hexagon

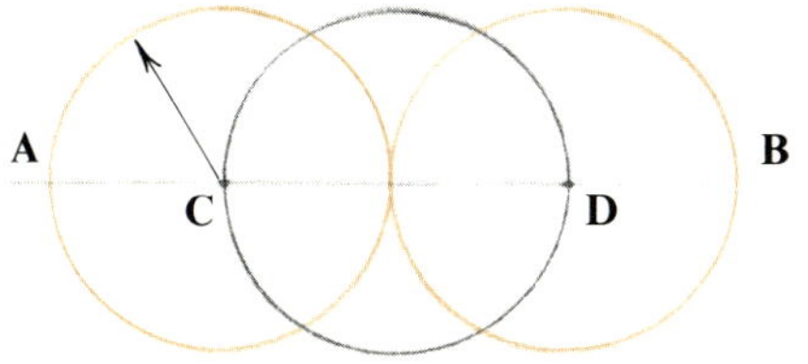

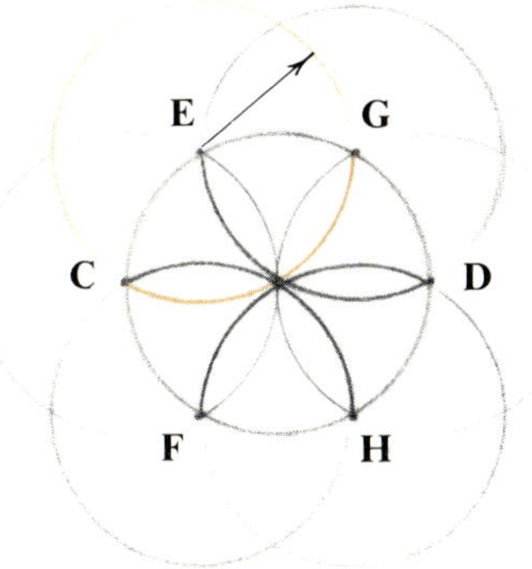

Muster 1

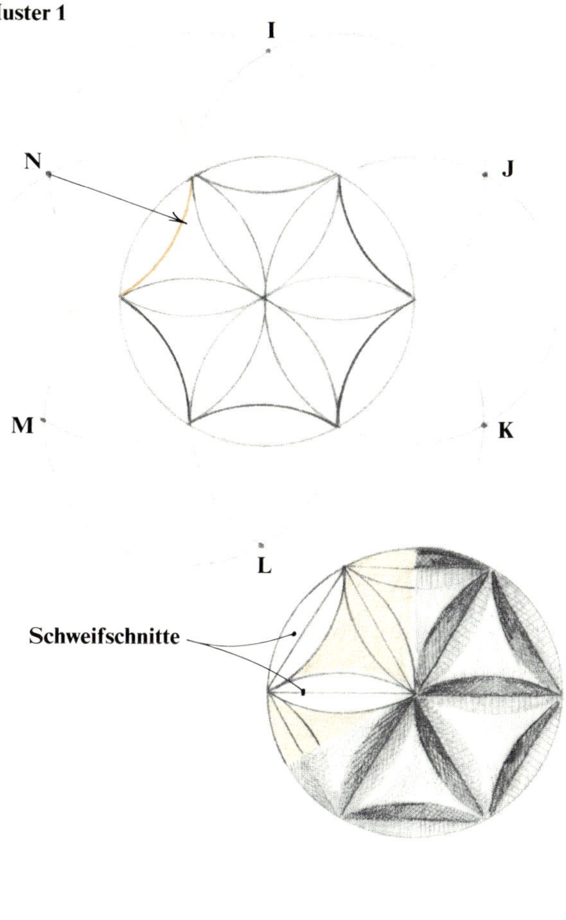

Muster 2

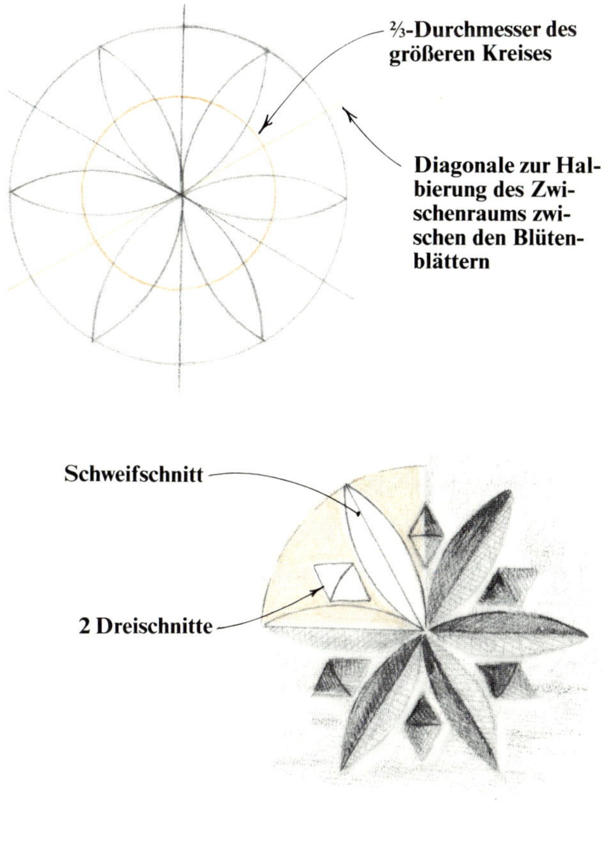

Das Vierblatt

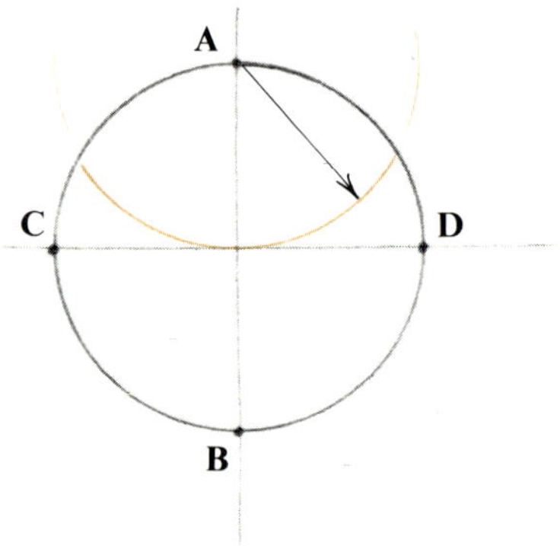

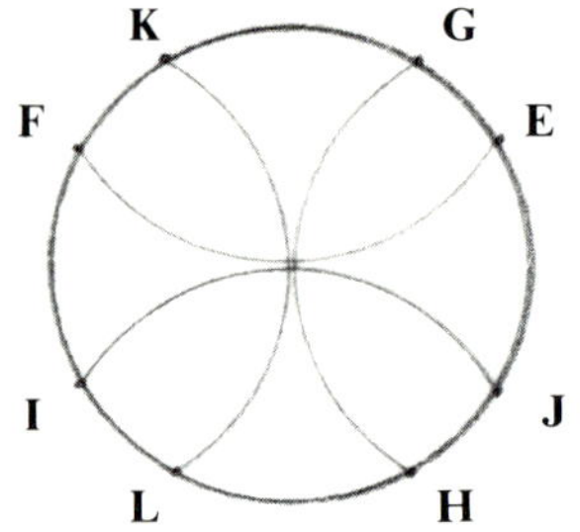

Das Vierblatt

Ein Vierblatt besteht aus vier sich in einem Punkt berührenden Bögen. Diese Rosette ist besonders bei Schweizer Schnitzern beliebt, weil sie leicht zu schnitzen ist und an die Blumen hochgelegener Almwiesen erinnert. Ziehen Sie für den Entwurf zunächst zwei senkrecht aufeinanderstehende Linien, um deren Kreuzungspunkt Sie einen Kreis schlagen. Mit dem gleichen Zirkelradius schlagen Sie je einen Bogen innerhalb des Kreises um die Punkte A bis D, die von den Schnittpunkten der Senkrechten und des Kreises bestimmt werden. Dadurch erhalten Sie das links abgebildete Grundmuster. Für das Muster 1 verbinden Sie nun A bis D mit geraden Linien und bekommen so ein im Kreis liegendes Quadrat. Dann ziehen Sie noch einen kleineren Innenkreis mit dem Radius des Außenkreises als Durchmesser. Zwischen jedes der vier breiten Blütenblätter zeichnen Sie vier Sechsschnitte ein sowie drei Dreischnitte an ihren Außenkanten und je vier Dreischnitte auf ihrer Oberfläche.
Zum Entwurf des zweiten Musters zeichnen Sie gleichfalls in das Grundmuster einen Innenkreis mit dem halben Radius des Außenkreises ein. Danach ziehen Sie von den Punkten E bis L, an denen die Innenbögen auf den Außenkreis treffen, zusätzliche Halbkreise vom Mittelpunkt zur Kreislinie, wodurch sich ein Stern von vier ovalen Blütenblättern ergibt, die zwischen den breiten Blütenblättern liegen. Durch die Mitte der breiten Blütenblätter ziehen Sie sodann zwei sich im Zentrum im Winkel von 45° kreuzende Diagonalen als Hilfslinien für die je zwei Sechsschnitte in der unteren Hälfte der vier breiten Blütenblätter. Am oberen Rand bekommen diese jeweils zwei Dreischnitte. Zwischen den acht breiten und schmalen Blütenblättern sehen Sie große Sechsschnitte vor und je zwei Dreischnitte auf den schmalen Blütenblättern, die wie Diamanten aussehen.

Muster 1

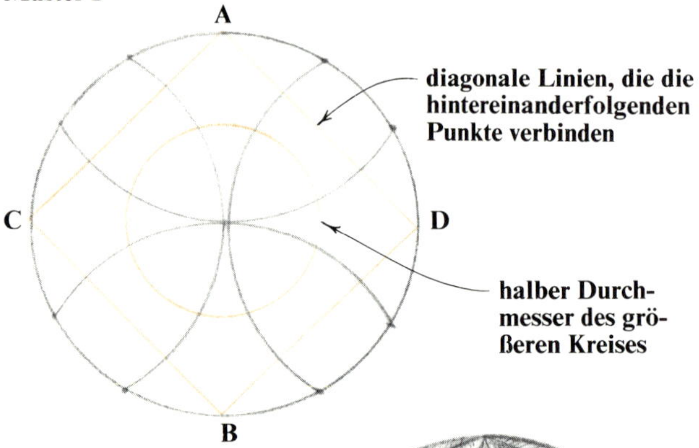

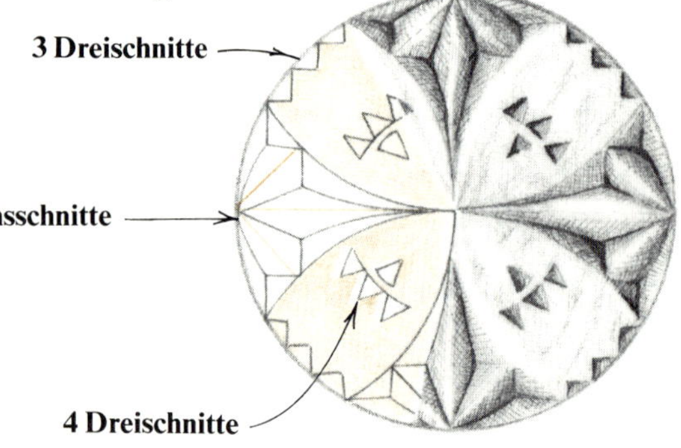

Muster 2

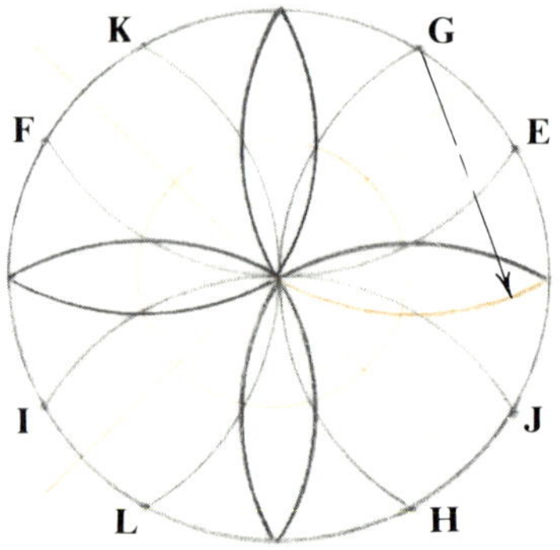

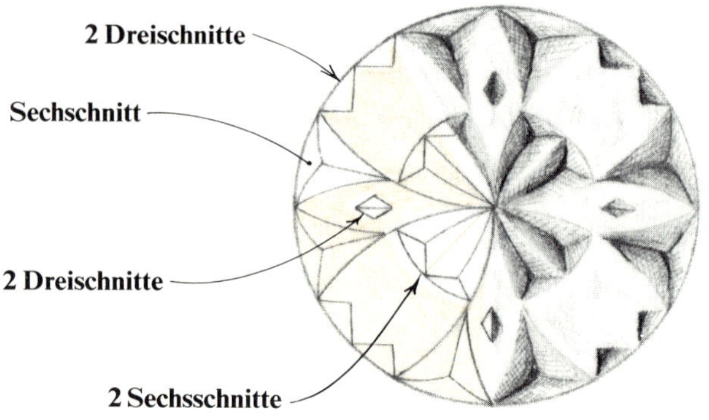

Das Doppel-Hexagon

Eine zwölfteilige Rosette können Sie mühelos aus dem Grundmuster des Vierblatts entwickeln. Zeichnen Sie in dieses wieder die Bögen für die ovalen Blütenblätter ein wie bei dem vorhergehenden Muster 2, machen Sie diesmal aber durchgehende Halbkreise, die den Kreisumfang an zwei statt an einem Punkt schneiden. Sie erhalten so eine zwölfblättrige Rosette.

Für das erste Muster ziehen Sie wieder einen Innenkreis, dessen Durchmesser dem Radius des Außenkreises entspricht. Danach ziehen Sie zwölf Linien vom Außen- zum Innenkreis, die den Zwischenraum zwischen den zwölf Blütenblättern halbieren. Diese bestimmen die gemeinsamen Kanten von je zwei Sechsschnitten zwischen den äußeren Blütenblättern. Sehen Sie außerdem je einen Sechsschnitt zwischen den inneren Blütenblättern vor sowie als zusätzliche Verzierung je einen Dreischnitt an der Grundlinie der äußeren Blütenblätter. Das früheste Beispiel einer solchen Rosette habe ich auf einer Schweizer Schnitzarbeit aus dem Jahr 1744 entdeckt. Muster dieser Art wirken am besten, wenn sie nicht zu klein sind, sondern mindestens 8 bis 10 cm Durchmesser haben. In dieser Größe lassen sie sich leichter schnitzen, und die Details treten besser hervor.

Das zweite Muster unten rechts basiert gleichfalls auf dem Grundmuster des Doppel-Hexagons. Zeichnen Sie wieder einen halb so großen Innenkreis ein und radieren Sie den Außenkreis weg. Sie erhalten so einen Stern mit zwölf Spitzen. Für die äußeren Blütenblätter sehen Sie einen vollen Sechsschnitt vor. Auf den inneren Blütenblättern bringen Sie Hilfslinien für Schweifschnitte an. Der Zwischenraum zwischen diesen inneren Blättern wird mit Sechs- oder Dreischnitten ausgefüllt. (Dreischnitte sind einfacher, wenn der Durchmesser der Rosette kleiner als fünf Zentimeter ist.)

Das Doppel-Hexagon

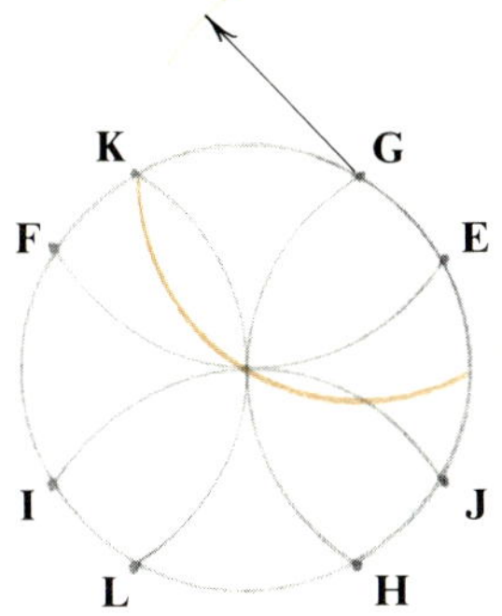

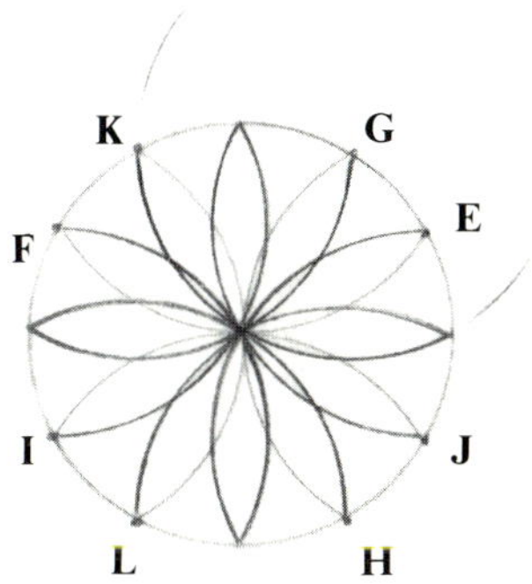

Muster 1

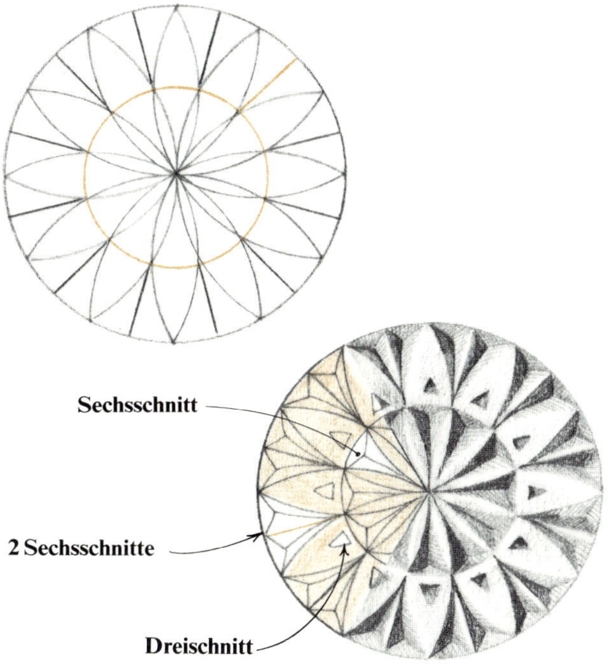

Muster 2

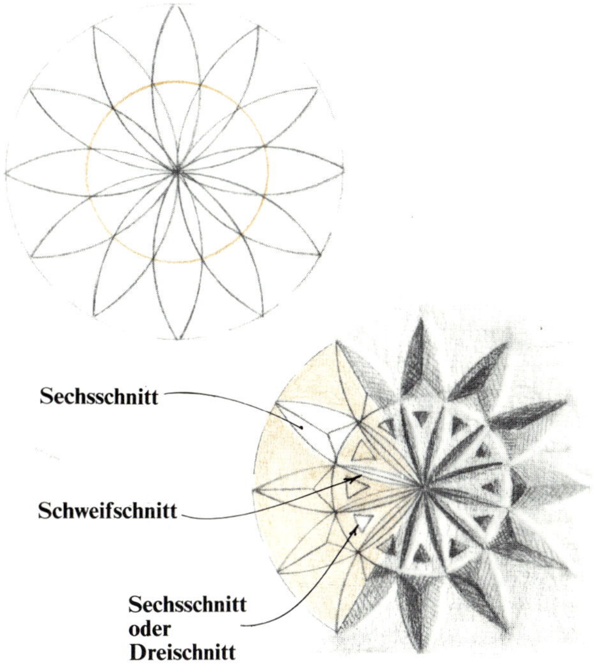

Das Oktagon

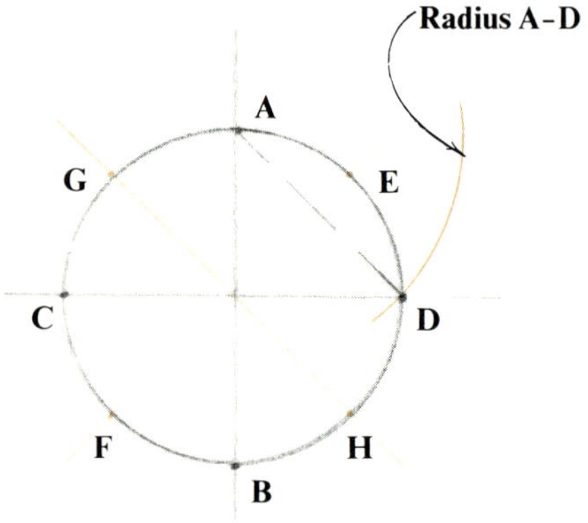

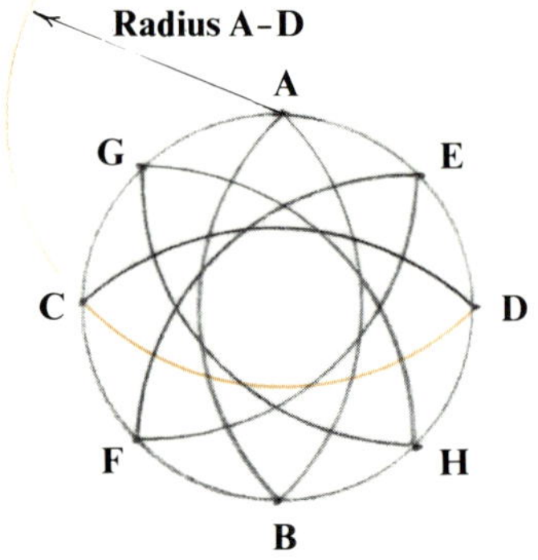

Das Oktagon

Achteckige Rosetten eignen sich besonders gut für das Kerbschnitzen, weil ihre Linien dreieckige Formen ergeben, die sich leicht herausarbeiten lassen.

Um eine oktagonale Rosette zu entwerfen, ziehen Sie einen Kreis mit beliebigem Durchmesser um den Schnittpunkt zweier sich senkrecht kreuzender Linien und ziehen durch diesen Schnittpunkt zwei weitere Linien im Winkel von 45°. Diese ergeben die Punkte E bis H auf der Kreislinie und unterteilen die Kreisfläche zusammen mit den Senkrechten in acht gleiche Dreiecke. Als nächstes stellen Sie den Zirkel auf die Distanz zwischen den Viertelkreispunkten A und D ein und schlagen damit Bögen innerhalb des Kreises um jeden der Punkte A bis H. Dadurch erhalten Sie das Grundmuster des Oktagons.

Für das erste Muster zeichnen Sie in das Grundmuster freihändig acht Blütenblätter um die Linien rund um den Mittelpunkt ein. Diese werden mit Schweifschnitten ausgekerbt. Sehen Sie zwischen den äußeren Blütenblättern Sechsschnitte für die Randauskerbungen vor und entfernen Sie alle nicht mehr notwendigen inneren Linien. Zwischen jedem der großen Blütenblätter bringen Sie einen Dreischnitt an, wie in der Zeichnung unten links dargestellt ist.

Für den Entwurf der zweiten Rosette verstärken Sie die Linien, die zu den Basiswinkeln der Blütenblatt-Oberteile führen. Dadurch erhalten Sie im Zentrum des Kreises einen achtstrahligen Stern. Nehmen Sie die überflüssigen inneren Linien weg und zeichnen Sie neue Linien von den Basiswinkeln und Spitzen der Blütenblätter zum Mittelpunkt des Kreises ein. In jedem der sechzehn Dreiecke, die Sie dadurch erhalten, sehen Sie einen Sechsschnitt vor sowie große Sechsschnitte zwischen den äußeren Blütenblättern für einen ausgezackten Rand und zusätzlich auf diesen Blättern Doppel-Dreiecke in Form von Diamanten.

Muster 1

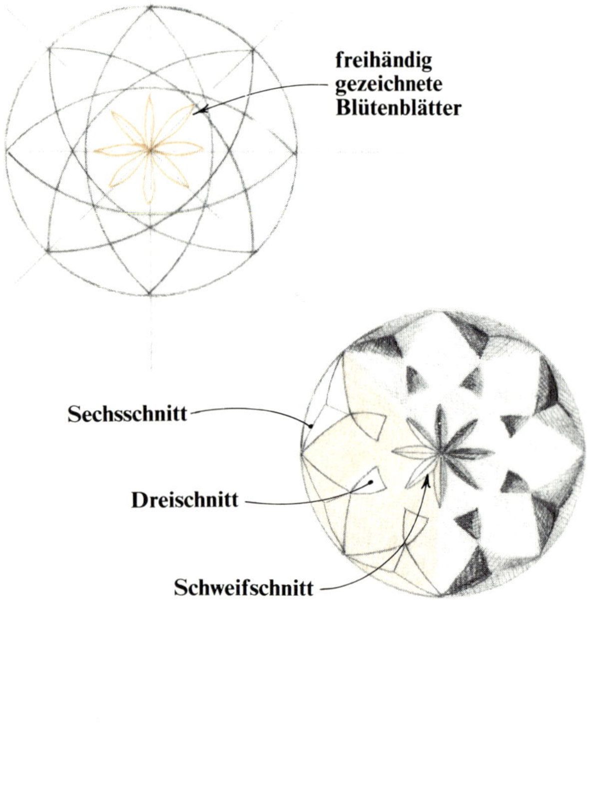

Muster 2

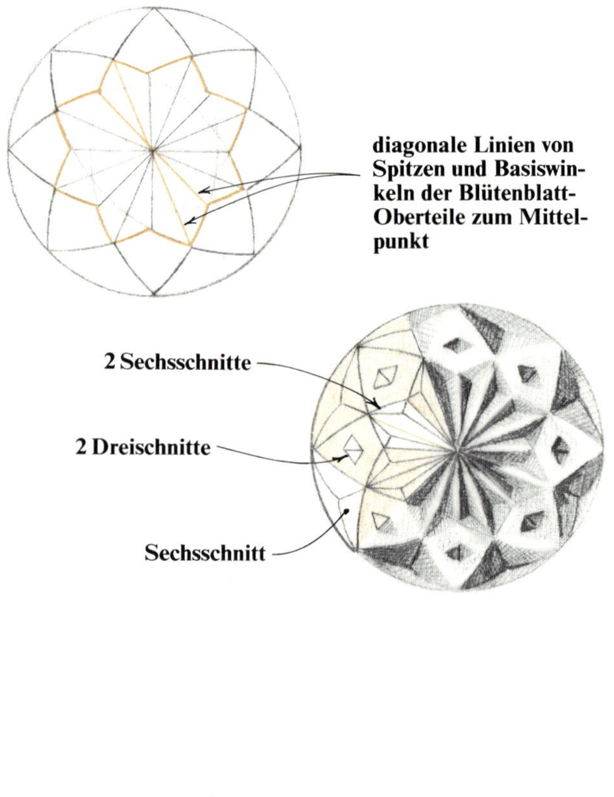

Das Heptagon

Um eine siebenblättrige Rosette (auch »Siebensonne«) zu entwerfen, ziehen Sie zunächst eine gerade, waagerechte Linie und schlagen darauf einen Kreis. Mit dem gleichen Zirkelradius schlagen Sie sodann um den Punkt A, an dem dieser Kreis die Waagerechte schneidet, einen neuen Kreis. Verbinden Sie mit einer Senkrechten die beiden Punkte D und E, an denen die Kreise sich schneiden. Die Hälfte dieser Distanz (D – C) nehmen Sie als neuen Zirkelradius für eine Reihe von Innenbögen im ersten Kreis. Beginnen Sie mit dem Punkt D. Damit erhalten Sie die Punkte F und G. Den nächsten Bogen schlagen Sie um G. Dies führen Sie fort, bis Sie insgesamt sieben Punkte auf dem Kreisumfang bestimmt und die Kreisfläche in sieben Abschnitte unterteilt haben. Danach nehmen Sie die Distanz zwischen den beiden auseinanderliegenden Punkten G und I als Radius für Teilbögen zwischen den Spitzen der sieben Blütenblätter, wodurch Sie am Rand der Rosette muschelförmige Einbuchtungen bekommen.
Das erste Muster mit seinen großflächigen, einfachen Formen ist gut für Durchmesser von 5 cm und weniger geeignet. Zeichnen Sie dafür in das Grundmuster gerade Linien vom Kreisumfang zum Mittelpunkt ein, die als Hilfslinien für große, geschwungene Sechsschnitte zwischen den Blättern dienen. Als nächstes ziehen Sie sieben Mittellinien für die kleineren, ovalen Blütenblätter. Diese Flächen kerben Sie mit Schweifschnitten aus. Zum Schluß bringen Sie unterhalb der Basis dieser kleinen Blätter noch je einen kleinen Dreischnitt an.
Für das zweite Muster zeichnen Sie in die ovalen Blütenblätter wieder Halbierungslinien ein, die als Hilfslinien für Schweifschnitte dienen. Der Rest der Auskerbungen in diesem Muster besteht aus Dreischnitten. Sehen Sie große, geschwungene Dreischnitte am Rand zwischen den Blütenblättern vor, sowie paarweise kleine Dreischnitte zwischen den Blättern als diamantförmige Verzierungen.

Das Heptagon

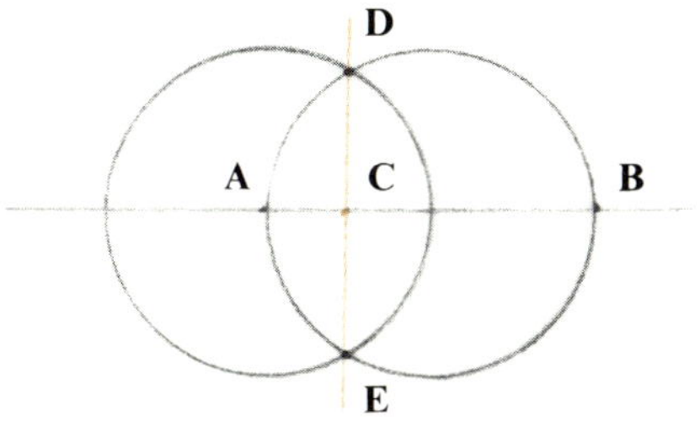

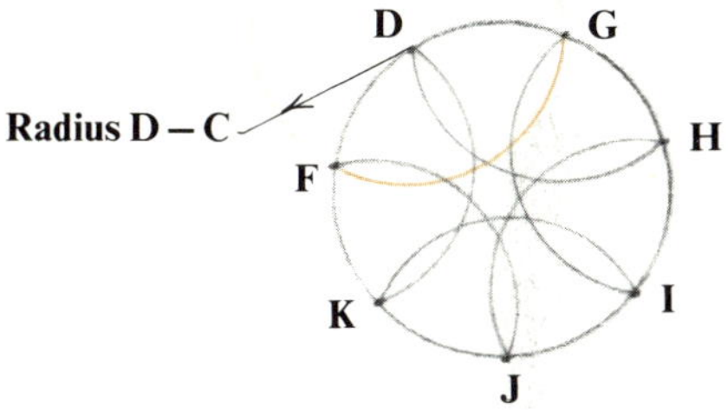

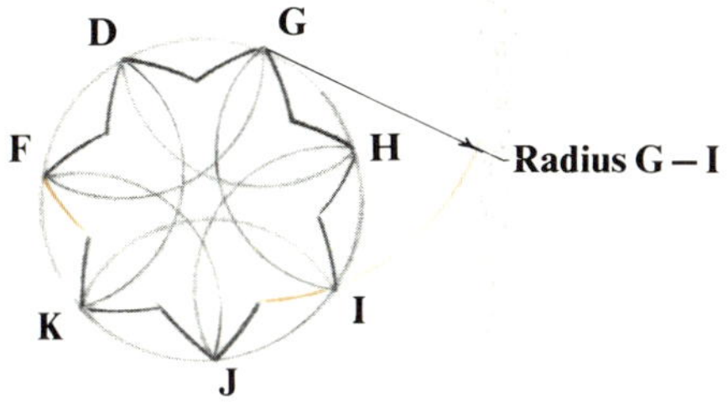

Muster 1

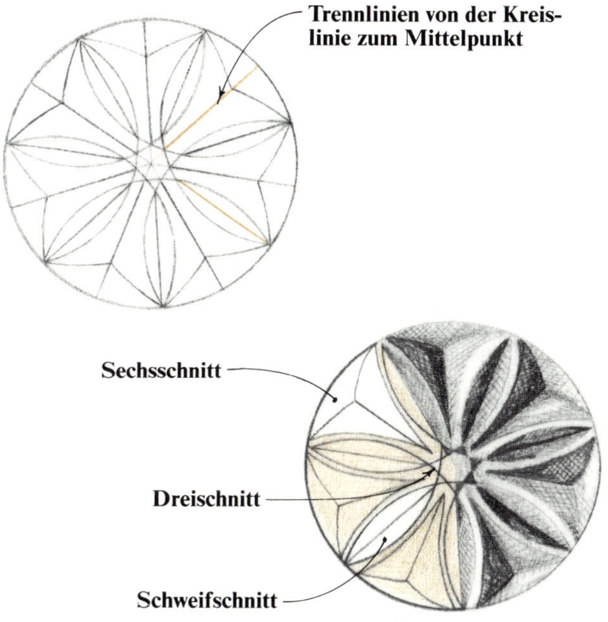

Muster 2

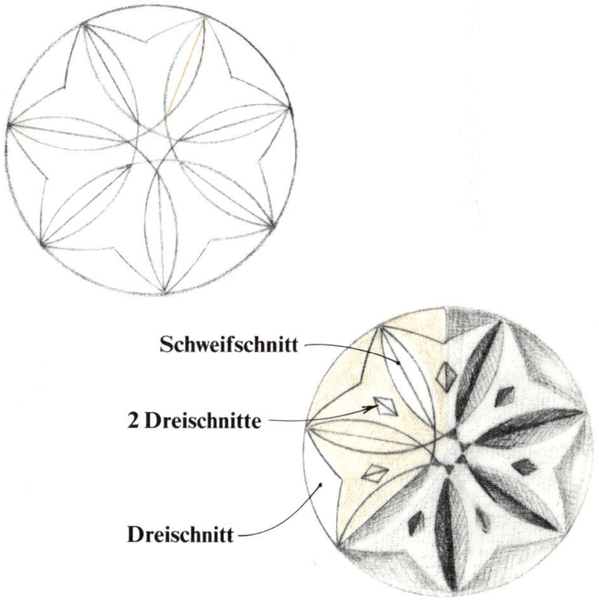

Das Pentagon

Diese fünfzackige Rosette ist etwas schwieriger als die anderen zu konstruieren, wurde aber oft von Volkskunstschnitzern verwendet, weil sie der Form vieler wildwachsender Blumen entspricht. Ziehen Sie zunächst einen Kreis um zwei senkrecht aufeinanderstehende Linien. Mit dem gleichen Zirkelradius schlagen Sie sodann einen Kreis um den Punkt D, an dem der erste Kreis die Horizontale schneidet. Dann ziehen Sie eine Linie zwischen den Punkten E und G, an denen sich die beiden Kreise treffen. Den einen Zirkelschenkel stechen Sie nun auf dem Punkt F ein, an dem die Linie E-G die Horizontale schneidet, den anderen auf dem Punkt A als Schnittpunkt der ursprünglichen Vertikalen mit dem ersten Kreis. Mit der Distanz A – F als Radius schlagen Sie einen Bogen um F von A bis zur Horizontalen. Sie erhalten dadurch den Punkt H. Mit dem neuen Zirkelradius aus der Distanz A – H schlagen Sie dann einen Innenbogen um den Punkt A, wodurch Sie die Punkte I und J erhalten. Um diese Punkte - sowie um die weiteren Punkte, die Sie dadurch erhalten - schlagen Sie ebenfalls einen Bogen, bis sich schließlich fünf Blütenblätter im Kreis überschneiden.

Das Pentagon

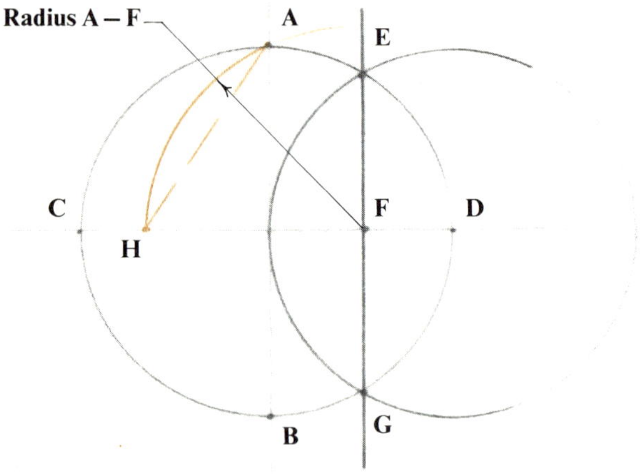

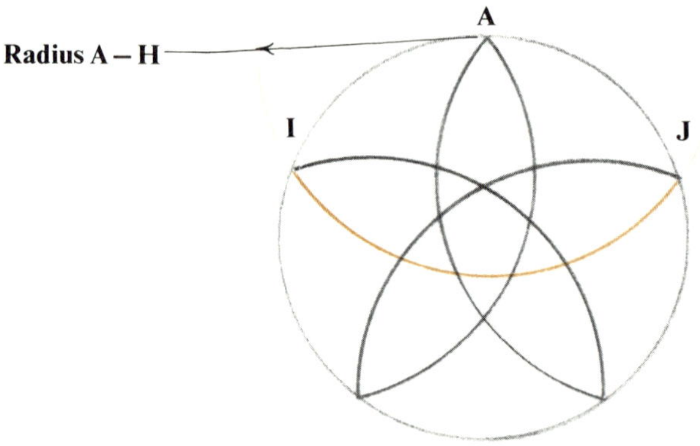

Eine österreichische Stube mit Kerbschnitzereien (Foto mit freundlicher Genehmigung des Tiroler Volksmuseums in Innsbruck).

Für das erste Muster zeichnen Sie in das Grundmuster einen kleineren Kreis ein, dessen Durchmesser zwei Drittel des größeren Kreisdurchmessers mißt. (Wenden Sie dabei die gleiche Methode zur Festlegung des Durchmessers an, wie auf Seite 101 beim Hexagon beschrieben.) Dann halbieren Sie die fünf Blütenblätter durch Diagonalen, die als Hilfslinien für je zwei lange Sechsschnitte dienen. Die tiefste Stelle dieser Sechsschnitte sollte nahe dem Zentrum des Kreises liegen. Bei diesen Schnitten müssen Sie das Messer wieder wie einen Bleistift halten, wie auf Seite 100 beschrieben. Zum Schluß plazieren Sie am Innenkreis je ein Paar geschwungener Sechsschnitte zwischen den einzelnen Blütenblättern, deren gemeinsame Kante von der Diagonalen bestimmt wird.
Beim zweiten Muster zeichnen Sie in das Grundmuster zwei Kreise ein; einen, dessen Durchmesser Dreiviertel des Durchmessers des äußeren Kreises mißt, und einen kleineren mit dem halben Durchmesser. Der Rand zwischen den beiden äußeren Kreisen wird mit Dreischnitten verziert. Unterhalb dieses Randes sehen Sie zwischen jedem Blütenblatt ein Paar großer Sechsschnitte vor. Als nächstes bekommt jedes Blütenblatt zwei Dreischnittpaare, deren gemeinsame Kanten durch den Innenkreis gebildet werden, und zum Schluß bringen Sie um das Zentrum herum fünf kleine Dreischnitte für ein sternförmiges Muster an.

Muster 1

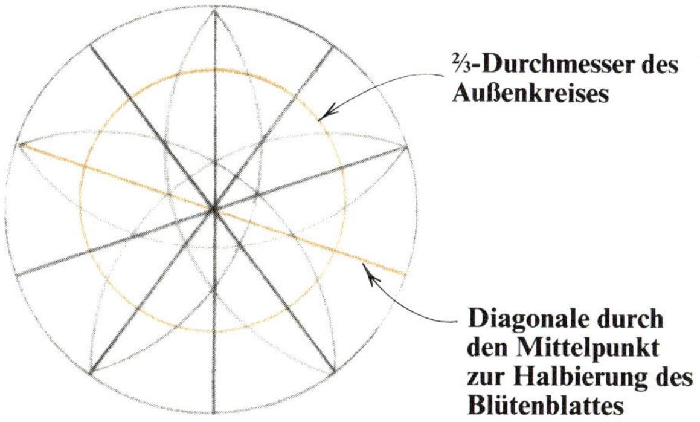

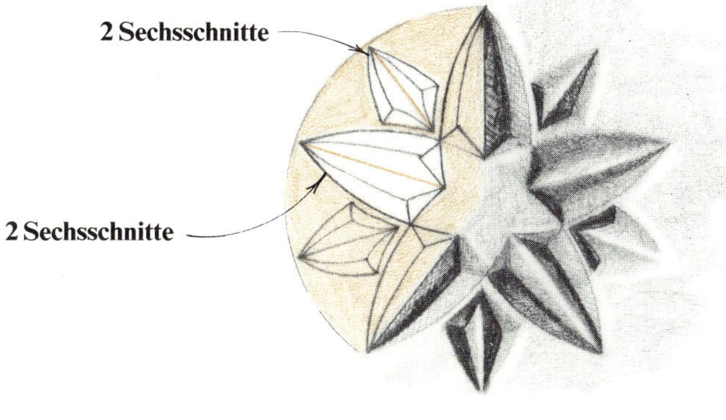

Muster 2

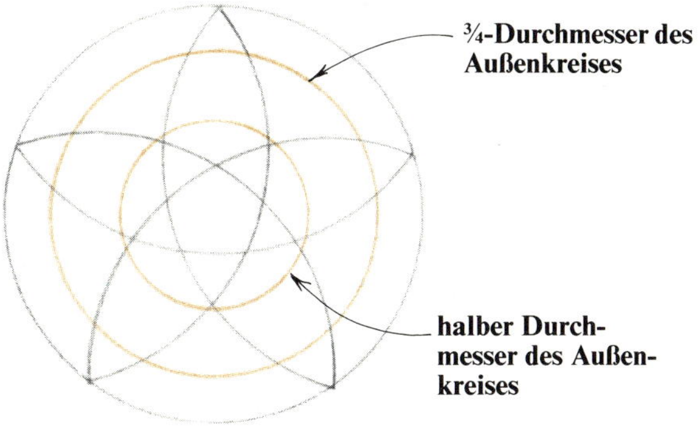

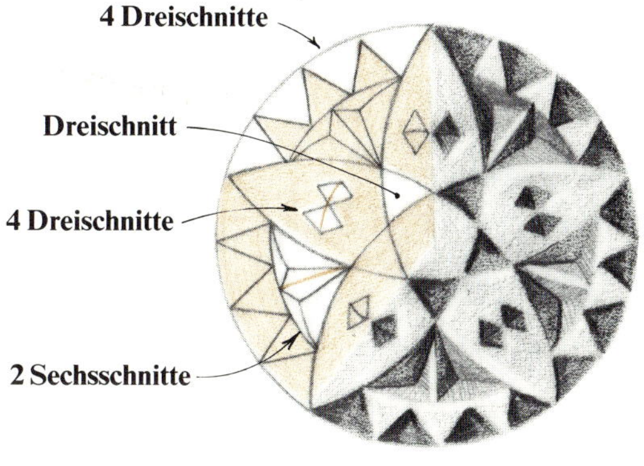

Dieses Mangelbrett wurde im Jahr 1776 geschnitzt. Einige der ursprünglichen Muster habe ich im nebenstehenden Modell vereinfacht. Die Verzierungen in den Leisten zwischen den Rosetten bestehen aus Sechsschnitten mit je drei Senkrechtschnitten, aber nur zwei Kerbschnitten, wodurch eine Seite erhaben bleibt. Die diamantförmigen und dreieckigen Verzierungen wurden mit kleinen Schnitten eingekerbt.

Ein Spielbrett

Maßstab 2:3

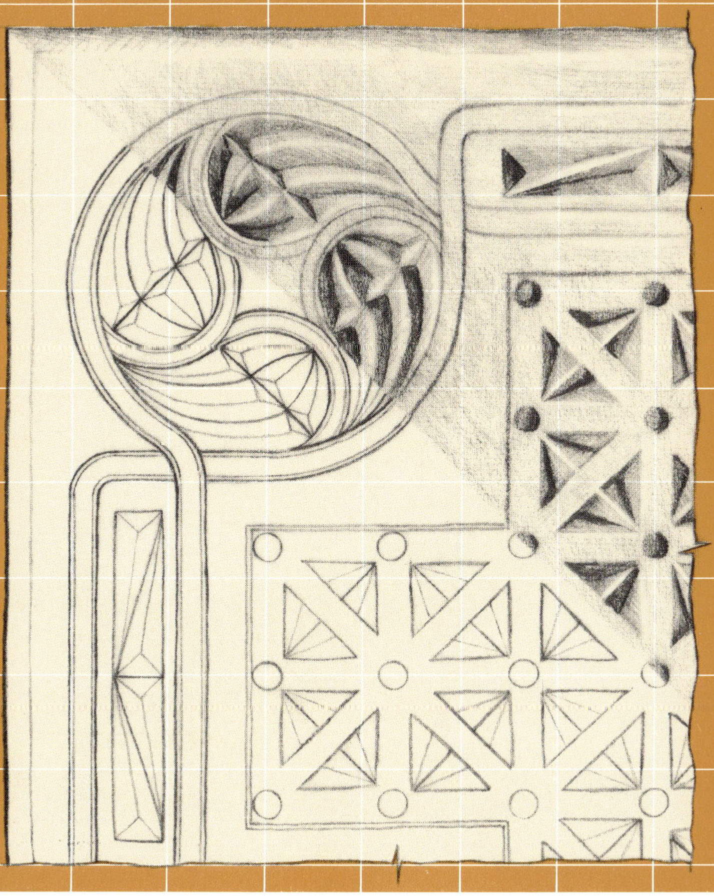

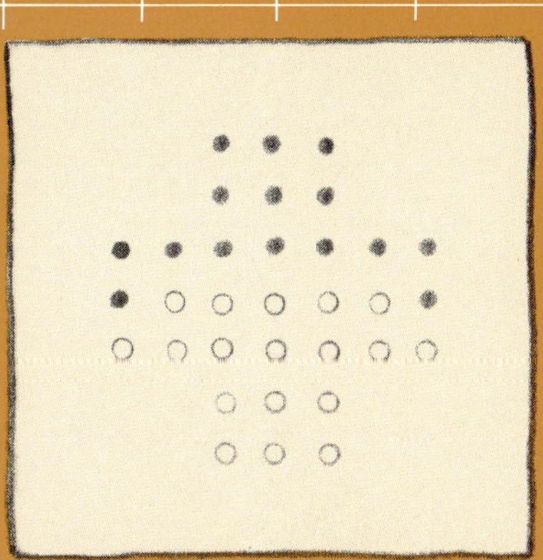

Das Spielbrett mißt 25 cm im Quadrat und ist 25 mm dick. Die Löcher sind 12 mm tief, haben einen Durchmesser von 5 mm und stehen 25 mm von Mitte zu Mitte auseinander.

Zum Schnitzen der Doppellinien nehmen Sie einen 3-mm-Geißfuß. Das Quermuster besteht aus modifizierten Sechsschnitten mit vertikalen Schnitten an der Grundlinie. Machen Sie 16 Stifte, 30 mm lang, mit einem Durchmesser von 6 mm.

Dieses geschnitzte Spielbrett gehört zu einem alten Spiel, das »Fuchs und Gänse« genannt wurde und dem Damespiel gleicht. Der Fuchs ist der Stift in der Mitte, der auf einer Seite von 15 Gänsen umgeben ist. Die Gänse dürfen ein Loch in jede Richtung ziehen, jedoch nur gerade, nicht schräg. Der Fuchs zieht ebenso, kann aber jede Gans überspringen, wodurch sie geschlagen ist. Die Gänse gewinnen, wenn sie den Fuchs so einkreisen, daß er nicht mehr ziehen kann.

Reliefschnitzen

Reliefschnitzen ist die Methode, mit der man ein Muster so aus dem Holz herausarbeitet, daß es sich vom Hintergrund abhebt. Diese Technik wurde schon von den alten Ägyptern angewandt. Ihren Höhepunkt erreichte die Reliefschnitzkunst im 17. und 18. Jahrhundert, in denen europäische Holzbildhauer Werke von solcher Schönheit und Anmut schufen, daß sie bis heute noch als Vorbilder gelten. Heutzutage wird Reliefschnitzen meist zur Herstellung zweidimensionaler Wandplaketten, als Zimmerschmuck und zur Möbelverzierung angewandt.

Es gibt zwei verschiedene Typen von Reliefschnitzereien. Ragt das Motiv nur wenig - etwa 10 mm - aus der Grundfläche heraus und erweckt dadurch den Anschein, als liege es flach auf, nennt man dies ein Basrelief. Bei einer größeren Tiefe des Motivs, wenn es den Anschein erweckt, frei über der Grundfläche zu stehen, spricht man von einem Hochrelief. Die Basrelief-Technik wird am besten bei einfachen Motiven, wie der Tudorrose auf Seite 121, verwendet. Hochreliefs können mehrere Zentimeter stark sein und sind gut geeignet, bei komplizierteren Formen den Eindruck von Tiefe zu erwecken wie bei dem Barockschnörkel auf Seite 127. Wegen der größeren Ausgangsstärke kann man dabei die Formen abrunden und die Motive unterscheiden, so daß sie den Anschein erwecken, als ob sie frei aus dem Untergrund herausragten.

Die grundlegenden Schnitte sind bei beiden Reliefarten gleich. Zunächst arbeitet man die Grundfläche weg und glättet sie. Dadurch erhält man ein herausstehendes Muster und einen ebenen Hintergrund. Die Arbeit sollte vollständig zu Ende geführt werden, ehe man sich an die Bearbeitung des Motivs selbst begibt. Jede Bearbeitungsstufe erfordert andere Schnitzmethoden. Viele ungeübte Holzschnitzer wechseln sich darin zu oft ab. Dies verursacht unnütze Arbeit und manchen Verdruß.

Machen Sie, ehe Sie mit dem Schnitzen beginnen, zunächst einen zeichnerischen Entwurf, damit Sie über Ihr Vorhaben absolute Klarheit gewinnen. Dies klingt nach Einschränkung, vermittelt Ihnen tatsächlich aber größere Flexibilität bei der Formgebung des Holzes. Wenn Sie die handwerklichen Probleme vorher abklären, haben Sie später freie Hand, sich ganz auf die kreative Arbeit zu konzentrieren. Jedes der nachstehend abgebildeten Motive ist vorher bis ins kleinste Detail geplant, ehe mit dem Schnitzen begonnen wurde.

Reliefschnitzen ist die Methode, ein hervorstehendes Motiv durch Wegnehmen des Hintergrundes herzustellen.

Dieser von Jacob Varnes 1917 geschnitzte Bilderrahmen ist 28 cm hoch, 18 cm breit und 13 cm tief (Foto mit freundlicher Genehmigung von Vesterheim, Das Norwegisch-Amerikanische Museum, Decorah/Iowa).

Dieses Mangelholz aus Norwegen wurde 1976 von Leif Melgard geschnitzt. Es ist 82 cm lang, 10 cm breit und hat eine Gesamthöhe von 15 cm (Fotos mit freundlicher Genehmigung von Vesterheim, Das Norwegisch-Amerikanische Museum, Decorah/Iowa).

Dieses Relief, das St. Georg mit dem Drachen darstellt, stammt aus dem Frankreich des 15. Jahrhunderts (Foto mit freundlicher Genehmigung des Metropolitan Museum of Art, Bashford Dean Memorial Collection. Ankauf 1929).

Dieses Hochrelief von Fred Cogelow (»The Hired Men - Ontario«) ist 65 cm hoch, 45 cm breit und 11 cm tief. Gesicht, Rockaufschlag und Mütze des sitzenden Mannes ragen 6 cm aus dem restlichen Hintergrund heraus. Die sich verengenden Zwischenräume zwischen den Balken tragen zum Eindruck großer Tiefe bei (Fotos von Michael Smith).

Die benötigten Werkzeuge

Ich benutze zum Reliefschnitzen fast ausschließlich normale Hohleisen. Für die auf Seite 115 beschriebene Rosette nimmt man am besten ein Eisen Nr. 3, 8 mm, einen Schwalbenschwanz Nr. 5, 12 mm, und einen 6-mm-Geißfuß. Für die Tudorrose auf Seite 121 benötigt man außerdem ein Hohleisen Nr. 7, 6 mm, wahlweise ein Hohleisen Nr. 7, 14 mm, oder ein gekröpftes Flacheisen sowie einen 3-mm-Geißfuß. Für den Barockschnörkel auf Seite 127 kommen dazu noch ein Hohleisen Nr. 3, 15 mm, ein löffelförmig gebogenes Eisen Nr. 5, 18 mm, ein Schwalbenschwanz Nr. 5, 20 mm, ein Eisen Nr. 8, 10 mm, ein Geißfuß, 14 mm, und ein 12-mm-Flacheisen.
Für das komplizierteste Anwendungsbeispiel in diesem Kapitel, das geschnitzte Wappen, werden Sie weiterhin noch ein Hohleisen Nr. 7 in 18 und 25 mm Breite, ein löffelförmig gebogenes Eisen, 10 mm, ein Ziereisen in 2 und 7 mm Breite sowie eine Stichsäge benötigen.
Mit einigen wenigen Schnitzeisen kann man erstaunlich viele Arbeiten verrichten, denn man kann sie unterschiedlich einsetzen. So kann man zum Beispiel zwei kleine Schnitte mit einem Eisen Nr. 5, 12 mm, machen, die gemeinsam so aussehen wie ein Schnitt mit einem Eisen Nr. 7, 25 mm. Mit einem Messer schnitzt man die feinen Einzelheiten und säubert das fertige Schnitzstück. Darüber hinaus benötigen Sie noch eine solide Werkbank, einige Schraub- oder Klemmzwingen, um das Werkstück festzuhalten, und einen mittelschweren Klüpfel.

Die Schnitztechniken

Reliefschnitzen geschieht in vier Grundstufen: Umreißen, Konturieren, Hintergrundbearbeitung und Modellieren. Die Rosette auf der gegenüberliegenden Seite ist ein gutes Anwendungsbeispiel, um die verschiedenen Techniken zu erlernen. Von Zeit zu Zeit sollten Sie einmal eine weitere Rosette schnitzen, um Ihre Fortschritte auf diesem Gebiet zu überprüfen. Dabei können Sie Form und Abmessung der Blütenblätter verändern, um mit unterschiedlichen Schnitzeisen zu arbeiten. Derartige Rosetten eignen sich gut zur Verzierung von Möbeln, Türen oder Kaminsimsen.
Die Zeichnung auf der nächsten Seite soll veranschaulichen, wie Sie mit dem Faserverlauf schnitzen müssen; aber um die Rosette selbst zu schnitzen, brauchen Sie kaum eine Vorlage. Ziehen Sie lediglich auf einem Stück Kiefern- oder Lindenholz von 20 × 20 cm Größe einen Kreis von 8 cm Durchmesser. Dann ziehen Sie einen Innenkreis von 2 cm und zeichnen um ihn herum fünf Blütenblätter ein. Zur Begrenzung des Hintergrundes ziehen Sie im Abstand von 2,5 cm um die Außenkante der Blütenblätter einen weiteren Kreis. Dann können Sie schon mit dem Schnitzen beginnen.

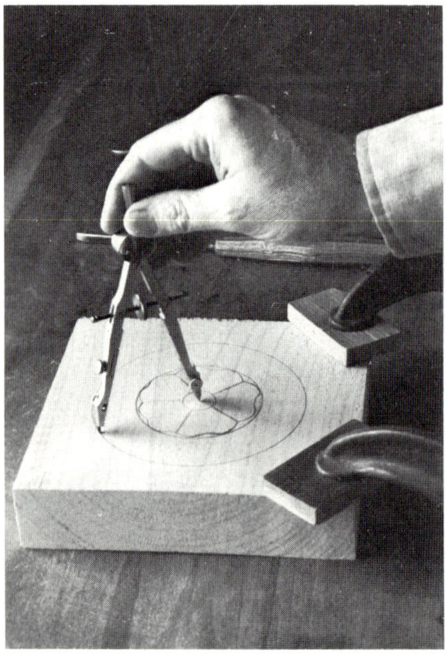

Um das Muster der Rosette aufzuzeichnen, ziehen Sie mit einem Zirkel drei konzentrische Kreise von 2, 8 und 13 cm Radius und zeichnen fünf Blütenblätter ein.

Das Umreißen

Dies ist der erste Schritt, um die erhabenen Teile einer Schnitzerei herauszuholen. Er geschieht, indem man mit einem Geißfuß um das Motiv herumschneidet. Befestigen Sie dazu das Holz mit zwei Schraub- oder Klemmzwingen auf der Werkbank, wobei Sie einige Holzreste unterlegen, damit die Backen nicht das Holz beschädigen. Sie schützen so auch Ihr Werkzeug, falls Sie einmal nahe an den Zwingen arbeiten und dabei ausrutschen sollten.
Um den Umriß zu schneiden, führen Sie die Klinge des Geißfußes mit der einen Hand, während Sie mit der anderen den Griff fest umspannen und das Werkzeug vorwärtstreiben. Falls das Holz zu hart ist, müssen Sie einen Klüpfel benutzen. Halten Sie ihn dazu am Kopf und vorderen Ende des Stieles fest und treiben ihn mit leichten Schlä-

Eine Rosette

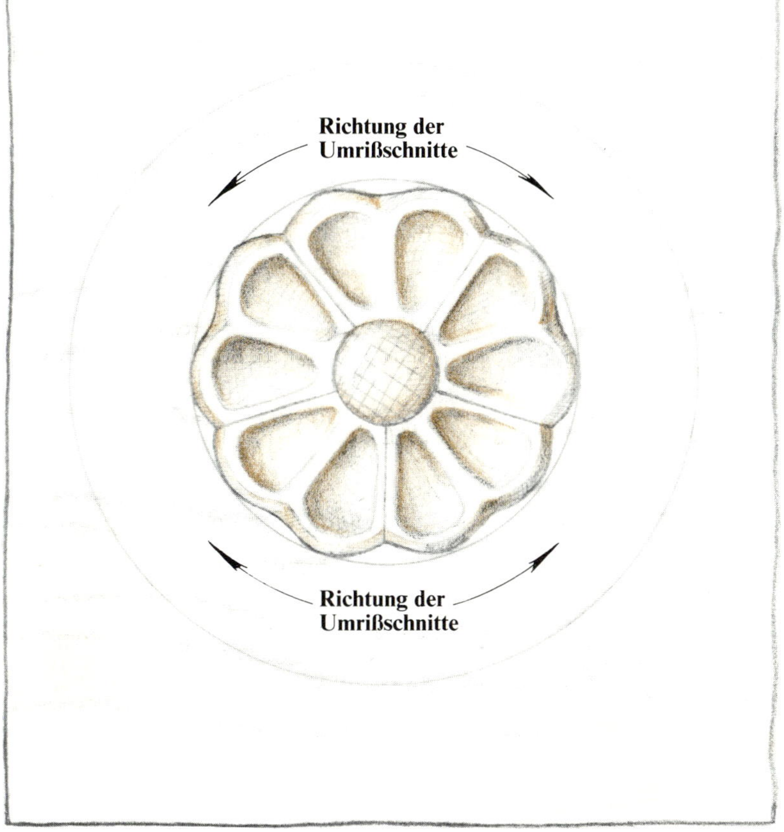

Begonnen wird mit dem Umreißen der Rosette mit einem 6-mm-Geißfuß. Falls das Holz zu hart ist, benutzt man einen mittelschweren Klüpfel, der mit leichten Schlägen aus dem Handgelenk getrieben wird.

Querschnitt

Um nicht gegen die Faserrichtung zu schnitzen, müssen die Schnitte in der angegebenen Richtung gemacht werden.

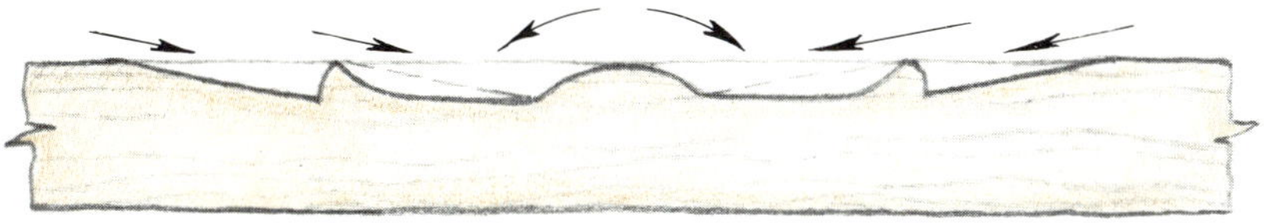

Die Konturierschnitte erfolgen vertikal, während die Modellierschnitte wie dargestellt von der Außenkante zur Mitte nach unten gemacht werden.

gen aus dem Handgelenk. Sollten Sie ein Hartholz wie Eiche oder Mahagoni bearbeiten, können Sie den ganzen Unterarm bewegen, um kräftigere Schläge zu machen. Vermeiden Sie aber in jedem Fall, mit dem ganzen Arm wie bei einem Schmiedehammer zuzuschlagen. Dadurch ermüden Sie rasch, und ihre Schlagkraft ist schwer zu kontrollieren.

Beginnen Sie mit dem Umreißen 3 bis 6 mm von den Außenkanten der Rosette. Gehen Sie nicht zu nah an die Blütenblätter heran. Sie werden erst später geschnitzt, wenn die Gefahr, sie zu beschädigen, geringer geworden ist. Machen Sie vier Viertelbögen, so daß Sie immer in Faserrichtung bleiben. Falls notwendig, drehen Sie das Holz dabei herum. Dabei ergibt sich eine gute Gelegenheit zu lernen, wie man mit beiden Händen gleichmäßig arbeitet. Wechseln Sie also die Stellung Ihrer Hände ab, wobei jeweils die eine Hand die Klinge führt und die andere Hand den Griff vorwärtstreibt. Beidhändig

Zur Konturierung nimmt man ein Hohleisen Nr. 7, 12 mm, dessen Krümmung der äußeren Form des Motivs entspricht.

Wie man saubere Schnitte macht

Um das Splittern des Holzes bei der Bearbeitung einer ebenen Fläche zu vermeiden, muß man parallel zur Faserrichtung aus entgegengesetzten Richtungen schneiden.

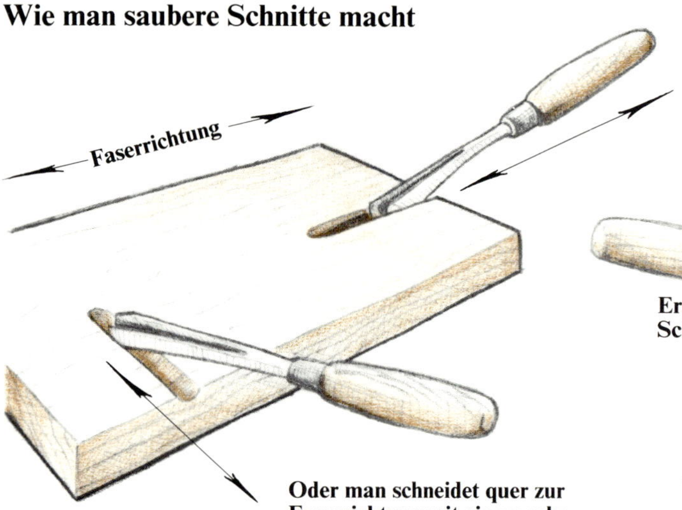

Oder man schneidet quer zur Faserrichtung mit einem sehr scharfen Eisen aus entgegengesetzten Richtungen.

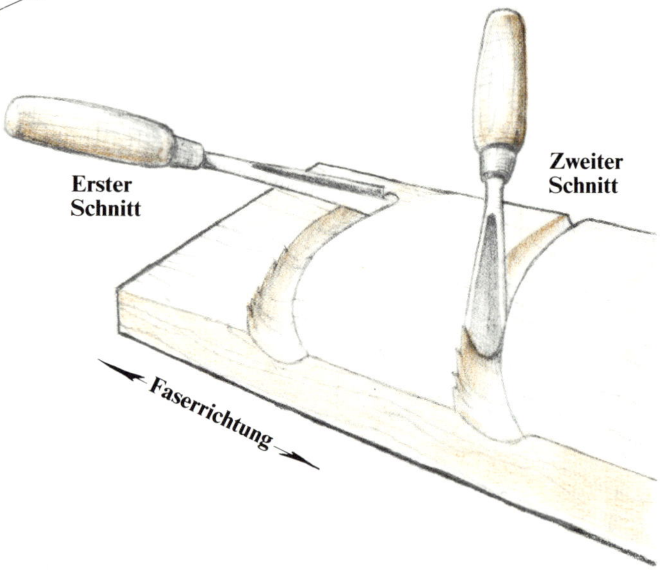

Wenn man quer zur Faserrichtung oder in einem Bogen schneidet, arbeitet die eine Werkzeugkante mit dem Faserverlauf, die andere gegen ihn. Um einen sauberen Schnitt zu bekommen, macht man zwei Schnitte aus entgegengesetzten Richtungen, wodurch eingerissene Kanten geglättet werden.

Treiben Sie den Klüpfel mit leichten Schlägen und nicht mit voller Bewegung des Arms. Die Schneidkante darf nicht zu tief ins Holz getrieben werden, weil sonst die Spitze des Eisens abbrechen kann. Für die Ausbuchtungen an den Blütenblättern drehen Sie das Eisen herum, so daß seine Schneidkante nach innen liegt, und halten es in leichtem Winkel ab, um den Schneidwinkel auszugleichen.

schnitzen zu können erspart viel Zeit, denn man kann die Schnitzrichtung ändern, ohne daß man das Holz losklammern und herumdrehen muß.

Achten Sie darauf, daß das Holz nicht in das Motiv hineinsplittert. Wie immer beim Schnitzen verhindert man Splittern dadurch, daß man mit dem Faserverlauf arbeitet. Jedoch sind Reliefschnitzereien zweidimensional, und so gibt es auch noch andere Dinge zu beachten. Wenn Sie Schnitte machen, die parallel oder senkrecht zum Faserverlauf liegen, können diese aus jeder Richtung erfolgen, ohne daß das Holz zu stark splittert. (Die saubersten Schnitte sind oft die, die senkrecht zur Faserrichtung erfolgen, so daß Sie so die letzten Schnitte für den Hintergrund machen sollten.) Machen Sie jedoch Schnitte, die quer zur Faserrichtung liegen, dann schneidet die eine Kante des Eisens mit ihr, die andere aber gegen sie. Deshalb müssen Sie diese Schnitte so vorsehen, daß das Holz nach außen splittert. Wenn Sie einen querlaufenden Schnitt machen müssen, geschieht das am besten aus entgegengesetzten Richtungen, wie in der Zeichnung erläutert, dann arbeiten Sie immer mit der Faserrichtung.

Das Konturieren

Als nächste Stufe bearbeitet man zunächst die Kanten des Motivs senkrecht, dann erweitert man den Umrißschnitt. Dies wird solange wiederholt, bis der Hintergrund so tief wie gewünscht liegt.

Für diese Arbeit nimmt man ein Schnitzeisen mit einer Krümmung, die der Kantenkrümmung des Motivs entspricht. Halten Sie dazu das Werkzeug an Ihren Entwurf und stellen Sie fest, ob es geeignet ist. Ich habe für die abgebildete Rosette ein Hohleisen Nr. 7, 12 mm, verwendet, dessen Krümmung der Außenkrümmung der Blütenblätter entsprach. Das Eisen muß nicht ganz genau passen, sondern nur so weit, daß man mit ihm eine fortlaufende Linie aus senkrechten Schnitten rund um das Motiv machen kann. Für kompliziert geschwungene Linien benötigt man eine Auswahl verschiedener Hohleisen.

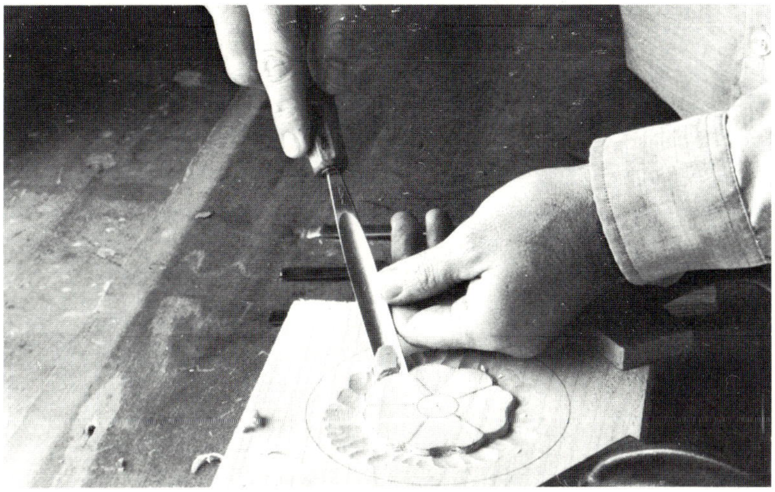

Nach der Konturierung der Rosette macht man eine Reihe überlappender Schnitte zum Begrenzungsschnitt hin.

Bringen Sie also mit leichten Schlägen eines Klüpfels rings um die Rosette senkrechte Schnitte an. Treiben Sie das Eisen jedoch nicht tiefer als 3 mm ins Holz - bei Weichholz 6 mm - weil sonst seine Spitze abbrechen kann. Bei dieser Rosette genügen 3 mm. Drehen Sie dann das Eisen für die Ausbuchtungen der Blütenblätter herum, so daß seine Schneidkante nach innen steht. Dabei müssen Sie es schräg nach außen in einem Winkel von 15 bis 20° halten, um den Schneidwinkel auszugleichen.
Danach machen Sie mit dem gleichen Eisen eine Reihe von Horizontalschnitten zu den Vertikalschnitten hin, wobei Sie in einer Entfernung von 3 bis 6 mm von den Begrenzungsschnitten beginnen. Wie beim Umreißen führen Sie es dabei mit der einen Hand, indem Sie die Fingerspitzen auf die Schneide legen und sie mit dem Daumen abstützen, während Sie es mit der anderen Hand vorwärtsdrücken.

Konturieren Sie den Innenkreis der Rosette mit Hilfe eines Hohleisens Nr. 7, 12 mm, und eines Klüpfels (oben), dann erweitern Sie den Schnitt genauso wie bei der Außenkante (links).

Sie können Finger und Daumen auch umgekehrt plazieren, wie es auf dem Foto unten gezeigt wird. Je nachdem, in welchem Winkel Sie arbeiten, ist die eine Position bequemer als die andere. Ich pflege hin und wieder die Handstellung zu ändern, um ein Verkrampfen zu vermeiden. Aller Druck wird lediglich von der Hand am Werkzeuggriff ausgeübt. Noch einmal: Dies ist eine gute Übung, um sich an beidhändiges Arbeiten zu gewöhnen.
Sorgen Sie dafür, daß die Schneidkantenecken über der Holzoberfläche bleiben, denn wenn Sie sie darin eingraben, bringen Sie das Holz zum Splittern. Der Winkel, in dem Sie das Werkzeug halten, kann variieren, je nachdem, wie tief der Schnitt sein soll und wie der Schneidwinkel des Werkzeugs ist. Bei dieser Rosette hielt ich das Werkzeug meist im Winkel von etwa 45°.
Wechseln Sie zwischen dem Erweitern des Umrisses und dem Vertiefen der senkrechten Rosettenkanten ab, bis Sie soviel Holz vom Hintergrund entfernt haben, wie Sie wünschen. Ich selbst habe den Hintergrund der Rosette 3 mm tief gemacht. Von der Tiefe, die Sie wählen, hängt es ab, wie plastisch die Rosette nachher wirkt. Bei einer einfachen Rosette wie dieser hier sind nicht viele Abrundungen erforderlich. Wenn Sie jedoch eine kompliziertere Rosette oder eine Chrysantheme schnitzen wollen, die überlappende Blütenblätter haben, kann es erforderlich sein, daß die Tiefe 10 bis 25 mm beträgt.
Nachdem Sie die Außenkante der Rosette konturiert haben, bearbeiten Sie mit dem gleichen Hohleisen Nr. 7, 12 mm, und den gleichen Techniken auch den Innenkreis.

Bearbeiten Sie den Hintergrund mit einem Schwalbenschwanz Nr. 5, 12 mm.

Die Hintergrundbearbeitung

Als nächste Phase beginnen Sie mit der Hintergrundbearbeitung. Dies geschieht durch eine Reihe von Schnitten, mit denen Sie das überflüssige Holz entfernen. Bei dieser Rosette wird nicht der gesamte Hintergrund bearbeitet, sondern nur ein Ring von 2,5 cm Breite, der durch den äußeren Kreis begrenzt wird.

Ich benutzte für diese Arbeit einen Schwalbenschwanz Nr. 5, 12 mm, dessen Schneidkantenecken gut in die engen Zwischenräume zwischen den Blütenblättern paßten. Beginnen Sie am Außenkreis und graben Sie den Hintergrund allmählich tiefergehend bis zum Boden

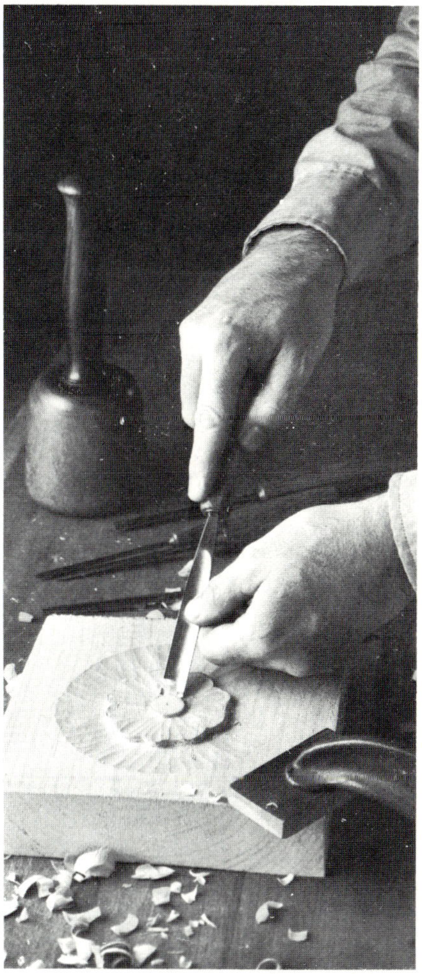

Die Vertiefungen der Blütenblätter werden von außen nach innen geformt.

Die Außenkanten der Blütenblätter werden mit einem Eisen Nr. 3, 8 mm, angeschrägt (oben). Zum Schluß erhält das Innere der Rosette ein Kreuzmuster und wird von den Blütenblättern mit Hilfe eines 6-mm-Geißfußes abgesetzt (unten).

der Rosette aus. Man nennt dies ein Kissenrelief, weil das Schnitzstück so aussieht, als habe man es in eine weiche Fläche hineingedrückt. Diese Technik eignet sich gut dazu, ein Schnitzwerk in eine umgebende ebene Fläche übergehen zu lassen, wie bei Türen oder Möbeln. Nehmen Sie so viel Holz weg, bis die Rosette 3 bis 6 mm hervorsteht. Dann glätten Sie den Hintergrund mit dem Schwalbenschwanz, und zwar derart, daß die einzelnen Schnitte ein gefälliges, gleichmäßiges Aussehen ergeben.

Das Modellieren

Sobald der Hintergrund fertig bearbeitet ist, kann man die Rosette fertigstellen. Nehmen Sie zum Aushöhlen der Blütenblätter ein Hohleisen Nr. 7, 12 mm, beginnen Sie an den Außenkanten und entfernen Sie das Holz zur Mitte hin. Dies geschieht mit einer Reihe überlappender Schnitte, die sich zur Mitte hin vertiefen. Dabei können Sie das Eisen entweder mit der Hand oder mit einem Klüpfel treiben, aber achten Sie darauf, daß Ihre Bewegungen nicht zu kräftig sind und Sie dadurch versehentlich das Innere der Rosette beschädigen. Dieses Innenteil wird mit einem Schwalbenschwanz Nr. 5, 12 mm, abgerundet. Sie halten ihn mit dem Schneidwinkel nach oben, beginnen im Zentrum und entfernen vorsichtig nach außen hin alle scharfen Kanten, wie in der Zeichnung auf Seite 115 dargestellt.
Einen interessanten Effekt erzielen Sie, wenn Sie das Innere der Blütenblätter zusätzlich mit zwei Schnitten aushöhlen. Dazu beginnen Sie mit dem Hohleisen Nr. 7, 12 mm, fast senkrecht in einem Winkel von 70° an der Außenkante und senken das Eisen vorsichtig immer weiter ab, so daß die Aushöhlung sich zur Mitte hin abflacht. Die tiefste Stelle an der Außenkante sollte nicht mehr als drei Millimeter betragen. Beide Hälften eines jeden Blütenblattes bekommen solch eine tränenförmige Aushöhlung.
Zum Schluß werden die Außenkanten der Rosette mit einem Hohleisen Nr. 3, 8 mm, nachbearbeitet. Für das Kreuzmuster auf dem Blütenstempel und die Trennkanten zwischen den Blütenblättern nehmen Sie einen 6-mm-Geißfuß. Das Holz bleibt unbehandelt oder wird mit einer Wachspaste versiegelt und leicht poliert.

Das Holz bleibt unbehandelt oder wird mit Wachspaste versiegelt und leicht poliert.

Eine Tudorrose

Tudorrosen wie die abgebildete wurden im 15. und 16. Jahrhundert sehr gern als dekorative Verzierung verwendet. Sie kombinieren Rose und Distel, beides Motive, die im Zeitalter der Gotik sowohl als religiöse wie als heraldische Symbole dienten. Man kann mit ihnen Türen oder Möbel verzieren, sie aber auch als Paneel an die Wand hän-

Umreißen Sie das Motiv mit einem Geißfuß, 6 oder 14 mm. Bei Hartholz nehmen Sie einen Klüpfel zur Hilfe.

Für die Bearbeitung des Hintergrundes nehmen Sie entweder ein Hohleisen Nr. 7, 14 mm, oder ein gekröpftes Flacheisen. In die engen Zwischenräume kommen Sie mit einem Schwalbenschwanz Nr. 5, 12 mm, hinein.

gen. Die Rose ist aber auch ein sehr gutes Übungsstück für eins der wichtigsten Prinzipien beim Reliefschnitzen: mit einigen wenigen Schnitzeisen möglichst viele Arbeiten zu verrichten. Wenn Sie dieses Prinzip beherrschen, dann werden Sie nicht mehr soviel Zeit damit verschwenden, aus Dutzenden von Werkzeugen das geeignete herauszusuchen. Und Sie verwenden dann bei der Arbeit auch nicht mehr zuviel Zeit mit dem häufigen Wechsel des Werkzeugs.

Als Holz für diese Schnitzerei nahm ich Eiche, weil dies das Holz ist, das früher dafür benutzt wurde. Man kann aber jedes gute Schnitzholz verwenden. Befestigen Sie ein Stück von 30 x 24 cm in ½ bis 1 Zoll Stärke auf der Werkbank und umreißen Sie das Motiv mit einem Geißfuß, 6 oder 14 mm breit. Ich selbst habe als Tiefe nur 3 mm gewählt, um zu zeigen, wie man auch eine dreidimensionale Schnitzerei fertigen kann, ohne allzu tief ins Holz hineinzugehen. Bleiben Sie mit den Schnitten 3 bis 4 mm von den Kanten des Motivs entfernt, besonders, wenn es sich um Eichenholz handelt, das leicht in Faserrichtung splittert. Wenn Sie merken, daß das Holz zu splittern beginnt, hören Sie sofort auf und versuchen, von der entgegengesetzten Seite zu schneiden. Mit dem gleichen Werkzeug können Sie auch den Außenrand umreißen, dabei können Sie aber auf 1 bis 2 mm herangehen.

Trotz der vielen geschwungenen Linien dieses Motivs können Sie die meisten Arbeiten mit einem Schwalbenschwanz Nr. 5, 12 mm, ausführen. Nur für die Spitzen der Blätter, die Dornen und die kleineren Blütenblätter benötigen Sie ein Hohleisen Nr. 7, 6 mm. Versuchen Sie, so viele Konturierschnitte wie möglich mit demselben Werkzeug zu machen. So arbeiten Sie schneller und wirksamer. Benutzen Sie dieselben Werkzeuge auch zum Erweitern der Umrisse. Nachdem der Hintergrund vollständig weggenommen ist, bekommt der Außenrand eine senkrechte Kante, die Sie mit der einen Seitenschneide eines Geißfußes schnitzen.

Das Herausarbeiten des Hintergrundes geschieht mit einem Hohleisen Nr. 7, 14 mm, oder einem gekröpften Flacheisen.

Ich bevorzuge das Flacheisen, weil sich mit ihm leichter der Schnittwinkel einhalten läßt. Für die engen Stellen an den Blättern und Stielen nehmen Sie am besten einen Schwalbenschwanz Nr. 5, 12 mm.

Die Stellen, an denen sich die Stiele unten verzweigen, sind nicht ganz einfach herauszuarbeiten. Drehen Sie eine Schneidkante des Schwalbenschwanzes im Winkel von 30° hinein und fahren Sie mit der Spitze am Stiel entlang, wie es in nebenstehender Zeichnung dar-

Nachdem Sie den Hintergrund bearbeitet haben, schneiden Sie mit einem Geißfuß die senkrechte Randkante.

Das Herausarbeiten der Stielverzweigungen

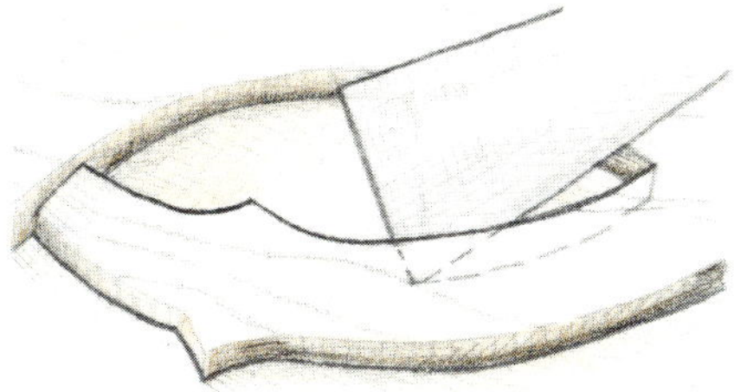

Halten Sie den Schwalbenschwanz so, daß die Schneidecken an den Begrenzungsschnitten der Stiele entlangfahren.

Erster Schnitt

Arbeiten Sie das Holz in der Mitte heraus, indem Sie quer von einem Begrenzungsschnitt zum anderen schneiden.

Zweiter Schnitt

Vorderansichten

Dritter Schnitt

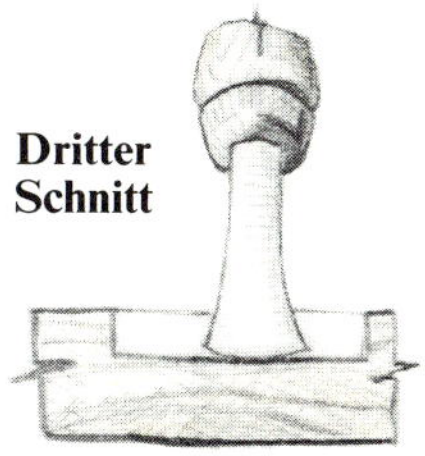

Seitenansicht

gestellt ist. Diese Prozedur wiederholen Sie mit der anderen Schneidkantenspitze auf der gegenüberliegenden Seite. Dann arbeiten Sie das Holz in der Mitte heraus, indem Sie quer zur Faserrichtung schneiden. Bei ganz schmalen Stellen müssen Sie das Werkzeug senkrecht halten und das Holz vorsichtig mit der Spitze herauskratzen.

Wenn Sie den Hintergrund fertig bearbeitet und geglättet haben, beginnen Sie mit der Rose. Dabei wenden Sie die gleichen Techniken an, wie sie auf Seite 120 beschrieben sind. Zum Konturieren der kleinen Blütenblätter nehmen Sie für das Oberteil einen Schwalbenschwanz Nr. 5, 12 mm, für die Seiten ein Hohleisen Nr. 7, 6 mm, und für die Mitte ein Eisen Nr. 7, 16 mm. Die kleineren, spitzen Blütenblätter zwischen den größeren werden mit einem Eisen Nr. 7, 6 mm, konturiert. Mit dem gleichen Eisen werden die Rosenblätter ausgehöhlt, wie auf Seite 120 beschrieben. Für die Abrundung der Kanten des Rosenstempels nehmen Sie ein Hohleisen Nr. 7, 12 mm, mit der Schneidkante nach außen. Dann bringen Sie darauf mit einem 3-mm-Geißfuß ein Kreuzmuster an. Mit derselben Technik bearbeiten Sie die zwei Distelknospen in der unteren Hälfte des Motivs.

Dann schnitzen Sie in der Mitte eines jeden Blattes mit einem 6-mm-Geißfuß eine Ader. Anschließend machen Sie mit einem Hohleisen Nr. 7, 6 mm, eine Reihe von überlappenden Schnitten von den Blattkanten zur Ader hin. Die Schnitte sollten am tiefsten an der Ader und am flachsten an der Blattkante sein. (Mit dem 6-mm-Geißfuß erzielen Sie eine besser strukturierte Blattoberfläche als mit einem flachen, breiten Eisen.)

Um die Dornen von den Stielen abzusetzen, nehmen Sie einen 6-mm-Geißfuß, mit dem Sie eine Trennlinie eingraben. Dann schneiden Sie mit diesem Geißfuß, indem Sie eine Kante parallel zum Boden oder in einem spitzen Winkel dazu halten, etwas Holz von der Oberfläche der Dornen weg. Die Dornen sollten nur etwa 1,5 mm aus dem Hintergrund herausstehen. Achten Sie dabei auf die Faserrichtung, sonst könnte der Dorn absplittern. Das Ganze vermittelt den Eindruck, als wüchse der Dorn aus dem hinteren Teil des Stiels heraus. Geben Sie den Blättern und Dornen eine rauhe Oberfläche durch Bearbeitung mit einem 3-mm-Geißfuß oder kerben Sie sie mit einem Messer ein. Die Stiele bekommen eine Schrägkante von 45° durch einen Schnitt von rund 1 mm Tiefe mit einem Schnitzeisen Nr. 5, 12 mm, oder besser noch mit einem Stecheisen von 12 mm Breite. Diese Schrägkante fängt das Licht und vergrößert dadurch die Tiefenwirkung.

Das Herausarbeiten der Dornen

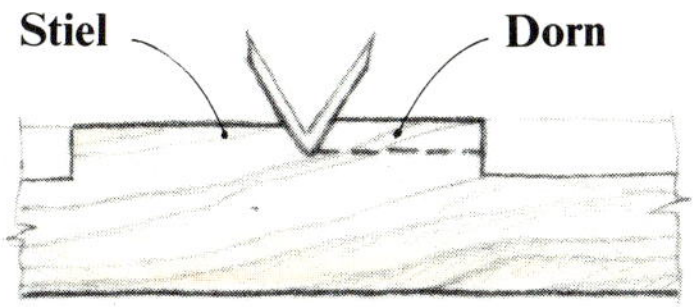

Mit einem aufrecht gehaltenen 6-mm-Geißfuß wird der erste Trennschnitt gemacht.

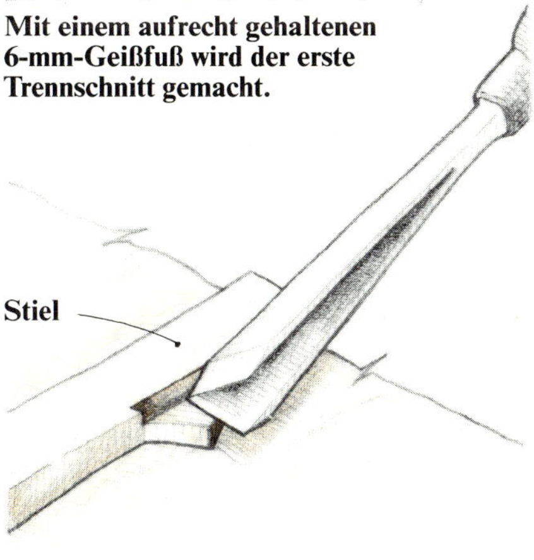

Der zweite Schnitt erfolgt mit der einen Schneidkante des flach gehaltenen Geißfußes, wobei etwa 1 mm Holz weggenommen wird.

Die Stiele werden im Winkel von 45° mit einem Schwalbenschwanz Nr. 5, 12 mm, oder einem 12 mm breiten Schnitzmeißel angeschrägt.

Lasieren Sie das Holz mit einem Leinölfirnis und beizen Sie es, um die Einzelheiten hervorzuheben und so eine Tiefenwirkung zu erzeugen.

Da das Relief insgesamt nur eine geringe Tiefe hat, überzog ich es mit einer Lasur, um die Einzelheiten besser hervortreten zu lassen und dadurch die Tiefenwirkung zu verbessern. Wie im Kapitel »Die Hölzer und ihre Oberflächenbehandlung« besprochen, ist Lasieren eine einfache Methode der Oberflächenbehandlung. Tragen Sie eine Schicht Leinölfirnis auf, lassen Sie sie einige Stunden einziehen und gehen Sie dann mit einem sauberen, trockenen Tuch darüber. Nach weiteren 24 Stunden tragen Sie eine Schicht Walnußbeize auf, die Sie rasch wieder abwischen. Dabei wird etwas Beize in den Vertiefungen zurückbleiben und sie dadurch stärker hervortreten lassen. Das Ganze muß noch einmal über Nacht trocknen, dann bringen Sie etwas Wachspaste auf und polieren sie mit einer Roßhaarschuhbürste.

Ein Barockschnörkel

Dieses Motiv stammt von einem alten Familientisch. Schnörkel dieser Art wurden früher - und werden es heute noch - sehr oft zur Verzierung von Möbeln oder Einrichtungsgegenständen verwendet oder hingen auf einem Paneel an der Wand. Die vorgegebene Größe kann für Vitrinen, Wandregale, Tische und große Sessel verändert werden. Man kann diese Schnörkel außerdem auch paarweise oder in Reihen zur Verzierung an Fensterläden oder Türen anbringen oder sich andere Anwendungen einfallen lassen. Seine variierenden Stärken machen ihn zu einem interessanten und attraktiven Blickfang.
Es handelt sich bei diesem Schnörkel um ein Hochrelief. Die Art und Weise, wie sein Hintergrund herausgearbeitet wird, ist eine wirksame Methode, wie man größere Mengen Holz verhältnismäßig schnell entfernt. Der Schweifschnitt, den man bei diesem Projekt anwendet, erweist sich darüberhinaus als gute Technik, wie man glatte Schnitte bei unregelmäßig geformten Objekten macht.
Befestigen Sie ein etwa 5 cm starkes Stück Graues Walnußholz von 38 x 20 cm Größe so auf der Werkbank, daß die Oberfläche frei von Klammern ist, da der gesamte Hintergrund weggearbeitet wird. Zeichnen Sie das Muster auf dem Holz auf und umreißen Sie es mit Hilfe eines 14-mm-Geißfußes und eines mittelschweren Klüpfels. Bleiben Sie dabei 3 bis 6 mm von der Kante des Schnörkels entfernt und lassen Sie die schwierigen Stellen aus. Diese sollten Sie sich erst bei der Konturierung vornehmen, wenn die Gefahr der Beschädigung nicht mehr so groß ist.
Da Graues Walnußholz ziemlich weich ist, können Sie sofort bis zu einer Tiefe von 10 mm konturieren. Für die unterschiedlichen Krümmungen des Schnörkels am besten geeignet sind ein Schwalbenschwanz Nr. 5, 20 mm, ein Hohleisen Nr. 7, 14 mm, und ein Eisen Nr. 3, 15 mm. Der Umriß wird mit dem Hohleisen Nr. 7 nachgearbeitet. Danach konturieren Sie auf eine Tiefe von 20 mm. (Die zusätzliche Höhe wird zum Modellieren des Schnörkels benötigt.) Glätten Sie die senkrechten Kanten, indem Sie das Holz vorsichtig mit einem Schwalbenschwanz abschälen.
Um den Hintergrund eines Hochreliefs herauszuarbeiten, muß eine Menge Holz entfernt werden. Dies kann mit Hilfe einer Fräse geschehen, aber ein erfahrener Holzschnitzer macht diese Arbeit in kürzerer Zeit, als viele Leute benötigen, um die Fräsmaschine erst einmal einzustellen. Man benötigt dazu ein Flacheisen oder ein Hohleisen Nr. 7, 18 mm, sowie einen mittelschweren Klüpfel. Machen Sie damit Rei-

Umreißen Sie den Schnörkel mit einem 14 mm breiten Schwalbenschwanz, lassen dabei aber die schwierigen Stellen aus.

Dann verbreitern Sie den Umriß durch Rundumschnitte in Richtung des Schnörkels mit einem Hohleisen Nr. 7, 14 mm.

Die senkrechten Kanten werden mit einem Schwalbenschwanz bearbeitet.

Mit einem Stecheisen oder einem Hohleisen Nr. 7, 18 mm, und einem Klüpfel wird das Holz des Hintergrundes in Abständen von etwa 5 mm abgeschlagen.

Nach dem Wegnehmen des überflüssigen Holzes glätten Sie den Hintergrund mit einem Schwalbenschwanz oder einem gekröpften Flacheisen.

Schwer erreichbare Stellen bearbeitet man mit einem löffelförmig gebogenen Schnitzeisen.

Machen Sie alle Glättschnitte in der gleichen Länge und in die gleiche Richtung, um einen gefällig aussehenden, ebenen Hintergrund zu erzielen.

hen paralleler Schnitte von etwa 10 mm Tiefe in Abständen von 5 mm hintereinander quer zur Faserrichtung. Jedesmal, wenn Sie das Eisen hinter der zuvor geschlagenen Linie ins Holz hineintreiben, wird es dort splittern und abbrechen. Da die endgültige Tiefe 20 mm beträgt, müssen Sie das ganze Verfahren zum Schluß noch einmal wiederholen. Sollten Sie ein Hartholz gewählt haben, sind sogar vier Bearbeitungsvorgänge erforderlich. Beim Wegnehmen der letzten Lage müs-

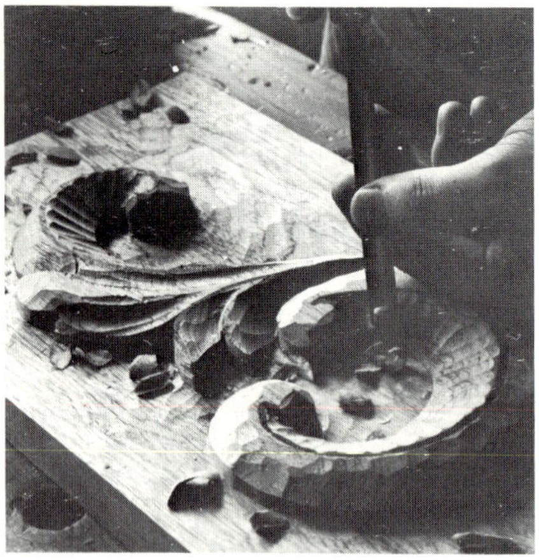

Der Schnörkel wird grob bearbeitet, indem man von oben nach unten schneidet und die scharfen Kanten abrundet.

sen Sie darauf achten, den Meißel nicht zu tief ins Holz zu treiben, weil dann der Hintergrund ungleichmäßig wird und Sie zusätzliche Arbeit haben, dies auszugleichen.

Wenn Sie den Hintergrund vollkommen herausgearbeitet haben, glätten Sie ihn mit einem Schwalbenschwanz Nr. 5, 20 mm, einem gekröpften Flacheisen oder einem anderen geraden Hohleisen mit flachem Stich. Mit dem Flacheisen geht das Glätten oftmals am besten vonstatten, besonders an den engen Stellen. An sehr engen Stellen, in die man schlecht hineinkommt, benötigt man ein löffelförmig gebogenes Hohleisen. Diese gibt es mit vielen verschiedenen Stichformen und Breiten. Bei komplizierten Schnitzereien sind sie unentbehrlich. Sie werden aber vermutlich weniger oft als jedes andere Schnitzeisen eingesetzt. Zum Teil mag das damit zusammenhängen, daß bei ihnen die Tendenz besteht, sie mit ausgrabenden Bewegungen einzusetzen, was ihre Nützlichkeit sehr beschränkt. Für die Hintergrundbearbeitung sollten sie in dem Winkel angesetzt werden, in dem sie gerade beginnen, in das Holz einzudringen. Dann müssen sie beständig, aber vorsichtig vorwärts getrieben werden, ohne daß man den Winkel verändert, wie dies auf Seite 13 beschrieben ist. Das ergibt denselben Schnitt wie mit einem geraden Hohleisen. Da man aber das löffelförmig gebogene Eisen nicht in einem Winkel von 15–30°, sondern von fast 90° hält, kann man auch in größere Vertiefungen hineinkommen, die sonst schwierig zu bearbeiten sind.

Machen Sie die Glättschnitte, egal ob kurz oder lang, in gleichen Längen und in die gleiche Richtung, entweder parallel oder quer zur Faserrichtung. Achten Sie immer darauf, daß sie nicht zu ungleichmäßig werden, denn sie formen den fertigen Hintergrund, und dieser sollte gefällig aussehen.

Nun stehen die erhabenen Teile des Schnörkels frei heraus. Bearbeiten Sie sie zunächst grob, indem Sie vorsichtig die scharfen Kanten abrunden. Dabei schneiden Sie von der Oberfläche nach unten. Nehmen Sie für die Außenseiten ein 12 mm breites Flacheisen oder ein gerades Hohleisen Nr. 3, 15 mm. Für die Bearbeitung der Innenseiten empfiehlt sich ein Hohleisen mit größerer Krümmung, zum Beispiel ein Eisen Nr. 8, 10 mm, damit die Schneidkantenecken sich nicht ins Holz eingraben und es zum Splittern bringen. Die Linien, die die Vertiefungen zwischen den Blättern bilden, werden mit einem 14-mm-Geißfuß eingeschnitten und einem Hohleisen Nr. 7, 14 mm, abgerundet.

Diese roh bearbeiteten Stellen werden mit langen, glättenden Schnitten nachbearbeitet. Derartige Glättschnitte, die typisch für die professionellen Arbeiten der Vergangenheit sind, werden am besten als

Um Schweifschnitte zu machen, drehen Sie Ihren Handballen auf dem Holz. Dabei benutzen Sie für die Innenseiten des Schnörkels ein gebogenes Hohleisen und für die Außenseiten ein Flacheisen (rechts).

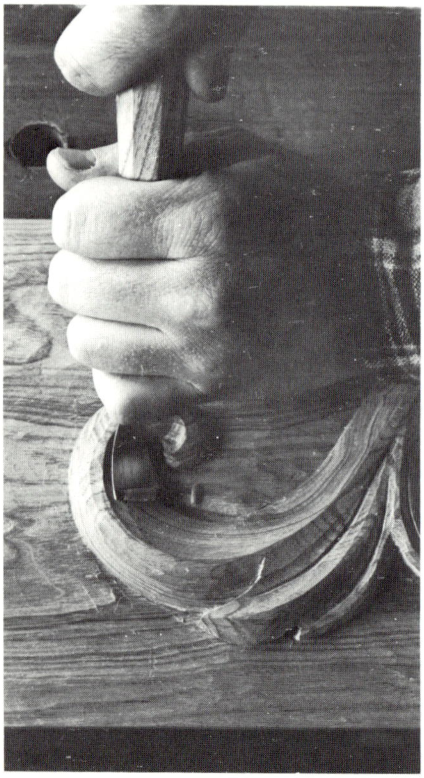

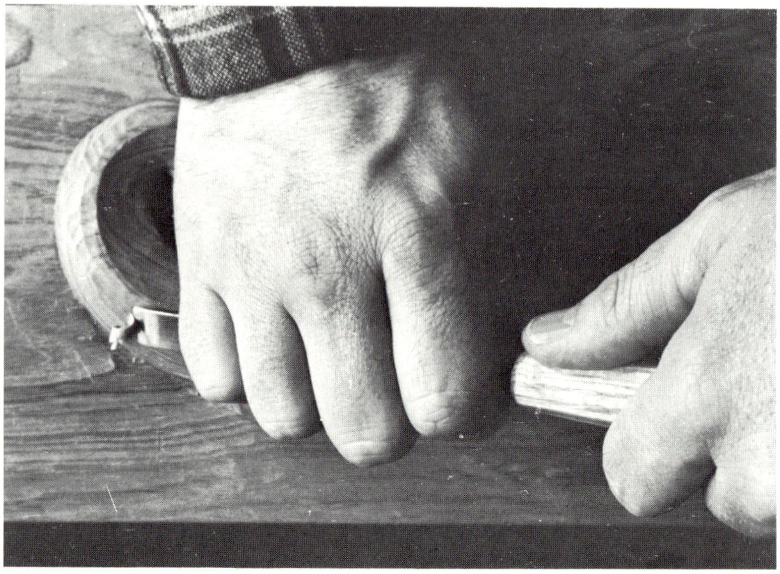

Schweifschnitte ausgeführt, die den Konturen des Schnörkels folgen. Wenn Sie Rechtshänder sind, machen Sie diese Schweifschnitte, indem Sie die Klinge des Werkzeuges mit den Fingern Ihrer linken Hand führen, wobei der Handballen fest auf dem Holz ruht. Drücken Sie das Werkzeug mit Ihrer rechten Hand vorwärts und drehen Sie dabei den Handteller Ihrer linken Hand auf dem Holz. Auf diese Weise wird die Schneidkante des Eisens sicher in einer wohlkontrollierten Biegung geführt. Wenn Sie Haltung und Drehung Ihrer linken Hand ändern, können Sie die verschiedensten Bögen führen. Halten Sie zum Beispiel die Klinge mit Daumen und Fingerspitzen, wobei Sie die Finger so weit wie möglich ausstrecken und die Hand dann auf Ihrem inneren Handteller drehen, wird sich das Werkzeug in einem Bogen von etwa 12 cm Radius drehen. Biegen Sie Ihre Finger um die Klinge und halten sie mit Ihrer Faust und machen dann eine Drehung auf Ihrem Handballen, beträgt der Bogen etwa 5 cm. Dies erfordert etwas Übung. Wie bei allen Holzschnitztechniken sollten sie mit der einen wie der anderen Hand ausgeführt werden können. Schweifschnitte sind sehr nützlich. Mit ihnen kann man die Innen- wie die Außenseiten des Schnörkels glätten.

Für die Bearbeitung der Innenseite des Schnörkels mit Schweifschnitten nehmen Sie ein löffelförmig gebogenes Eisen Nr. 5, 18 mm, oder ein anderes Hohleisen in etwa der gleichen Größe. Es sollte breit genug sein, um nach Möglichkeit mit einem einzigen Schnitt auszukommen. Für die konvex geformten Außenseiten nehmen Sie ein Flacheisen.

Achten Sie dabei auf die Faserrichtung, damit die Schnitte glatt und nicht rauh werden. Dann erübrigt sich das Glätten mit Schleifpapier. Sie sollten niemals Schleifpapier als Ersatz für einen sauberen Schnitt nehmen.

Um Färbung und Maserung des Holzes hervorzuheben, bringen Sie zum Schluß ein klares Wachs auf. Nachdem dieses 24 Stunden getrocknet ist, tragen Sie noch eine Schicht Wachspaste auf und polieren nach.

Tragen Sie zum Schluß einen klaren Wachsüberzug auf.

Ein geschnitztes Wappen

Maßstab 1:2

Ein geschnitztes Wappen

Wappen sind seit dem frühen 13. Jahrhundert Tradition und stellten ein wichtiges Objekt für die Holzschnitzerei dar. Ursprünglich wurden die Wappen auf den Schild gemalt, den ein mittelalterlicher Ritter zu seinem Schutz trug, oder sie wurden in den Überwurf gewebt, den er über der Rüstung trug, damit man auf dem Schlachtfeld Freund und Feind unterscheiden konnte. Das Wort Heraldik ist von den mittelalterlichen Herolden abgeleitet, die die Gegner bei Turnieren ankündigten. Der Begriff wurde dann auf die gesamte Wappenkunde übertragen.

Wappen sind wegen der Vielzahl ihrer Figuren und Symbole interessante Objekte für den Holzschnitzer. Sie bestehen für gewöhnlich aus einem Schild, der ein Emblem trägt, und einer darunterliegenden Schriftrolle, die den Familiennamen oder das Familienmotto enthält. Über dem Schild befindet sich ein Helm, der die Nationalität und den Rang des Ritters angab. Darüber findet man noch ein Emblem, das gleichfalls zur Identifikation in Schlacht und Turnieren diente.

Das nebenstehend abgebildete Wappen ist das der Familie Bütz. Es wird im »Armorial General Precede d'un Dictionnaire des Terms du Blason« (Reitstat 1934) beschrieben, das die europäischen Wappen und Embleme aufführt. Es gibt eine Reihe von Büchern, die sich mit Wappenkunde befassen, aus denen man zahlreiche Anregungen entnehmen kann. Man kann aber auch die eigene Phantasie walten lassen. Auch Orden und Zünfte führten Wappen, die teilweise eine lange Tradition haben. Sie können aber zum Beispiel auch bei dem nebenstehend abgebildeten Wappen Schild und Helm abändern oder das Blattwerk verändern oder auch weglassen.

Das Wappen ist ziemlich schwierig zu schnitzen. Deshalb machen Sie sich am besten zunächst ein Tonmodell in voller Größe, von dem Sie

Nachdem das Wappen mit einer Bandsäge ausgeschnitten wurde, nimmt man für die innenliegenden Zwischenräume eine Stichsäge.

Der Schild liegt etwa 13 mm tiefer als das Blattwerk, die Schriftrolle 6 mm tiefer als der Schild.

Zur Modellierung der Blattschäfte nehmen Sie einen Schwalbenschwanz Nr. 8, 10 mm.

die Tiefen der Einzelteile abnehmen können. Wie auf Seite 64 besprochen, empfehle ich dafür wasserlöslichen Töpferton, dessen Reste sich leicht entfernen lassen. Zur Anfertigung legen Sie eine Schicht Ton auf ein Stück Sperrholz oder eine Faserplatte in der benötigten Größe und glätten Sie den Ton zu einer gleichmäßigen Stärke von etwa 25 mm. Machen Sie von der Zeichnung zwei Modelle, wovon Sie das eine bereithalten, um es später auf das Holz zu übertragen und schneiden Sie das andere aus und legen es auf den Ton. Dann umreißen Sie das Modell mit einem Messer und entfernen den überflüssigen Ton. Danach modellieren Sie mit kleinen Tonklumpen das Blattwerk, Helm, Schild und Schriftrolle in einer Stärke von etwa 12 mm. Nehmen Sie dafür einen Spachtel oder einfach einen Löffel oder ein Messer. Dieses Modell dient Ihnen beim Schnitzen als Hilfe zur Bestimmung der Formen und der Tiefen.

Am besten geeignet für diese Schnitzerei ist ein weiches, feinfaseriges Holz wie Kiefer, Graue Walnuß oder Linde. Ich selbst wählte Graue Walnuß wegen der schönen Maserung. Sie können natürlich auch ein Hartholz wie Mahagnoi, Walnuß, Vogelkirsche oder Eiche wählen, doch müssen Sie dann viel mit dem Klüpfel arbeiten. Nehmen Sie aber weder Ahorn noch Birke noch irgendein anderes Holz mit unregelmäßiger Faser, denn dann werden Sie Schwierigkeiten beim Schnitzen des Blattwerks bekommen.

Übertragen Sie Ihr Modell auf ein Stück Holz von 35 × 25 cm in einer Stärke von 40 bis 50 mm und schneiden Sie die Umrisse mit einer Band- oder Dekupiersäge aus. Einige innenliegende Stellen werden komplett ausgesägt. Dazu befestigen Sie das Holz mit einer Schraubzwinge auf der Werkbank, bohren einige Löcher und sägen mit einer Stichsäge die Zwischenräume an Blattwerk und Schriftrolle aus.

Danach beginnen Sie mit dem Konturieren, und zwar an der am weitesten herausragenden Partie, dem Helm. Hierzu nehmen Sie ein Hohleisen Nr. 3, 15 mm, und ein Eisen Nr. 8, 10 mm, und schneiden bis zu einer Tiefe von etwa 12 mm. Von Schild und Blattwerk nehmen Sie das Holz mit einem Hohleisen Nr. 7, 25 mm, ab. Die Schriftrolle machen Sie etwa 6 mm dünner als den Schild. Sie bekommt eine Ge-

Glätten Sie die Innenseiten der Blattschäfte mit einem löffelförmig gebogenen Schnitzeisen Nr. 5, 18 mm.

Die Ausführung des Blattwerks

Die Blätter werden mit einem Hohleisen Nr. 8, 10 mm, einem Eisen Nr. 7, 18 mm, und einem 2-mm-Ziereisen konturiert.

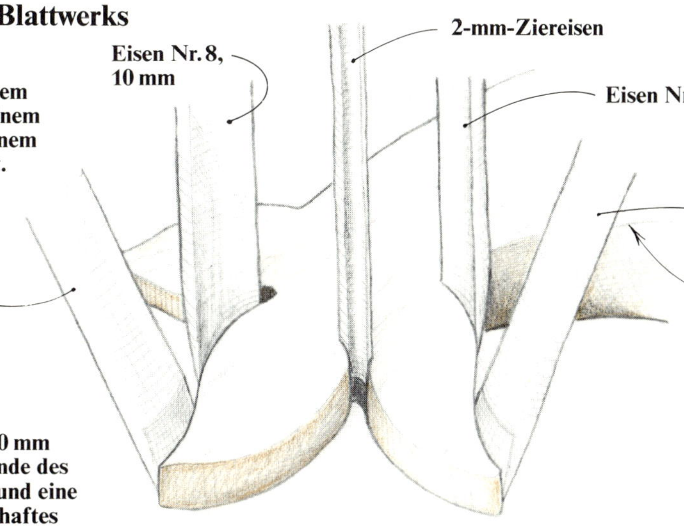

Zeichnen Sie eine knapp 20 mm lange Linie vom unteren Ende des Blattbüschels zum Schaft und eine weitere an der Seite des Schaftes von etwa einem Drittel seiner Stärke bis zur Hälfte.

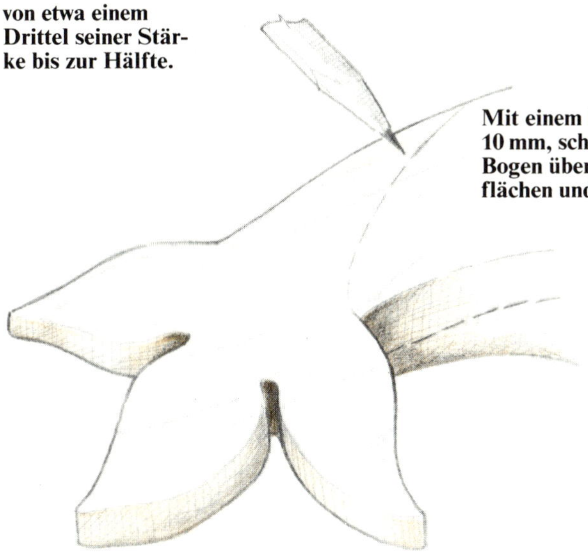

Mit einem Eisen Nr. 8, 10 mm, schnitzen Sie einen Bogen über die Blattoberflächen und die Furchen.

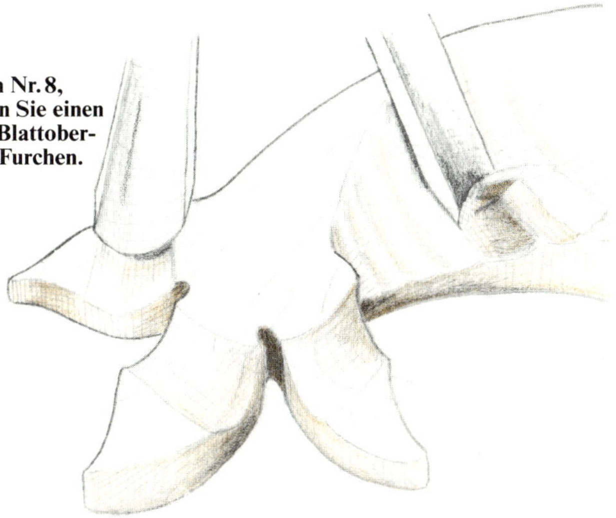

Machen Sie danach mit dem Eisen Nr. 8, 10 mm, eine Reihe von Schnitten von der Kurve auf dem Schaft hinunter zur Seitenlinie; und zwar in einem Winkel, der am Ende des Blattbüschels steil beginnt und sich auf etwa 40° an der Schaftseite verflacht.

samtstärke von rund 32 mm. Zeichnen Sie dann das Emblem auf den Schild ein und konturieren Sie es 6 mm tief. Schild und Schriftrolle werden mit einem Schwalbenschwanz Nr. 5, 12 mm, nachgearbeitet. An den Stellen, an denen die Blätter den Schild überranken, werden Sie mit einem Messer arbeiten müssen. Für die Feinarbeiten am Schild und den Armen oberhalb des Helms nehmen Sie einen 3-mm-Geißfuß, ein 12-mm-Flacheisen und ein Messer.

Als nächstes bearbeiten Sie das Blattwerk mit einem Schwalbenschwanzeisen Nr. 5, 20 mm, um die Stärke des Holzes zu reduzieren, durch das Sie zur Konturierung der Blätter hindurchschneiden müssen. Nehmen Sie dabei für die großen Biegungen an der Außenseite ein Hohleisen Nr. 7, 18 mm, und für die kleineren Krümmungen an der Innenseite und den Blattspitzen ein Eisen Nr. 8, 10 mm, sowie, wie aus der Zeichnung oben zu ersehen ist, ein 2-mm-Ziereisen für die Spalten zwischen den Blättern.

Mit dem Modellieren der Blattbüschel beginnen Sie an den beiden Helmseiten. Benutzen Sie einen Schwalbenschwanz Nr. 5, 20 mm, um die Blattoberflächen an den Spitzen auf eine Stärke von 12 mm abzuschrägen. Dann schneiden Sie, wie in der Zeichnung dargestellt, mit einem Eisen Nr. 8, 10 mm, einen Bogen über die Blattoberflächen und die Spalten. Achten Sie dabei wieder auf die Faserrichtung, um Splittern zu vermeiden. Dieser Schnitt läßt die Blattoberflächen gewölbt aussehen und legt die Höhe der Furchen fest, die später so ausgearbeitet werden, daß sie wie Falten in den Blättern aussehen.

Für das Schnitzen der Schäfte an den Blattbüscheln ziehen Sie zunächst eine Kurve vom untersten Blattansatz über den Schaft, wie es in der Zeichnung auf der vorhergehenden Seite dargestellt ist. Eine gleiche Führungslinie zeichnen Sie auf der Seite des Schaftes ein, beginnend mit einem Drittel der Stärke, die das unterste Blatt an seinem Ansatz aufweist, bis zur Hälfte der Stärke, die der Schaft an seinem Ansatz hat. Dann modellieren Sie den Schaft mit einer Reihe von Schnitten mit einem Schnitzeisen Nr. 8, 10 mm, mit denen Sie beide Linien miteinander verbinden. Damit der Schaft verdreht aussieht, müssen Sie den Winkel der Schnitte verändern. Beginnen Sie mit einem flachen Winkel von etwa 40° an der Seite des Blattschaftes und steigern Sie ihn kontinuierlich, so daß der Schnitt am Ende des Blattbüschels beinahe senkrecht herauskommt. Glätten Sie diese Fläche mit Schweifschnitten, wie sie auf Seite 128 beschrieben sind. Dafür nehmen Sie ein löffelförmig gebogenes Eisen Nr. 5, 18 mm, und drehen den Griff beim Vorwärtsdrücken so, daß sich die Schneidkante des Werkzeugs der Winkelsteigung anpaßt.

Die Außenkante des Schaftes wird mit einem Schwalbenschwanz Nr. 5, 12 mm, modelliert. Dazu beginnen Sie an der Unterseite und schneiden die scharfen Kanten weg, indem Sie das Eisen in einem Winkel von 80° an das Holz halten. Im weiteren Verlauf des Schnittes drehen Sie es allmählich, so daß es an der Blattoberfläche fast flach herauskommt. (Wenn Sie die Oberfläche bearbeiten, müssen Sie darauf achten, daß Sie kein Holz von der Furche wegnehmen.) Mit diesem Schnitt sollten Sie nicht mehr als die halbe Stärke des Blattes entfernen.

Zum Modellieren der Blätter in den Büscheln nimmt man ein 7-mm-Ziereisen. Machen Sie damit Aushöhlungen um die Furchen herum, und zwar derart, daß in der Mitte eines jeden Blattes eine Ader von rund 1 mm Höhe stehenbleibt. Diese Adern dürfen nicht gerade verlaufen, sondern müssen parallel zu einer Blattkante sein. Die Modellierung der Blätter wird mit einem Hohleisen Nr. 7, 6 mm, vervollständigt. Höhlen Sie die Blätter so aus, wie bei der Rosette auf Seite 120 beschrieben. Die Blätter bekommen dadurch eine sanfte Biegung. Glätten Sie alle Riefen, die das Ziereisen hinterlassen hat, achten Sie aber darauf, die Ader nicht zu beschädigen.

Beginnen Sie mit dem Werkzeug in einem Winkel von 80° am Blattschaft und enden Sie mit einem Winkel von 10° auf der Blattoberfläche.

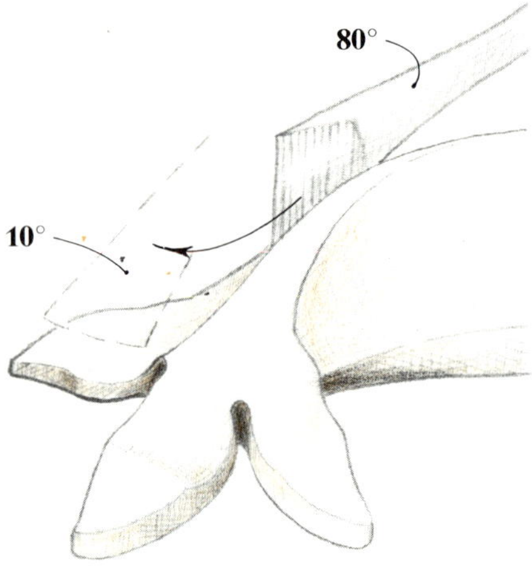

Mit einem 6-mm-Ziereisen machen Sie Vertiefungen um und zwischen den Furchen.

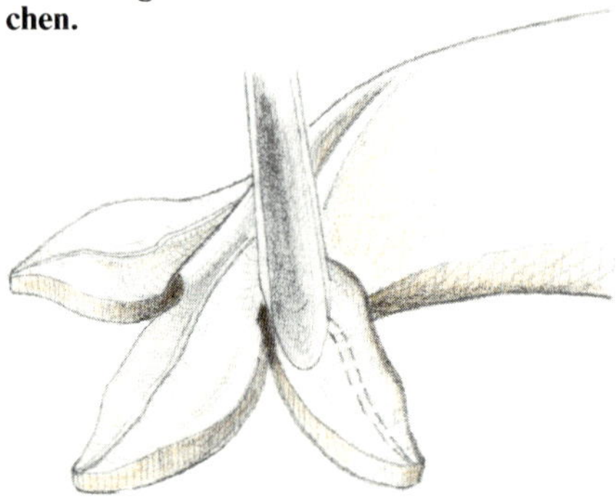

Die Blätter werden mit einem Hohleisen Nr. 7, 6 mm, geglättet.

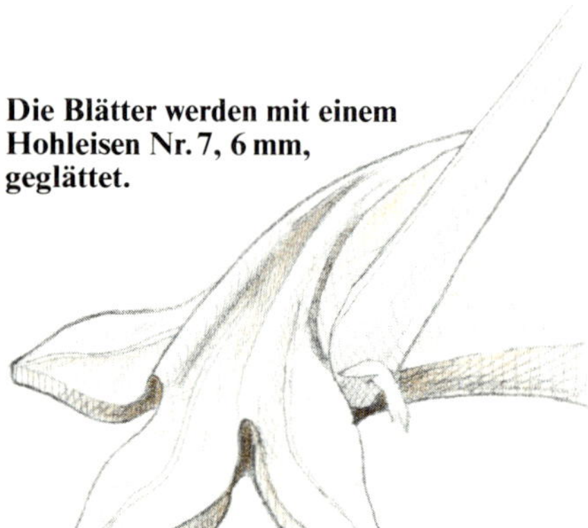

Die Kanten werden mit einem Eisen Nr. 3, 8 mm, oder einem Flacheisen leicht abgeschrägt.

Drehen Sie das Wappen herum und schrägen Sie die Blattkanten bis auf 1,5 mm ab. Sie erscheinen dadurch fragil, sind aber noch genügend standfest.

Die Blattkanten werden mit einem Hohleisen Nr. 3, 8 mm, oder einem Flacheisen abgeschrägt. Die Schrägkanten sollten einen Winkel von 45° zur Blattoberfläche haben und etwa 1,5 mm breit sein.
Die anderen Blätter können mit der gleichen Technik modelliert werden. Man kann sie aber auch einfach mit einem 10 oder 12 mm breiten Hohleisen abrunden. Die Krümmungen der Blätter am Schild werden mit einem löffelförmig gebogenen Eisen Nr. 7, 10 mm, mit Schweifschnitten geglättet. Achten Sie dabei darauf, daß die Blattkanten nicht zu dünn werden. Sie sollten eine Stärke von mindestens 6 mm behalten.
Der Trick, daß die Blätter der Büschel dünn aussehen und trotzdem standfest genug sind, besteht darin, daß man die Blattkanten an der Unterseite anschrägt. Dies geschieht mit einem Hohleisen Nr. 7, 6 mm, oder einem 7-mm-Ziereisen in einem Winkel von 45°. Achten Sie aber darauf, daß die Kanten nicht dünner als 1,5 mm werden, damit sie nicht zu zerbrechlich sind. Die Nachbearbeitung erfolgt mit einem Schwalbenschwanz Nr. 5, 12 mm.
Als nächstes werden die Falten der Schriftrolle modelliert. Runden Sie die Rolle so ab, daß sich ihre Stärke von etwa 32 mm in der Mitte auf etwa 12 mm an den Enden verringert. Zeichnen Sie die Enden mit einem Bleistift ein und konturieren Sie dann die Falten mit einem Schwalbenschwanzeisen Nr. 5, 20 mm, auf eine Stärke von 12 mm herunter. Die Ecken runden Sie mit einem Schwalbenschwanz Nr. 5, 12 mm, ab. Dann arbeiten Sie die Rollenenden bei, indem Sie etwa 20 mm vom Ende entfernt beginnen und schräg nach unten schneiden.
Die S-Falte beginnen Sie, indem Sie die Faltenkante zunächst nach hinten abschrägen, wie in der Zeichnung rechts dargestellt. Danach zeichnen Sie das S ein und umreißen es mit einem 6-mm-Geißfuß. Die Konturierung erfolgt mit einem Schwalbenschwanz Nr. 5, 12 mm. Das überflüssige Holz wird mit einem Hohleisen Nr. 7, 6 mm, weggenommen. Die zwei Biegungen erzeugen den Anschein, als ob die Rolle sich übereinanderfaltet. Zum Schluß schrägen Sie die Spitzen auf etwa 6 mm ab und unterschneiden sie wie zuvor die Blattkanten in einem Winkel von 45°.
Bevor Sie die Werkzeuge beiseitelegen, überprüfen Sie das gesamte Wappen, ob noch Splitter oder rauhe Stellen entfernt werden müssen. Säubern Sie enge Zwischenräume mit dem 12-mm-Schwalbenschwanz. Möglicherweise müssen Sie zum Glätten rauher Stellen in den tiefen Falten der Blätter um den Schild ein 220er-Schleifpapier nehmen.

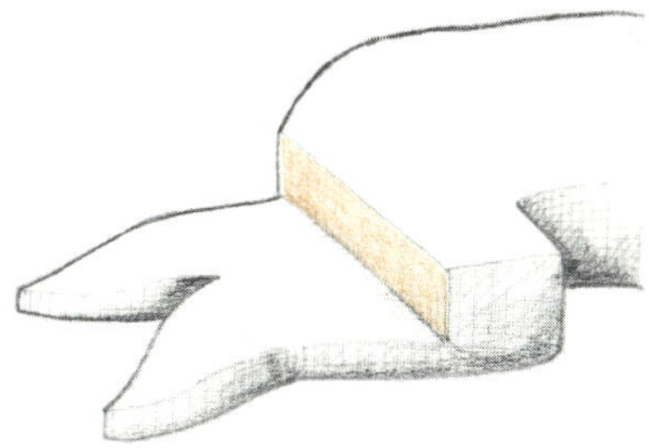

Konturieren Sie die Falte mit einem Hohleisen Nr. 5, 20 mm.

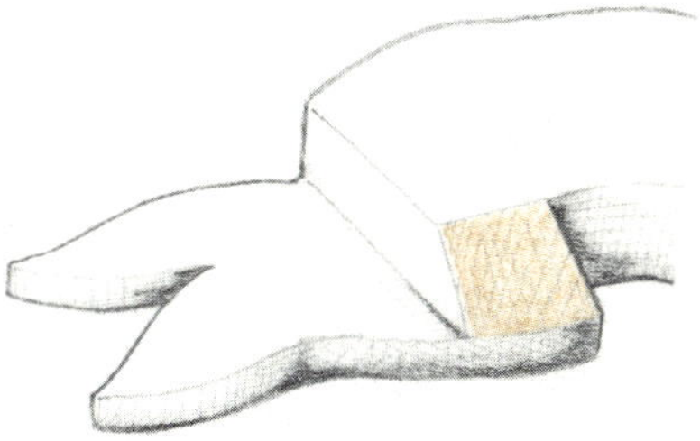

Schrägen Sie die Falte nach unten ab.

Runden Sie die Falte mit einem Eisen Nr. 5, 12 mm, ab.

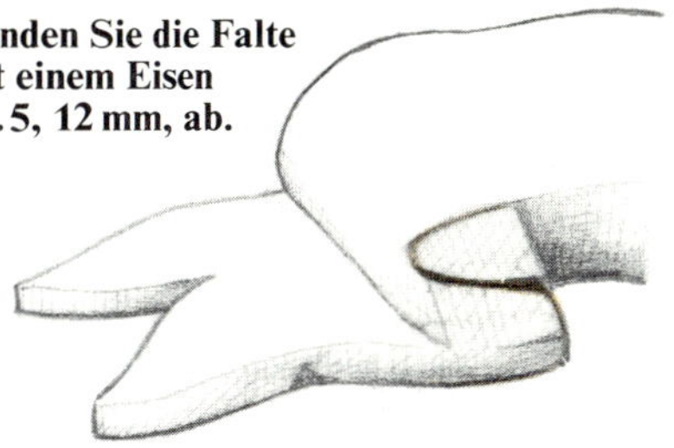

Umreißen Sie das S mit einem 6-mm-Geißfuß.

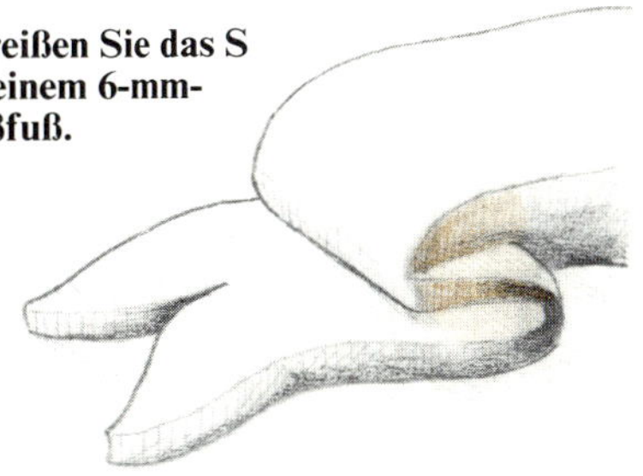

Konturieren Sie die Kanten und nehmen Sie das überflüssige Holz weg.

Das fertige Rollenende

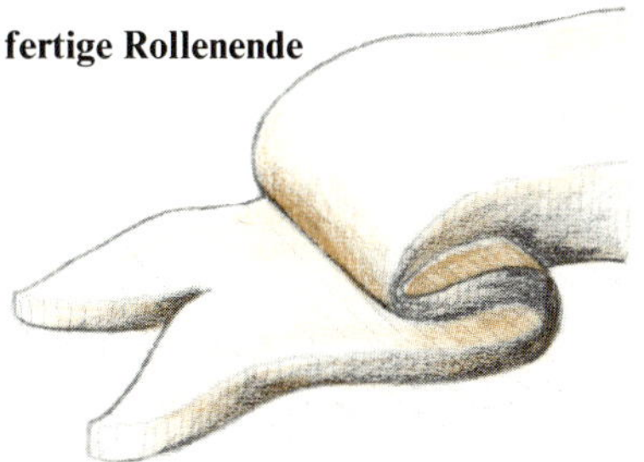

Glätten Sie die engen Stellen um und zwischen Schild und Blättern mit einem Schwalbenschwanz Nr. 5, 12 mm.

Versehen Sie das Wappen mit einem klaren Überzug oder einer Beize. Sie können es auch mit Ölfarben tönen, die mit Terpentin verdünnt wurden.

Versiegeln können Sie die Oberfläche des Wappens auf verschiedene Weisen. Für dunkle Hölzer wie Walnuß, Graue Walnuß oder Mahagoni wählt man am besten einen klaren Überzug aus Halböl. Firnisse, Lacke und Möbelpolitur sind bei einem komplizierten Stück wie diesem Wappen schlecht aufzutragen.

Ein helles Holz wie Kiefer oder Linde können Sie vor dem Versiegeln dunkler beizen oder, besser noch, nehmen Sie ein Halböl (Mischung aus Terpentin- und Leinöl), das Beize enthält. Sie können es aber auch mit Künstler-Ölfarben tönen, die mit Terpentin verdünnt wurden (siehe Seite 53). Herkömmlicherweise wurden die Wappen bemalt, da die Farbkombinationen ein wichtiges Identifikationsmerkmal darstellten. Vor dem Bemalen sollten Sie sich informieren, welche Farben für das von Ihnen geschnitzte Wappen in Betracht kommen. Wenn die Farbe getrocknet ist, tragen Sie einen leichten Überzug aus Wachspaste auf. Welche Oberflächenbehandlung Sie auch immer wählen, zum Schluß erhalten Sie in jedem Fall ein gefällig aussehendes Wappen, das Ihre Wohnung schmückt oder sich auch gut als Geschenk eignet.

Modellieren Sie die inneren Biegungen mit einem Schnitzeisen Nr. 5, 14 mm, einem Eisen Nr. 7, 14 mm und einem Eisen Nr. 8, 10 mm. Für die äußeren Krümmungen nehmen Sie ein Hohleisen Nr. 3, 15 mm und ein Eisen Nr. 5, 14 mm. Die Adern werden mit einem 3-mm-Geißfuß eingeschnitten.

Dieses 33 cm hohe Wandpaneel zeigt ein Akanthusmotiv nach einer norwegischen Vorlage. (Geschnitzt von Phillip Odden. Foto mit freundlicher Genehmigung von Vesterheim, Das Norwegisch-Amerikanische Museum, Decorah/Iowa.)

Das Schnitzen von Tierfiguren

Tierschnitzereien sind seit Tausenden von Jahren beliebt. Schon die prähistorischen Menschen, deren Leben noch eng mit der sie umgebenden Natur verbunden war, verewigten die Lebewesen, die bedeutsam für ihre Existenz waren, in Schnitzereien. Uralte Schnitzstücke aus Elfenbein und Speckstein zeugen ebenso wie die Holzschnitzereien, die in den Gräbern ägyptischer Pharaonen erhalten blieben, davon, daß unsere Vorfahren die Natur als eine Ansammlung übernatürlicher Lebewesen ansahen, von denen ihr Leben abhing.

Heutzutage haben wir eine realistischere Einschätzung der Natur. Als Resultat daraus sind wir in zunehmendem Maß bemüht, Einzelheiten des uns umgebenden Lebens in der Natur in Schnitzereien festzuhalten. Dies gilt besonders auch für die Vereinigten Staaten, in denen das Schnitzen von Tierfiguren sich aus der simplen Anfertigung geschnitzter Lockvögel inzwischen zu einer höchst verfeinerten Kunst entwickelt hat. Es gibt hier Holzschnitzer, die Jahre damit zubringen, einen einzigen geschnitzten Wildvogel zu perfektionieren.

Das Schnitzen von Tierfiguren bietet jedem Schnitzer die höchstwillkommene Gelegenheit, sich im dreidimensionalen Schnitzen zu vervollkommnen. Aber es ist mehr als eine handwerkliche Übung - es ist gleichzeitig eine willkommene Entspannung und eine anregende Methode, die Welt um uns herum zu beobachten und verstehen zu lernen. Als sich mein Interesse an der Tierschnitzerei zu regen begann, fing ich gleichzeitig an, Dinge zu bemerken, die vorher meiner Aufmerksamkeit einfach entgangen waren. Je aufmerksamer ich diese Dinge betrachtete, desto mehr lernte ich hinzu. Schließlich wurde mir bewußt, daß jeder Vogel und jede Tierart eine eigene Persönlichkeit besitzt.

Diese Persönlichkeit in Holz einzufangen ist eine große Herausforderung für jeden Holzschnitzer. Ein gelungenes Werk verschafft auch eine der größten Befriedigungen. Ob es Ihnen gelingt, den Geist der Kreatur einzufangen, die Sie in Holz nachbilden wollen, hängt wesentlich davon ab, wie eingehend Sie ihre Verhaltensweisen studieren. Dabei werden Sie feststellen, daß die Anmut eines fliegenden Vogels oder eines springenden Rehs durch eine Reihe fließender Bewegungen erzeugt wird. Diese Bewegungen sind es, mit dem jedes Lebewesen seine einzigartige Persönlichkeit ausdrückt. Je mehr Zeit Sie dafür aufwenden, einen Vogel oder ein Säugetier in seinen Bewegungen und seinen Verhaltensweisen zu studieren, desto besser prägen diese sich in Ihr Gedächtnis ein. Die Erinnerungen daran sind es dann, die Ihre Hand beim Schnitzen leiten.

Das Schnitzen von Tierfiguren vereint den Reiz dreidimensionalen Schnitzens mit dem Reiz des Einfangens ursprünglicher Wesensarten.

Vögel und Säugetiere liefern viele Vorlagen für schöne Schnitzereien. Der Schnabel des Kolibris und die Blume (oben) bestehen aus Messing. Die Größe des Auerhahns beträgt 30 cm, die der Luchse (unten) 45 cm und die Größe des Präriewolfes ist 15 cm.

Egal wo Sie auch leben, es werden sich immer in Ihrer Nähe Gebiete befinden, in denen Sie das Leben der Tiere in der freien Natur beobachten und studieren können. Ausgestopfte Objekte vermitteln Ihnen nicht die gleichen Eindrücke, und Fotografien verzerren oftmals die Formen. Ich selbst lebe in den Wäldern der Adirondacks im Osten der Vereinigten Staaten, wo es noch sehr viele große und kleine Tiere in der freien Natur gibt. Rings um unser Haus leben Füchse, Luchse, Bären, Eichhörnchen und Erdhörnchen. Manchmal kommt auch ein Hirsch vorbei und späht zum Fenster hinein. Ich unterhalte mehrere Futterplätze für Vögel, so daß ich das ganze Jahr über Meisen, Kleiber, Kernbeißer, Blauhäher und verschiedene Finkenarten beobachten kann, die die ausgestreuten Sonnenblumenkerne und Distelsamen futtern. So verfüge ich über eine Menge von Objekten für eingehende Studien.

Dieses gekrümmte Messer ist eine Spezialanfertigung für das Ausgraben von Holz in engen Stellen unter Vogelschwänzen, in die man mit Messer oder Schnitzeisen schlecht hineinkommt.

Werkzeuge und Materialien

Zum Schnitzen der Meise auf Seite 143 benötigt man ein Messer, je ein Hohleisen Nr. 3, 5 mm, und Nr. 8, 5 mm, sowie einen 3-mm-Geißfuß für die Feinarbeiten. Ich selbst benutze dafür auch noch ein kleines Messer mit gekrümmter Klinge, das ich mir speziell für das Herausarbeiten des Holzes unter engen Schwanzpartien anfertigen ließ.
Für den Eistaucher auf Seite 149 benötigt man verschiedene größere Schnitzeisen: einen Schwalbenschwanz Nr. 5, 12 mm, je ein Eisen Nr. 7 in 18 und 25 mm Breite, ein Eisen Nr. 8, 6 mm, und je einen Geißfuß in 3 und 6 mm Breite. Große Schnitzstücke wie dieser Eistaucher müssen auf der Werkbank angeklammert werden, so daß man auch Zwingen oder einen Schraubstock benötigt. Für den Flußotter auf Seite 157 sind ein Messer und ein Hohleisen Nr. 8, 4 mm, erforderlich.
Das schwierigste Anwendungsbeispiel in diesem Kapitel ist der Fischadler. Für ihn benötigen Sie ein Messer, ein Schnitzeisen Nr. 3, 15 mm, Nr. 7, 18 mm, und Nr. 8, 3 mm, einen Schwalbenschwanz Nr. 5, 12 mm, ein Kasteneisen in 12 mm, einen Geißfuß in 3 und 6 mm Breite und ein 12 mm breites Flacheisen.
Um die Struktur der Federn oder Tierpelze nachzuahmen, können Sie entweder ein kleines Hohleisen nehmen oder aber Sie brennen dünne Linien ins Holz hinein. Dazu nimmt man einen Brennstab, der eine Metallspitze hat, die durch Strom erhitzt wird. Ich benutze für diesen Zweck einen Brennstab, der auswechselbare Spitzen und einen Rheostaten zur Temperaturregelung hat. Von diesen Werkzeugen gibt es verschiedene Ausführungen, so zum Beispiel mit sehr empfindlichen Temperaturregelungen und mit rasiermesserscharfen Spitzen. Die Ausführung, die ich verwende, nennt sich »Hot Tool« und eignet sich gut für die meisten Arbeiten. Die Strukturierungslinien sollten sehr fein sein und nahe beieinander liegen. Deswegen trage ich bei diesen Arbeiten ein Paar Vergrößerungsgläser über meiner Brille.
Die bestgeeigneten Farben für das Anmalen von Tierfiguren sind Künstler-Ölfarben, die in kleinen Tuben erhältlich sind. Sie trocknen langsamer als Acrylfarben, wodurch mehr Zeit für das Mischen bleibt. Manchmal trocknen sie aber erst in einem Zeitraum von zwei bis acht Wochen komplett. Alkydfarben, wie sie zum Beispiel von Winsor & Newton in London geliefert werden, gleichen den Ölfarben, trocknen aber wegen der in ihnen enthaltenen Alkydharze schneller. Für die Augen, Nasen, Schnäbel und Krallen nehme ich Acrylfarben, weil sie glänzender als Ölfarben sind.
Für das Auftragen der Farben benötigen Sie Zobelhaarpinsel in den Größen 1, 2 und 6. Außerdem verwende ich einen Fächerpinsel Nr. 2,

Zum Bemalen der Tierfiguren benötigt man je einen Zobelhaarpinsel Nr. 1, 2 und 6 und einen Dachshaar-Fächerpinsel Nr. 2 (von links nach rechts).

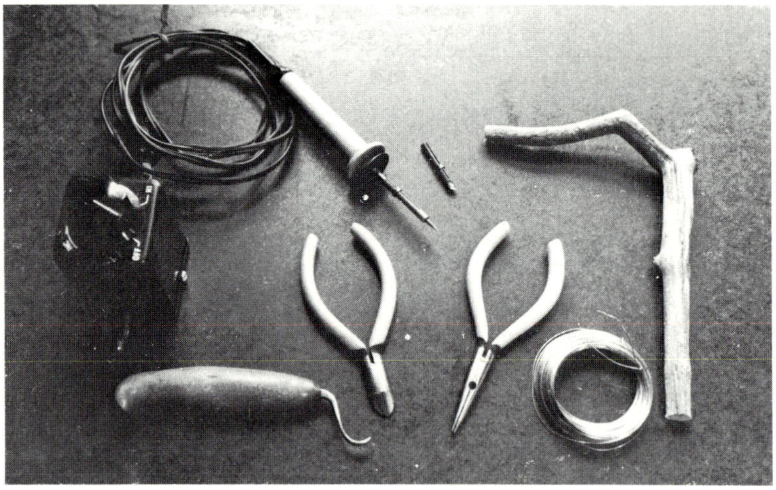

Einige Werkzeuge und Materialien, die außerdem benötigt werden (im Uhrzeigersinn von oben): ein Brennstab, eine Astgabel aus Hartholz als Sitzstange, dünner Kupfer- oder Messingdraht, eine Nadelzange, eine Drahtzange und ein Messer mit gekrümmter Klinge.

wobei es sich um einen Pinsel mit langen, steifen, fächerförmig angeordneten Dachshaarborsten handelt.
Zum Anfertigen der Vogelbeine benötigen Sie Kupfer- oder Messingdraht in 0,4 und 0,5 mm Stärke, eine Drahtzange, eine Nadelzange und einen elektrischen Handbohrer. Weiterhin brauchen Sie auch etwas Treibholz, sofern Sie die geschnitzten Vögel auf einer Astgabel montieren wollen.
Zum Kleben verwende ich schnellhärtende Epoxykleber, die in zwei Tuben geliefert werden. Die eine enthält das Klebeharz, die andere den Härter. Ein solcher Kleber härtet in fünf bis zehn Minuten aus und ergibt eine haltbare, wasserdichte Klebenaht. Es gibt allerdings auch Expoxykleber, die 24 Stunden zum Härten benötigen, was naturgemäß zu lang ist, wenn man die Stücke beim Härten aneinanderhalten muß.
Eine weitere nützliche Klebemasse ist Epoxykitt, den man von verschiedenen Herstellern beziehen kann. Ich benutze ihn zum Einsetzen der Glasaugen, da er sich beliebig formen läßt, in wenigen Stunden aushärtet und härter als Holz ist. Man kann ihn außerdem zum Modellieren der Füße nehmen sowie zum Ausgleichen der Verbundnähte. Man kann diesen Kitt mit Wasser verdünnen und dann leicht formen. Nach dem Aushärten ist er aber wasserdicht.
Um ein lebensechtes Aussehen der Tierfiguren zu erreichen, benötigt man unbedingt Glasaugen. Diese sind im Zubehörhandel zu beziehen und werden paarweise in verschiedenen Größen geliefert. Ich beziehe die benötigten Glasaugen aus der Bundesrepublik und habe stets eine Kollektion in Durchmessern von 4 bis 14 mm vorrätig. Erhältlich sind die Augen entweder mit farbiger Iris oder in Farblos mit schwarzen Pupillen. Ich verwende farblose Glasaugen und male sie vor dem Einsetzen von hinten mit Acrylfarben an, um jeweils die richtige Augenfarbe zu erzielen. Meisen haben zum Beispiel eine dunkelbraune Iris, die Iris von Eistauchern ist leuchtend rot, die von Ottern braun und die von Fischadlern gelb oder rot.
Als Holz für die Schnitzereien in diesem Kapitel nehme ich Weymouthskiefer, da deren Holz leicht zu schnitzen und glattfaserig ist und ihre Maserung die Einzelheiten gut hervortreten läßt. Aber auch Lindenholz ist gut geeignet.

Schnitztechniken

Zum Schnitzen von Tierfiguren werden dieselben Werkzeuge und Techniken wie beim Messerschnitt angewandt. Für ein wirklichkeitsnahes Aussehen der Figuren kommen Details wie Augen, Beine, Federn- oder Pelzstrukturen hinzu. Eine gute Eingangsübung ist die unten abgebildete Kohlmeise.
Meisen gehören zu den Vögeln, die ich am meisten liebe. Sie fliegen meist in Schwärmen zusammen mit anderen kleinen Vögeln wie Kleiber, Spechte und Goldhähnchen. Man trifft sie überall in Nordamerika an, obwohl sie in manchen Regionen etwas voneinander abweichen. Die Kohlmeise ist einer der wenigen Vögel, die auch während der langen Wintermonate die Adirondacks nicht verlassen.
Anstelle meines Modells können Sie sich natürlich auch selbst eine Vorlage zeichnen. Wenn Sie in der Lage sind, sich selbst eine eigene Futterstelle einzurichten, dann können Sie einige schnelle Skizzen anfertigen und sich danach Ihre Vorlage zeichnen, wobei Sie eine Seitenansicht und eine Ansicht von oben benötigen.
Beim Übertragen der Vorlage auf das Holz müssen Sie darauf achten, daß die Faserrichtung längs zum Schwanz verläuft. Sägen Sie die Umrisse mit einer Band- oder Dekupiersäge aus. Dann arbeiten Sie mit der auf Seite 73 beschriebenen Messerschnittechnik Kopf und Schwanz des Vogels mit einem scharfen Messer heraus. Zum Abrunden von Kopf und Rücken wenden Sie den Schälschnitt an, für den Hals den Hebelschnitt. Um das Holz unter dem Schwanz herauszuholen, mache ich Schälschnitte mit dem gekrümmten Messer, das ich aus dem Handgelenk heraus bewege.

Der Rohling wird mit einem Messer abgerundet. Für Kopf und Rücken geschieht das mit Schälschnitten, beim Hals mit Hebelschnitten.

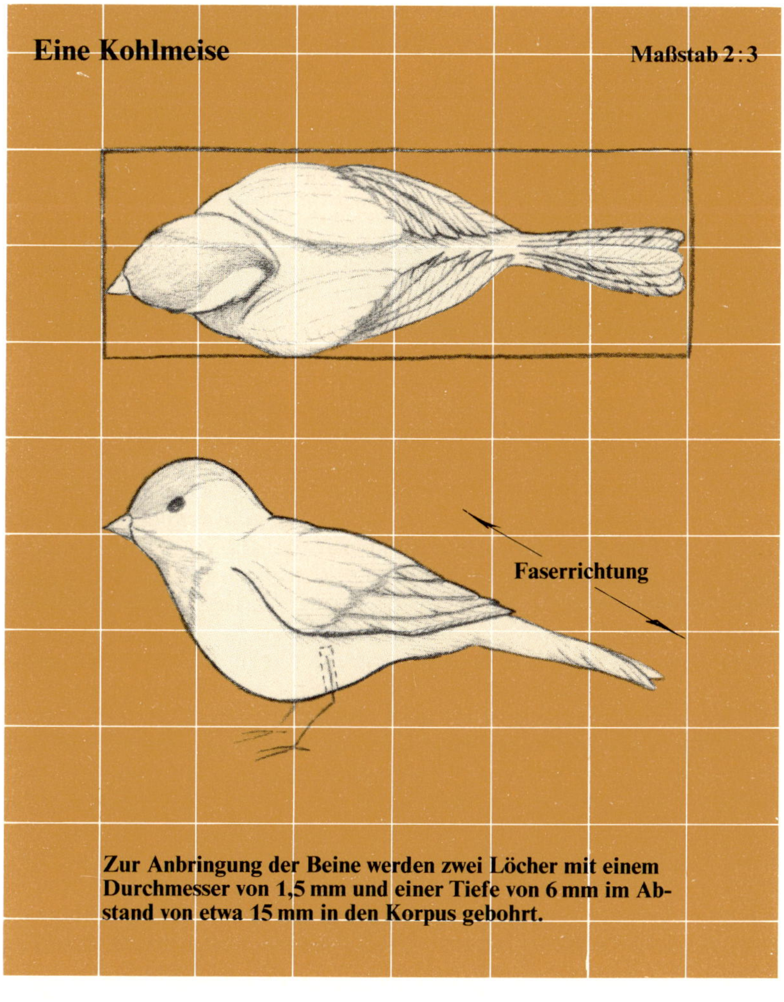

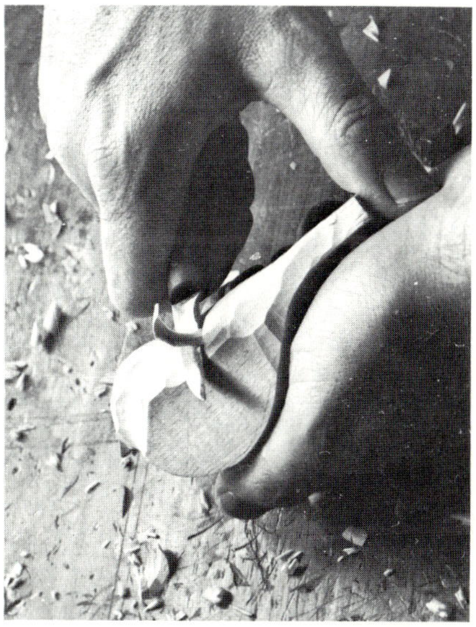

Das Holz unter dem Schwanz wird mit einem gekrümmten Messer mit Schälschnitten entfernt. Man kann dazu auch ein Hohleisen Nr. 3, 5 mm, verwenden.

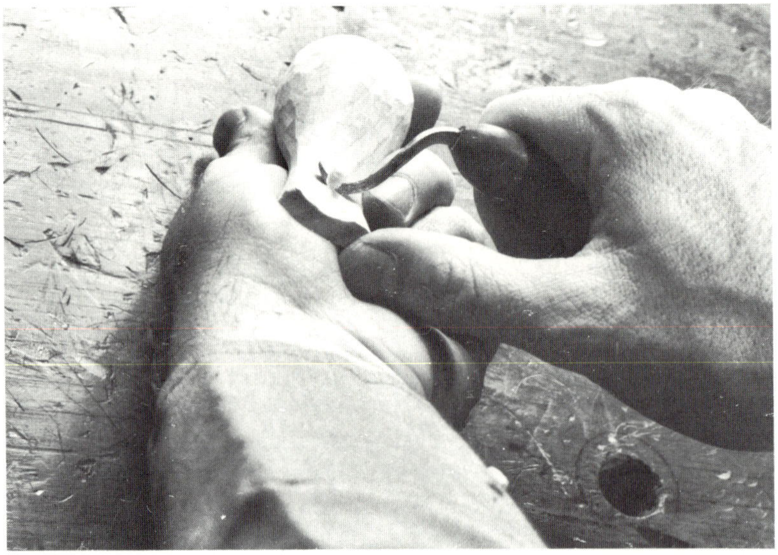

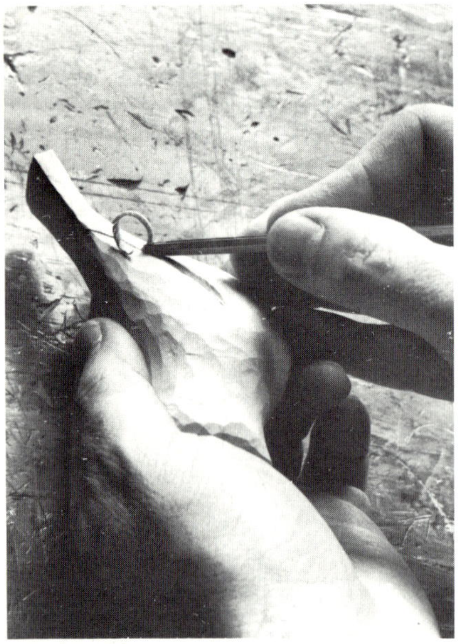

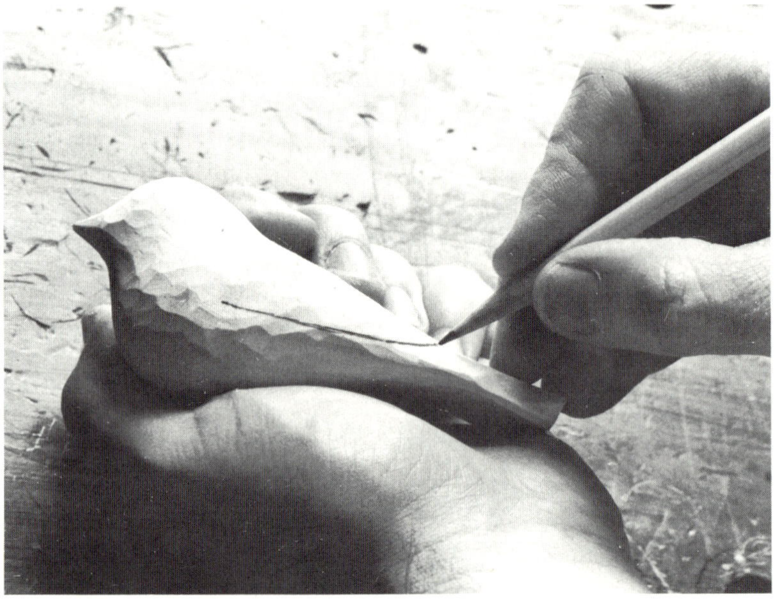

Mit einem Bleistift wird die Flügelkante eingezeichnet und dann mit einem 3-mm-Geißfuß eingekerbt (rechts).

Zeichnen Sie danach mit dem Bleistift die Flügelkante ein und kerben Sie sie mit einem 3-mm-Geißfuß heraus. Dann wird mit Hebelschnitten das Holz so weggenommen, daß der Flügel sich leicht vom Balg abhebt. Anschließend zeichnen Sie die Anordnung der Federn, wie im Entwurf vorgegeben, auf den Flügeln und dem Schwanz ein und ziehen die Linien mit dem Geißfuß nach. Mit Hebelschnitten entfernen Sie sodann das Holz an den Federn, und zwar derart, daß sie stufenweise vom Schwanz nach vorne ansteigen und sich zu überlappen scheinen.

Wenn alle Details fertig sind, pinseln oder sprühen Sie einen Lacküberzug auf. Der Lack versiegelt die Poren des Holzes, präpariert es für das Bemalen und hebt die Einzelheiten des Federkleides hervor. Ich halte den Vogel beim Auftragen des Lackes auf einem Holzstab fest. Dazu kleben Sie eine 1½-Zoll-Holzschraube auf den Stab und bohren zwei Löcher für die Beine mit einem Durchmesser von 1,5 mm in einem Abstand von etwa 15 mm 6 mm tief in den Balg. Die Oberfläche des Vogels wird mit zwei Kreideüberzügen grundiert. (Sie müssen den Vogel nicht sofort anmalen, aber in jedem Fall muß er vor dem Einsetzen der Augen grundiert werden, da die Kreide sich nur sehr schwer wieder entfernen läßt, falls etwas davon auf das Glas gerät.)

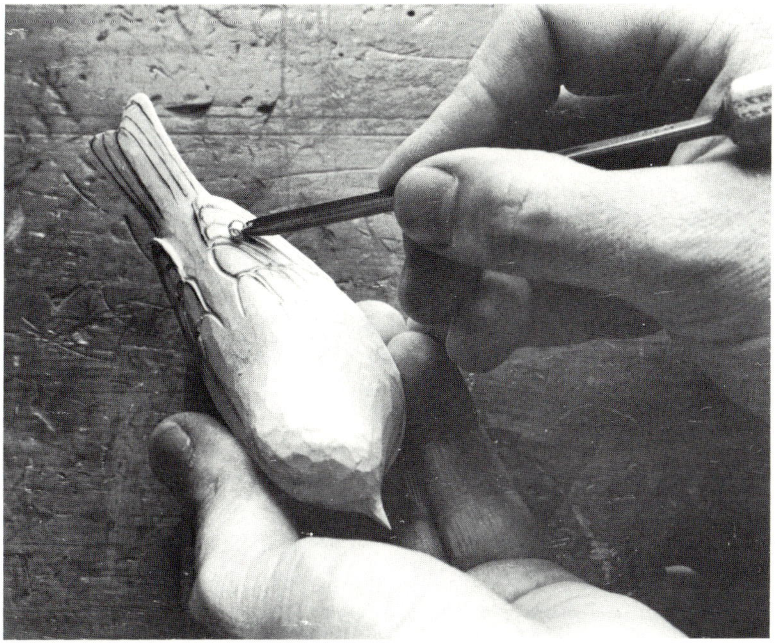

Danach werden die Flügel- und Schwanzfedern eingezeichnet und gleichfalls mit einem 3-mm-Geißfuß eingekerbt. Die einzelnen Federn werden mit einem Messer so eingeschnitten, daß sie sich zu überlappen scheinen.

Das Einsetzen der Augen

Die genaue Plazierung der Augen ist bei einer Tierfigur sehr wichtig, weil davon der lebensechte Ausdruck des Tieres abhängt. So werden die Augen eines Falken oder Fischadlers leicht nach vorne gesetzt. Dadurch bekommen diese Vögel ihren scharfen, wachsamen Blick. Entenaugen dagegen sind leicht zurückversetzt, wodurch diese Vögel einen gutmütigen Eindruck machen. Die Augen der Eistaucher stehen irgendwo in der Mitte dazwischen, wodurch sie einen wilden,

Die Augenhöhlen werden mit einem Hohleisen Nr. 5, 8 mm, herausgeholt.

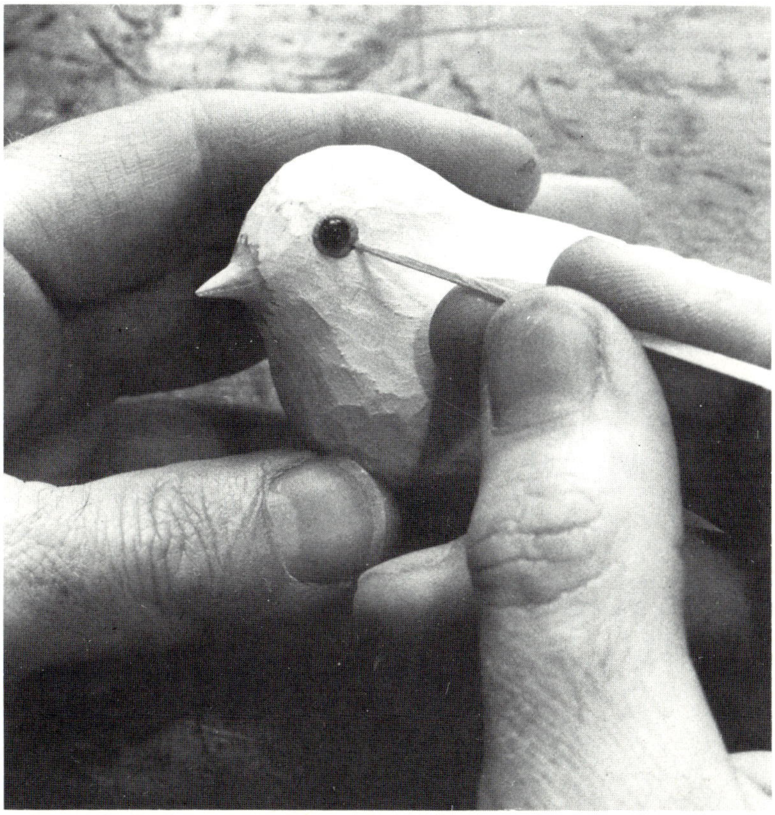

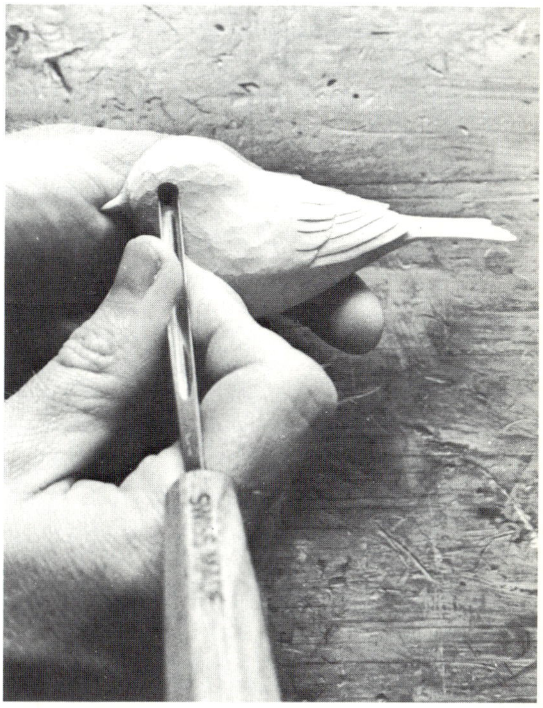

Schmieren Sie etwas Epoxykitt in die Augenhöhlen, drücken Sie die Glasaugen hinein und formen Sie den überschüssigen Kitt zu einem runden Augenlid.

leicht bösartigen Ausdruck bekommen. Ein selbst geringfügiges Verrücken der Augen in die eine oder andere Richtung bewirkt schon bemerkenswerte Veränderungen des Ausdrucks. Zeichnen Sie die Augen deshalb immer vorher ein, um sicherzugehen, daß sie an der richtigen Stelle sitzen.
Für das Einschneiden der Augenhöhlen nehmen Sie ein Hohleisen Nr. 8, 5 mm. (Sie finden für diesen Zweck geeignete kleine Schnitzeisen auch in den Werkzeugsätzen für Linolschnitte. Benutzen Sie keinen Bohrer, da das Holz dadurch splittern kann. Nur mit einem Schnitzeisen bekommen Sie glatte Schnitte.) Nehmen Sie für die Kohlmeise Glasaugen von 5 mm Durchmesser, deren Rückseite Sie mit dunkelbrauner Acrylfarbe ausmalen, und setzen Sie die Augen probeweise in die Höhlen ein. Diese müssen etwas größer als die Augen sein, etwa 6 mm im Durchmesser und 4 mm tief. Schmieren Sie dann etwas Epoxykitt in die Augenhöhlen, schneiden die Glasaugen von ihrem Stiel ab und drücken sie in die Höhlen hinein. Den überflüssigen Kitt, den Sie dabei herauspressen, formen Sie mit einem Zahnstocher zu einem Augenlid. Bei Vögeln ist dieses Lid rund, bei den meisten anderen Tieren oval.

Nach dem Überziehen mit Epoxyharz und dem Anmalen sind die Beine fertig zum Einkleben.

Die Anfertigung der Beine und Krallen

Zur Herstellung der Krallen benötigen Sie Kupfer- oder Messingdrahtstücke von 5 cm Länge in einer Stärke von 0,5 mm. Halten Sie die beiden Drahtenden mit je einer Draht- oder Nadelzange und biegen Sie das eine Ende L-förmig ab, wie in untenstehender Zeichnung dargestellt. Dieses Ende biegen Sie zu einer Schlinge von etwa 12 mm Länge, die Sie zu einer Kralle zusammenwinden. Für jeden Fuß benötigen Sie vier Stücke. Für das Bein nehmen Sie einen Draht von etwa 4 cm Länge in einer Stärke von 0,4 mm. Ordnen Sie die Krallen um den Draht herum an, und zwar so, daß ein Stück von etwa 10 mm

Die Anfertigung von Krallen und Beinen

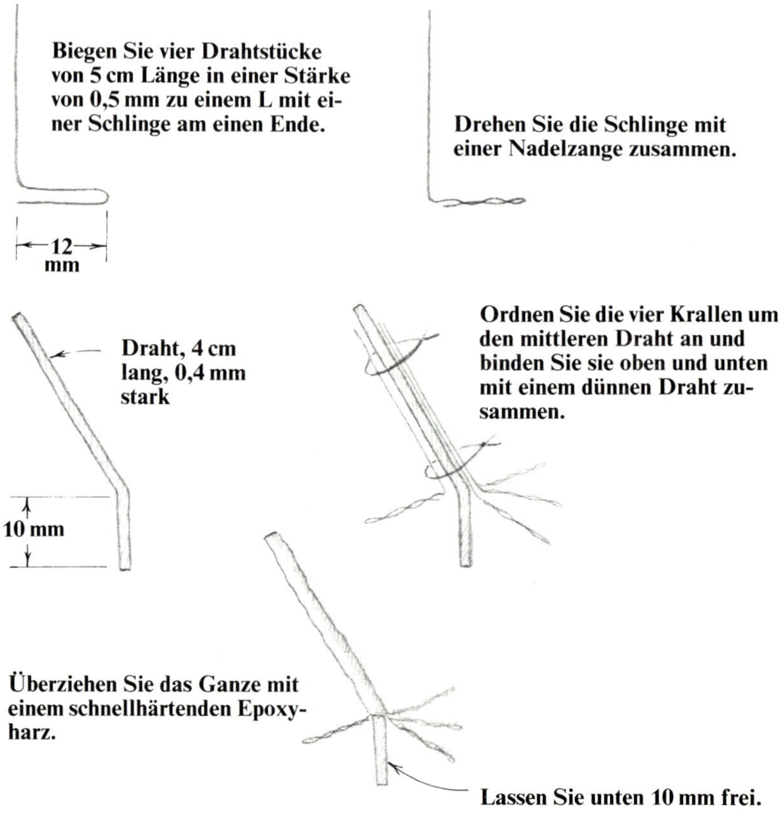

frei bleibt. Umwickeln Sie das Ganze mit zwei dünnen Drähten oben und unten und versehen es mit einem Überzug aus schnellhärtendem Epoxyharz. (Füße und Krallen aus Bleiguß sind zwar auch im Handel erhältlich, aber ich rate davon ab, weil sie sehr spröde sind und leicht brechen.) Das freigelassene untere Stück des Beins bekommt keinen Harzüberzug. Es dient zur Unterstützung des Vogels auf seinem Untersatz.
Stellen Sie das andere Bein auf die gleiche Weise her, malen Sie beide Beine mit dunkelbrauner Acrylfarbe an und kleben Sie sie in die Löcher mit Epoxykleber ein.

Anmalen und Strukturieren

Zum Bemalen der Kohlmeise benötigen Sie Elfenbeinschwarz für Haube und Latz und Titanweiß für die Halsseiten. Die graue Farbe für Rücken, Flügel und Schwanzfedern mischen Sie aus Gebranntem Umbra mit Titanweiß und Ultramarinblau. Für Brust, Seiten und Bauch mischen Sie Titanweiß mit etwas gelbem Ocker. Ziehen Sie zur Bestimmung der richtigen Farben Fotografien und Zeichnungen aus Vogelbüchern zu Rate. Die Farben werden am besten auf einer 30 x 30 cm großen Glasscheibe gemischt.
Tragen Sie zunächst die graue Farbe für die Schwanzfedern mit einem Pinsel Nr. 6 auf und streichen Sie weiter über Rücken und Flügel. Dann wischen Sie den Pinsel mit einem Papiertuch wieder ab und säubern ihn in Verdünnung. Danach malen Sie Brust, Seiten und Bauch mit Weiß und Ocker an. Die weiße Farbe am Hals tragen Sie mit einem Pinsel Nr. 2 auf, säubern auch diesen wieder und malen mit ihm Haube und Schnabel schwarz an. Um die Federn darzustellen, verwischen Sie die Farbübergänge durch kurze Striche mit einem Pinsel Nr. 1.
Sie können den Vogel so angemalt lassen oder aber für eine größere Wirklichkeitsnähe noch Schattierungen und eine Strukturierung anbringen. (Üben Sie die nachstehend beschriebene Technik zunächst an einem Stück Abfallholz oder an einem sauberen Ende Ihrer Glaspalette.) Dazu bringen Sie mit einem Pinsel Nr. 1 eine dunkelgraue Umrandung an jeder Schwanz- und Flügelfeder an. Vermengen Sie diese dunkelgrauen Linien mit dem Hellgrau von Schwanz und Flügeln. Hierfür nehmen Sie einen sauberen Pinsel Nr. 2, den Sie senkrecht halten und damit die dunkelgrauen Linien leicht betupfen. Drei oder vier nicht zu feste Tupfer genügen. Dies machen Sie bei sämtlichen Umrandungslinien.
Danach ziehen Sie den Fächerpinsel Nr. 2 leicht durch die nasse Farbe in Richtung der Federfahnen (das sind die feinen Verzweigungen auf beiden Seiten eines Federkieles). Beginnen Sie am Federkiel und ziehen Sie den Pinsel diagonal zur Außenkante der Federn. Diese Trockenpinsel-Technik ergibt eine feine Strukturierung der Farbe, die dadurch dem Aussehen wirklicher Federn sehr nahekommt. Achten Sie aber darauf, den Pinsel nach jedem Strich wieder zu säubern, da sonst die Farben verschwimmen.
Nach gründlichem Säubern des Pinsels strukturieren Sie die Farben an Körper und Brust des Vogels in der gleichen Weise, indem Sie nahe am Schwanz beginnen und zum Kopf hin streichen. Zum Schluß vermengen Sie noch die schwarze Farbe an Haube und Latz mit den umliegenden Farben und tragen mit dem Pinsel Nr. 2 auf dem Schnabel eine hauchdünne Schicht dunkelbrauner Acrylfarbe auf. Danach müssen die Farben trocknen.

Die Farben werden mit einem Fächerpinsel Nr. 2 aus Dachshaar vermischt und strukturiert.

Montage

Die Grundplatte sägt man mit der Bandsäge aus einem halbzölligen Stück Holz im Durchmesser von 10 cm aus. Ich nehme dafür Graue Walnuß, Kirsche oder Walnuß. Die Oberkante der Platte wird mit einem 180er-Schleifpapier rundgeschmirgelt. Danach wird die ganze Platte mit einem 220er-Schleifpapier glattgeschliffen. Zum Schluß

Die Grundplatte von 10 cm Durchmesser besteht aus halbzölligem Hartholz. Bohren Sie in die Mitte ein Loch, in das eine Astgabel aus Hartholz oder Treibholz eingeklebt wird, auf der der Vogel sitzt. Zur Befestigung bringen Sie zwei Löcher von 1,5 mm Durchmesser an, in die die freigelassenen Fußstützen eingeklebt werden. Die Vogelbeine biegen Sie in einem Winkel von etwa 60° ab.

bekommt sie einen Überzug mit Handpolitur oder einem klaren Halböl.

Der Vogel sitzt auf einer Astgabel, die etwa 10 cm lang ist. Dazu eignet sich jedes Hartholz- oder auch Treibholzstück. Diesen Ast kleben Sie in ein Loch, das Sie in die Grundplatte bohren. Arrangieren Sie den Vogel auf dem Ast und markieren Sie die Stellen, an denen sich die Füße befinden. Dort bohren Sie im Abstand von etwa 2 cm zwei Löcher mit 1,5 mm Durchmesser und 6 mm Tiefe. In diese Löcher werden die beiden freigelassenen Fußstützen eingeklebt.

Ein Eistaucher

Nur wenige Vögel symbolisieren derart die rauhe Wildnis Nordamerikas wie der Eistaucher. Diese Vögel leben an stillen Seen und Teichen. Sie sind geschickte Taucher und schwimmen auf der Suche nach Fischen lange Strecken unter Wasser. Im Frühjahr kann man sie beobachten, wie sie mit einem oder zwei Küken auf dem Rücken um-

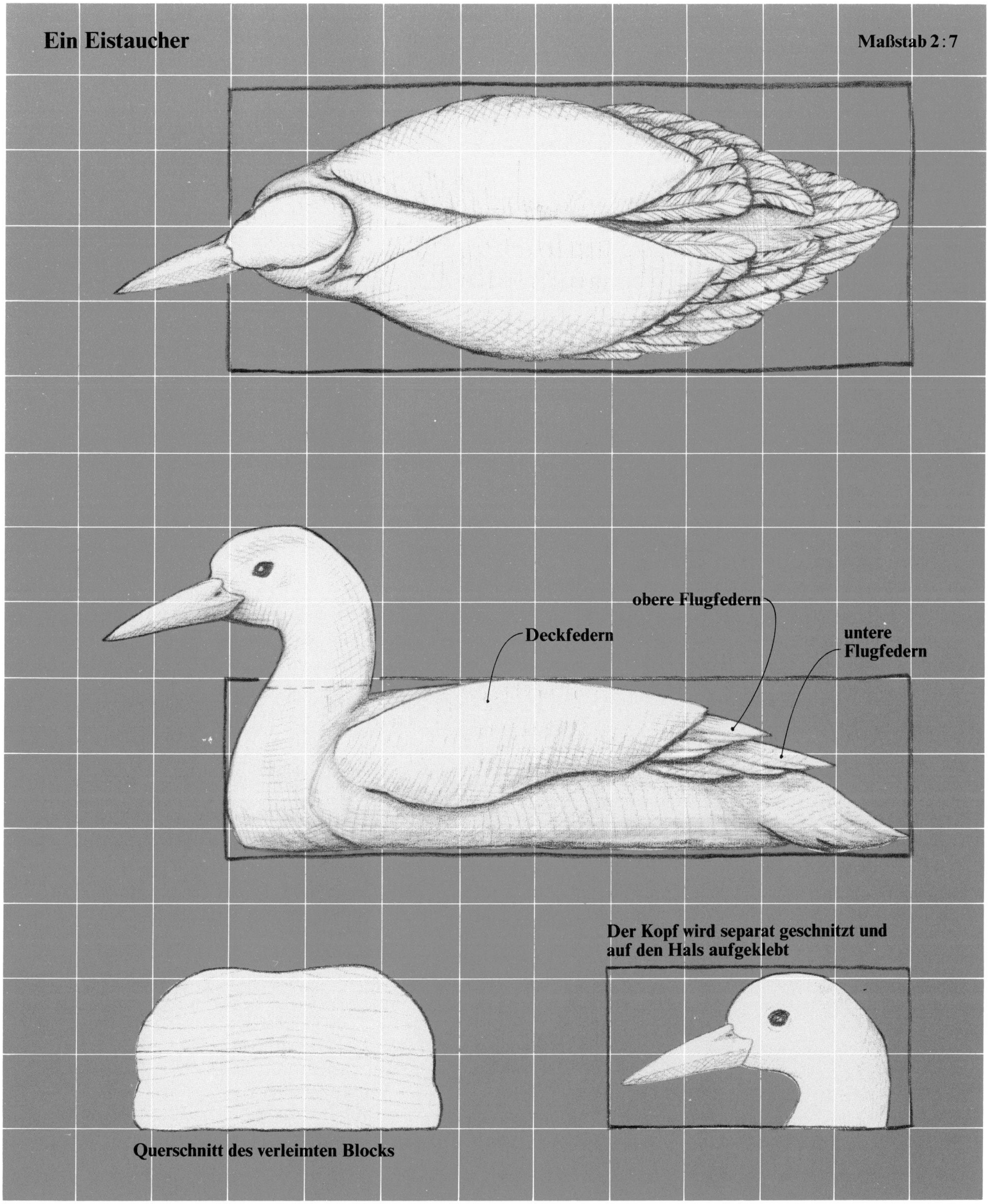

Verleimung

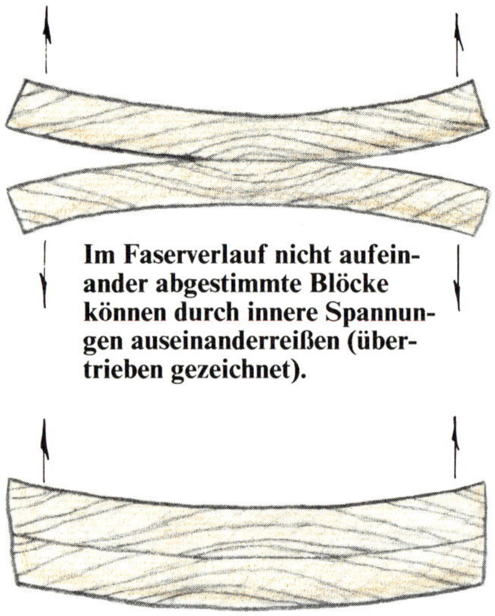

Im Faserverlauf nicht aufeinander abgestimmte Blöcke können durch innere Spannungen auseinanderreißen (übertrieben gezeichnet).

Verleimte Hölzer mit aufeinander abgestimmtem Faserverlauf werfen sich in die gleiche Richtung (übertrieben gezeichnet).

herschwimmen. In stillen Sommernächten hört man ihren Ruf, einen wilden, jodelnden Schrei, zwischen den waldbestandenen Bergen erschallen - ein Laut, den man so schnell nicht wieder vergißt.
Wenn Sie mein Modell im vorgegebenen Maßstab übernehmen wollen, müssen Sie zwei luftgetrocknete Kiefernbretter von je 5 cm Stärke zusammenleimen. Schnitzt man nämlich einen soliden Holzblock von mehr als 7 bis 8 cm Stärke, dann werden innere Spannungen freigesetzt, und das Schnitzstück kann Wochen, vielleicht sogar Monate später reißen.
Die Verleimung setzt voraus, daß die Fasern beider Hölzer parallel verlaufen. Ist das nicht der Fall, dann kann die Verleimung auseinandergehen, wenn sich der Feuchtigkeitsgehalt des Holzes zu stark verändert, denn bei Feuchtigkeitsaufnahme quillt das Holz. Das Kernholz biegt sich vom Kernweg, wird auf der Außenseite hohl und geht erst wieder zurück, wenn es genügend Feuchtigkeit abgegeben hat. Laufen die Fasern der beiden verleimten Holzstücke in die gleiche Richtung, dann wirft sich das Holz gleichmäßig. Außerdem ist es bei gleicher Faserrichtung auch leichter zu schnitzen, weil man nicht ständig die Schnitzrichtung ändern muß, um ein Splittern des Schnitzstücks zu vermeiden.
Legen Sie also zum Verleimen zwei Bretter derart aufeinander, daß die Jahresringe an den Kanten in die gleiche Richtung weisen. Die Maserung beider Bretter sollte in Längsrichtung verlaufen. Überzeugen Sie sich vor der Verleimung davon, daß sie fest, ohne Zwischenräume, aufeinanderliegen. Lassen Sie sich die Bretter von einem Schreiner glatt hobeln, sofern Sie das nicht selber tun können. Schmirgeln Sie die Holzoberflächen aber nicht mit Sandpapier glatt, denn dadurch werden die Poren verstopft und nehmen keinen Leim an. Für Schnitzereien, die nicht der Witterung ausgesetzt sind, können Sie normalen Tischlerleim verwenden. Sollte das Schnitzstück jedoch später größeren Feuchtigkeitsveränderungen ausgesetzt sein, empfiehlt sich ein wasserfester Leim. Lockvögel, die auf dem Wasser schwimmen, müssen mit einem Bootsfirnis versiegelt werden.
Tragen Sie eine ausreichende Schicht Leim auf beide glattgehobelte Flächen auf und pressen Sie die Stücke zum Trocknen mit Schraubzwingen zusammen. Den überschüssigen Leim wischen Sie ab, ehe er angetrocknet ist. (Verschmierter Leim versiegelt zwar das Holz, so daß es keine Beize annimmt, aber das spielt in diesem Fall keine Rolle, weil das meiste Holz weggeschnitzt wird.)
Nachdem der geleimte Block einen Tag lang getrocknet ist, können Sie die Umrisse des Eistauchers mit der Bandsäge ausschneiden. Beginnen Sie mit dem Profil, so daß der Block flach aufliegt, wenn Sie die Oberseite ausschneiden. Sägen Sie den Kopf getrennt aus einem 5 cm starken Kiefernbrett aus und schnitzen Sie ihn mit dem Messer zurecht. Geben Sie ihm dabei eine leichte Drehung zu einer Seite hin, wodurch der Eindruck einer wachsamen Haltung entsteht. Dann kleben Sie den Kopf mit Epoxykleber auf den Körper auf und lassen ihn antrocknen.
Da es sich bei dem Eistaucher um ein verhältnismäßig großes

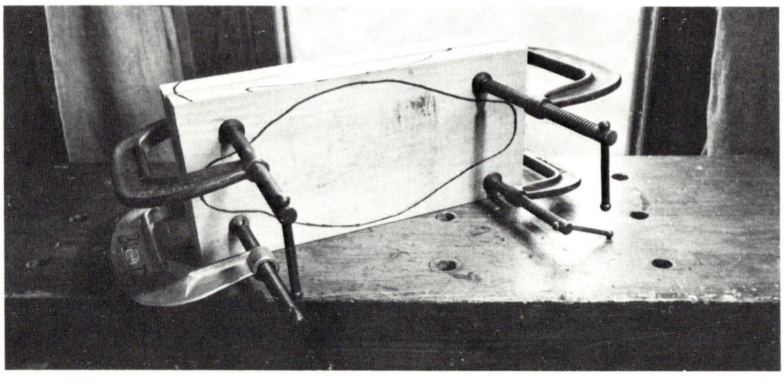

Leimen Sie zwei Holzbretter von 38 x 15 x 5 cm aufeinander und pressen Sie sie mit Schraubzwingen zum Trocknen zusammen.

Schnitzstück handelt, muß es beim Schnitzen auf der Werkbank angeklammert werden. Andererseits müssen Sie es aber auch leicht drehen können, um es bequem aus verschiedenen Richtungen zu bearbeiten. Das geschieht entweder dadurch, daß Sie es auf einen Hartholzblock aufschrauben und diesen in einen Schraubstock spannen, oder aber, indem Sie ein großes, quadratisches Sperrholzstück anschrauben, das Sie mit Schraubzwingen auf der Werkbank festhalten. Sie können das Schnitzstück aber auch mit einer Schraube durch ein Loch in der Werkbank befestigen. In diesem Fall müssen Sie ein Stück Holz als Distanzstück zwischen dem Schnitzstück und der Werkbank einsetzen, durch das die Schraube hindurchgeht. Dadurch erhalten Sie den nötigen Freiraum für das Schnitzeisen, wenn Sie die Seiten des Vogels bearbeiten.

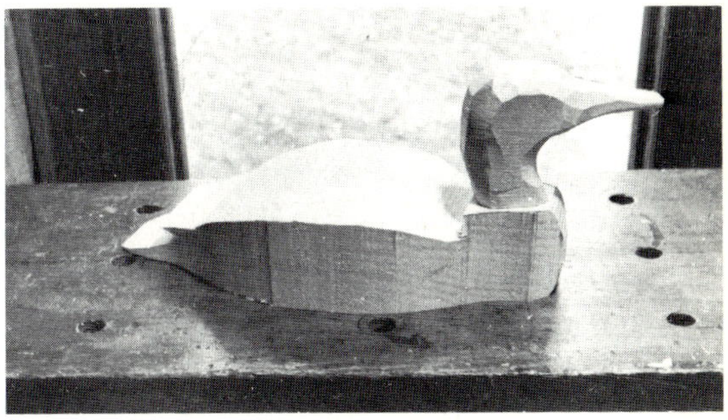

Sägen Sie den Vogelkorpus mit der Bandsäge aus, dann schneiden Sie den Kopf separat aus einem 5 cm starken Kiefernbrett heraus, schnitzen ihn mit einem Messer zurecht und kleben ihn mit Epoxykleber auf.

Befestigungsmethoden

Schrauben Sie einen Hartholzblock unter das Schnitzstück und spannen Sie ihn in einen Schraubstock ein.

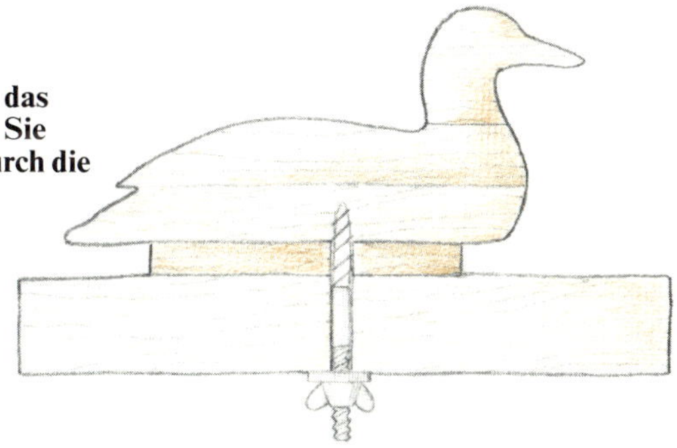

Legen Sie ein Distanzstück zwischen die Werkbank und das Schnitzstück und befestigen Sie beides mit einer Schraube durch die Werkbank hindurch.

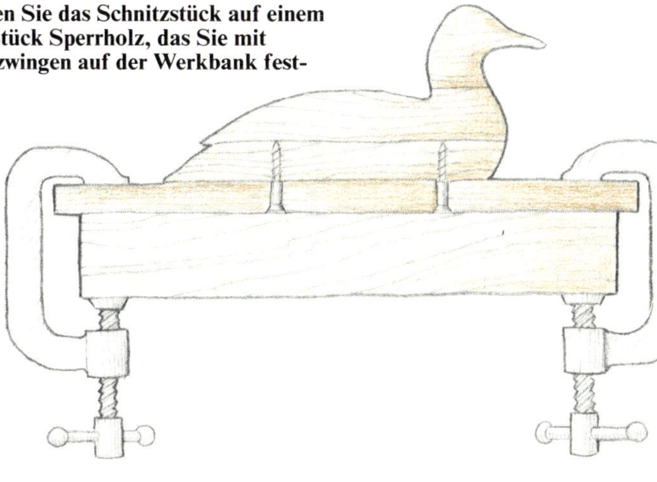

Befestigen Sie das Schnitzstück auf einem großen Stück Sperrholz, das Sie mit Schraubzwingen auf der Werkbank festhalten.

Klammern Sie das Schnitzstück auf der Werkbank fest und arbeiten Sie die Abstufungen zwischen den Federn mit einem Schnitzeisen Nr. 7, 25 mm, heraus.

Das Schnitzen der Federn

Kerben Sie die Umrisse der Schwanz- und Flugfedern mit einem Messer etwa 1,5 mm tief ein.

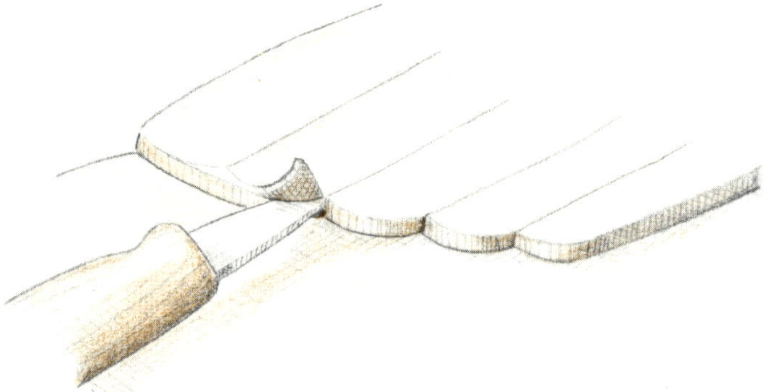

Die Abrundungen am Ende der Federn werden mit einem Messer herausgeholt.

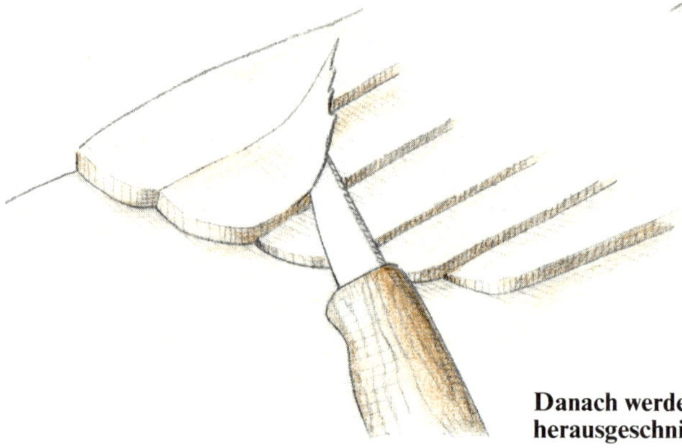

Danach werden die Federn stufenförmig herausgeschnitten.

Der Vogelkorpus wird mit zwei Hohleisen Nr. 7 in 18 und 25 mm Breite und einem Klüpfel zugehauen. Die scharfen Kanten und den abgestuften Bereich des Federkleides bearbeiten Sie mit dem 25-mm-Hohleisen. Eistaucher haben große Deckfedern, die sie beim Tauchen benutzen, um sich unter Wasser voranzuwirbeln. Die Biegungen dieser Federn werden mit dem 18-mm-Hohleisen bearbeitet. Riefen, die diese großen Schnitzeisen hinterlassen, glätten Sie mit einem Schwalbenschwanzeisen Nr. 5, 12 mm.

Zum Absetzen der Deckfedern von den Flugfedern kerben Sie die Umrisse mit einem 6-mm-Geißfuß ein und nehmen das überflüssige Holz mit einem Schwalbenschwanzeisen weg. Mit einem Messer, das Sie wie einen Bleistift halten, kerben Sie sodann die Umrisse des Schwanzes und der Flugfedern ein, wie in obenstehender Zeichnung dargestellt. Die Schnitte müssen etwa 1,5 mm tief sein. Danach kerben Sie die Abrundungen am Ende einer jeden Feder aus und schneiden die Federn stufenförmig zu. Die unebenen Stellen werden mit einem 220er-Schleifpapier geglättet.

Wenn Sie mit dem hinteren Teil fertig sind, beginnen Sie mit dem Vorderteil. Bearbeiten Sie den Schnabel mit dem Messer und kerben Sie mit einem 6-mm-Geißfuß eine Trennlinie für die Schnabelöffnung ein. Die zwei kleinen Nüsteröffnungen schnitzen Sie mit Geißfuß und Messer.

Das überflüssige Holz um Hals und Brust wird mit einem Schwalbenschwanzeisen weggenommen. Achten Sie dabei auf die wechselnde Faserrichtung zwischen Kopf und Balg und ändern Sie gegebenenfalls die Schnitzrichtung, um ein Splittern zu vermeiden. Die Federn an Hals und Brust eines Eistauchers sind glatt. Deshalb nehme ich eine Raspel oder Feile, um diese Partien zu bearbeiten, und glätte sie

mit einem 180er- und 220er-Schleifpapier. Mit letzterem werden auch alle anderen unebenen Stellen geglättet, dann bürstet man den Holzstaub ab und versiegelt das Teil mit Lack.
Danach markieren Sie die Position der Augen an beiden Kopfseiten und betrachten den Eisvogel von vorne, um festzustellen, ob die Augen auch in gleicher Höhe liegen. Die Augen eines gewöhnlichen Eisvogels sind leuchtend rot, was dem Vogel ein wildäugiges Aussehen verleiht. Wenn Sie entsprechend dem vorgegebenen Maßstab den Vogel in Zweidrittel Lebensgröße geschnitzt haben, dann verwenden Sie Glasaugen von 10 mm Durchmesser, die Sie rückseitig anmalen. Kerben Sie die Augenhöhlen mit einem Hohleisen Nr. 8, 6 mm, aus und überprüfen Sie, ob die Augen passen. Dann setzen Sie sie mit Epoxykitt ein und formen aus dem überschüssigen Kitt ein rundes Augenlid, wie auf Seite 145 beschrieben.
Die großen Flugfedern von Wasservögeln werden am besten eingebrannt. Ich trage vor Anwendung des Brennstabes auf das Holz Lack auf, weil ich der Meinung bin, daß dadurch weniger Hitze erforderlich ist. Üben Sie das Einbrennen vorher an einem Stück Abfallholz. Die Federstruktur ist sehr diffizil, deshalb ist es wichtig, die Linien weder zu breit noch zu tief zu machen. Ermitteln Sie zuvor auch durch Versuche die richtige Temperatur. Ich selbst stelle die Temperatur meist auf einen mittleren Wert ein, aber das hängt auch von der Härte des verwendeten Holzes ab. Die richtige Temperatur erkennen Sie daran, daß die eingebrannten Linien sich braun färben und das Holz leicht qualmt. Ist das Werkzeug zu heiß, färbt das Holz sich dunkelbraun bis schwarz und qualmt stärker. Die Strukturierung wird dann sehr grob und tief.
Ich brenne nur die Schwanz- und die oberen und unteren Flugfedern

Halten Sie den Brennstab beim Einbrennen der Fahnen an Schwanz- und Flugfedern wie einen Bleistift und brennen Sie an jeder Federkante ein bis drei dickere Linien ein, die Brüche darstellen sollen.

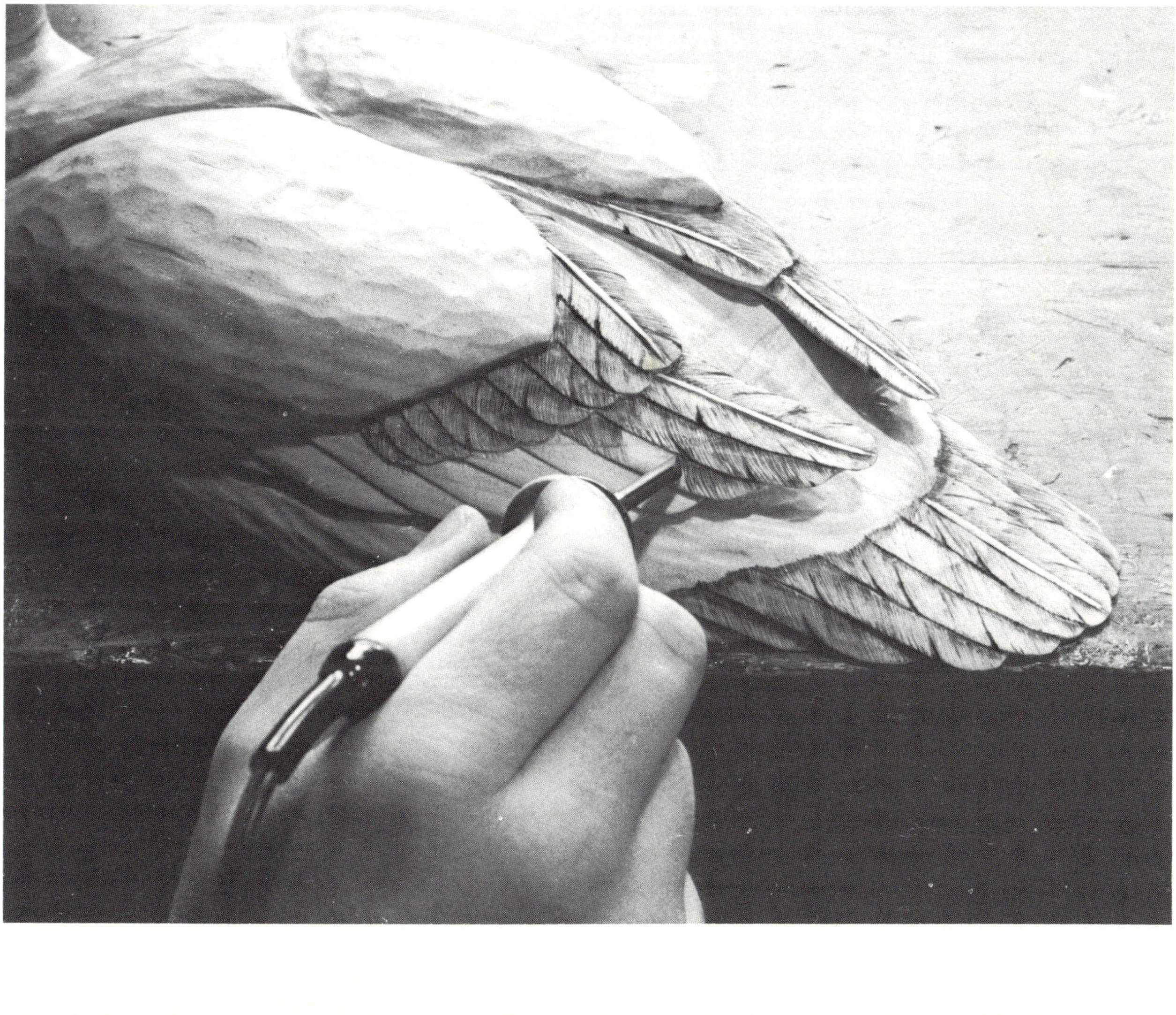

ein. Die übrigen Federn eines Eistauchers sind sehr glatt und weisen wenig Struktur auf.
Zeichnen Sie sich die Kiele und Fahnen der Federn ein, die strukturiert werden sollen. Da die Federn überlappen, sind nicht alle Kiele sichtbar. Ordnen Sie die Federn nicht zu regelmäßig an. Das Federkleid eines lebenden Vogels ist auch nicht perfekt. Die Federn überlappen sich unregelmäßig und mehr zufällig wie Schindeln auf einem Holzdach. Ich benutze beim Einbrennen der Kiele die Standardspitze meines Brennstabes, die wie ein abgeschrägtes Flacheisen aussieht. Dabei halte ich den Stab senkrecht und ziehe zwei parallele Linien im Abstand von 1,5 mm, die zur Spitze hin allmählich zusammenlaufen. Danach hält man den Stab wie einen Bleistift, aber im Winkel von 45° zum Holz hin, wodurch die Kante der Brennspitze fast flach aufliegt. Anschließend geht man noch einmal über die Linien für die Kiele, um sie zu verbreitern und den Kiel herausragend erscheinen zu lassen.
Nachdem die Kiele eingebrannt sind, müssen Sie den Stecker herausziehen und den Brennstab abkühlen lassen, bevor Sie die Spitze wechseln. Zum Einbrennen der Federfahnen an den Kielen nehmen Sie eine nadelförmige Spitze. Drücken Sie das Werkzeug leicht am Kiel ein und ziehen Sie es zur Federkante. Dabei verstärken Sie den Druck allmählich, um Tiefe und Tönung der Linien zu verändern. Machen Sie die Linien so nahe beieinander, wie es nur geht und brennen Sie in unregelmäßigen Abständen an den Federkanten ein bis drei dickere Linien ein, die Brüche darstellen sollen. (Brüche entstehen, wenn sich die Fahnen geteilt haben. Sie werden vom Vogel beim Putzen des Gefieders wieder geglättet.) Beim Einbrennen bilden sich an der Spitze des Brennstabes Rückstände, weshalb Sie sie alle paar Minuten mit einer Stahlwolle 000 säubern müssen. Nach Beendigung der Einbrennarbeiten müssen Sie auch den Vogelkorpus mit Stahlwolle und einer kleinen, nicht zu groben Drahtbürste von Rückständen säubern. Ich selbst verwende dazu eine Bürste zum Reinigen von Wildleder.
Der Eistaucher wird nur mit zwei Farben bemalt: schwarz und weiß. Für den Kopf, den Hals, die Seiten und den Rücken nimmt man elfenbeinschwarze Ölfarbe, die man mit einem Pinsel Nr. 6 aufträgt. Malen Sie zunächst ausgiebig schwarze Farbe auf den Rücken auf. Beim Bemalen der eingebrannten Federn müssen Sie darauf achten, in Richtung der Fahnen zu streichen, damit sich die Farbe gut in die Vertiefungen legt. Dann machen Sie etwa 10 mm lange Striche mit einem trockenen Fächerpinsel, um das Aussehen glatter Federn zu erzielen. Streichen Sie dabei von vorne nach hinten.
Nachdem die Farbe mehrere Tage lang gründlich getrocknet ist (wobei die Trocknungszeit von Temperatur und Feuchtigkeit abhängt),

Verwenden Sie einen fast trockenen Pinsel Nr. 6, um die weißen Flecken auf den Deckfedern aufzumalen.

Wenn die weiße Farbe gründlich getrocknet ist, werden auf Brust und Hals schwarze Striche aufgetragen. Den Schnabel malen Sie mit schwarzer Acrylfarbe an, dann ist der Eisvogel fertig. Ich selbst lasse ihn unmontiert, so daß er aussieht, als schwimme er auf dem Wasser.

bemalen Sie die Brust mit einem Pinsel Nr. 6 weiß. Vermengen Sie die Farben mit dem Fächerpinsel, indem Sie ein paar etwa 5 mm lange weiße Striche über die schwarze Farbe ziehen.

Dann tragen Sie die rechteckigen Flecken auf die Deckfedern auf. Dabei benutzen Sie am besten einen fast trockenen Pinsel Nr. 6. Diesen tauchen Sie in Titanweiß, das Sie mit ein paar Tropfen Terpentin verdünnt haben und ziehen ihn auf einem Stück Pappe oder ähnlichem ab. Die ersten Striche auf der Pappe werden eine dicke Lage Farbe hinterlassen, bis allmählich die Pinselmarkierungen hervortreten, besonders am Ende des Strichs. Dann können Sie die Farbflekken auftragen, wobei der trockene Pinsel eine federähnliche Struktur hinterläßt. Nach etwa fünf Strichen muß die Prozedur wiederholt werden. Verwenden Sie die gleiche Technik mit einem Pinsel Nr. 2 für die kleinen Flecken auf der Seite sowie an Flügel- und Schwanzfedern.

Wenn die weiße Farbe gründlich getrocknet ist, werden die schwarzen Striche an Brust und Hals mit Ölfarbe aufgetragen. Danach bemalen Sie den Schnabel mit elfenbeinschwarzer Acrylfarbe. Eventuelle Farbspritzer auf den Glasaugen müssen vorsichtig mit einer Messerspitze abgeschabt werden. Dann ist der Eistaucher fertig. Ich selbst montiere ihn nicht auf einem Sockel, sondern lasse ihn so, daß es aussieht, als schwimme er auf dem Wasser.

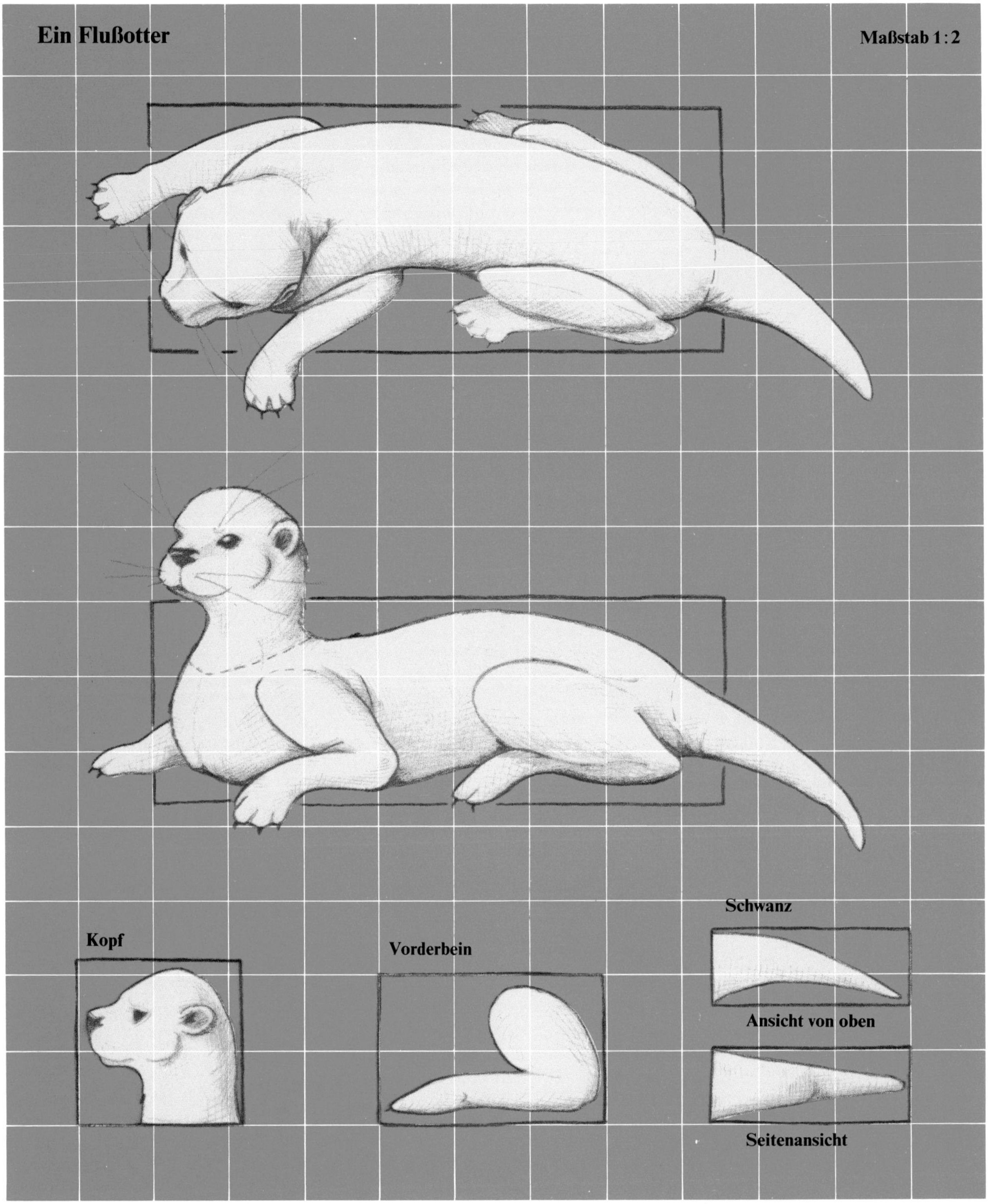
Ein Flußotter
Maßstab 1:2
Kopf
Vorderbein
Schwanz
Ansicht von oben
Seitenansicht

Ein Flußotter

Einer der grundlegenden Unterschiede zwischen geschnitzten Vögeln und anderen Tieren besteht darin, wie die Figuren montiert werden. Ein geschnitzter Vogel soll den Eindruck von Schwerelosigkeit vermitteln. Diesen erzielt man zum einen durch die Pose, in der der Vogel aufgestellt wird, und zum anderen durch die dünnen Beine, die den Körper tragen. Beim Schnitzen und Aufstellen einer Tierfigur haben wir es mit dem entgegengesetzten Problem zu tun. Die Figur soll den Eindruck von Schwere und Masse vermitteln. Bevor Sie mit dem Schnitzen beginnen, sollten Sie sich mit der Anatomie des Tieres vertraut machen. Denken Sie darüber nach, wie sich seine Muskeln strecken, wenn es sich bewegt. Außerdem sollten Sie es so aufstellen, daß es sich eng an den Untergrund anschmiegt, um den Eindruck entspannter Kraft zu erzeugen.

Ich setze diesen Otter aus verschiedenen Stücken Weymouthskiefer zusammen, anstatt ihn aus einem Stück zu schnitzen, obwohl ich das auch tun könnte. Diese Zusammensetzung macht es einfacher, die Stellung von Vorderpfoten und Schwanz so festzulegen, daß sie auf einer unebenen Grundplatte aus Treibholz ruhen und den Anschein geballter Kraft erwecken. Diese Technik eignet sich gut für alle komplizierten Figuren, die auf unregelmäßige Unterlagen montiert werden sollen.

Sägen Sie die groben Umrisse mit der Bandsäge aus und ordnen Sie die einzelnen Teile provisorisch auf der Unterlage an, um eine Vorstellung von ihrer endgültigen Lage zu bekommen. Die Vorderbeine, der Schwanz und der Kopf werden mit dem Schnitzmesser bearbeitet. Kleben Sie die Vorderbeine eins nach dem anderen mit schnellhärtendem Epoxykleber an und halten Sie sie fest, bis der Kleber ausgehärtet ist. Danach kleben Sie Kopf und Schwanz an. Das Ankleben des Körpers auf der Grundplatte erfolgt erst später. Über die Klebenähte tragen Sie kleinere Mengen Epoxykitt auf, tauchen Ihre Finger in Wasser und verschmieren den Kitt. Der überschüssige Kitt wird mit dem Messer abgekratzt. Nach dem Aushärten des Kittes glätten Sie die Nahtstellen mit einem 220er-Schleifpapier.

Schnitzen Sie danach den Otter mit dem Messer bei und überprüfen Sie dabei immer wieder die Paßform der Vorderbeine zur Unterlage. Nehmen Sie das Holz vorsichtig so lange weg, bis die gesamte Unterseite sich genau an die Unregelmäßigkeiten der Unterlage anpaßt.

Sägen Sie die Einzelteile für Kopf, Körper, Schwanz und Vorderbeine aus und ordnen sie provisorisch auf der Unterlage an, um eine Idee von der endgültigen Stellung zu bekommen.

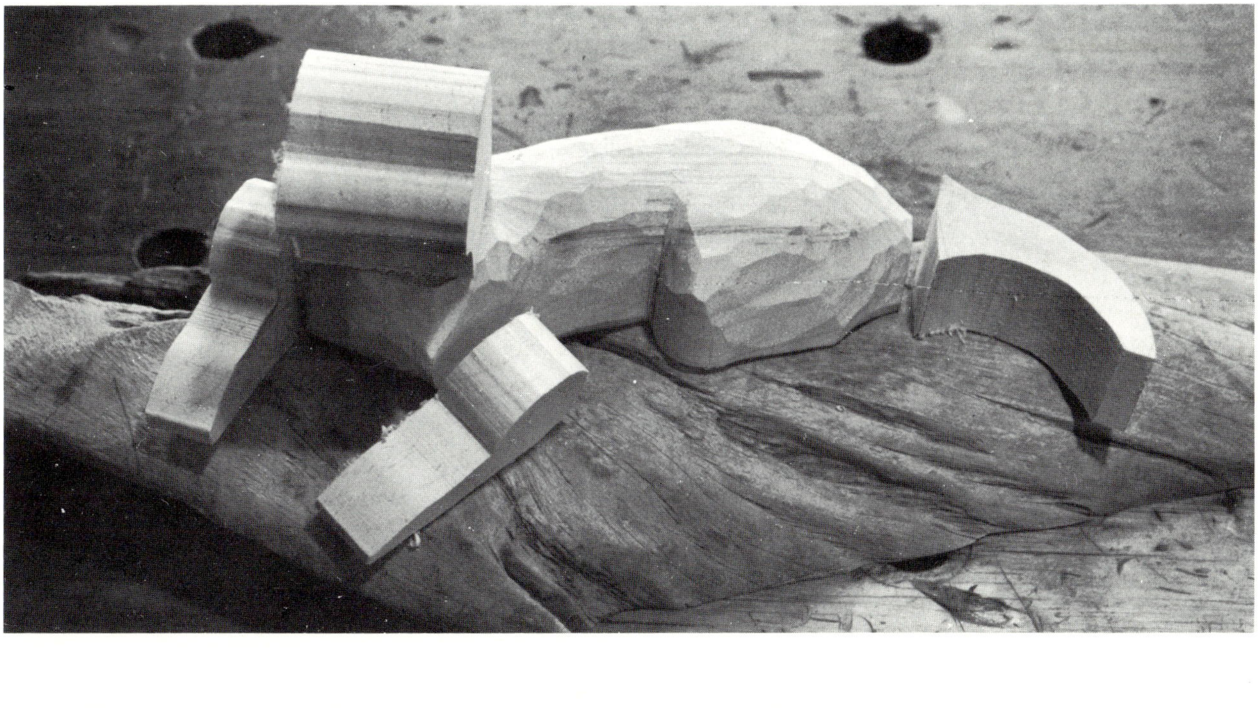

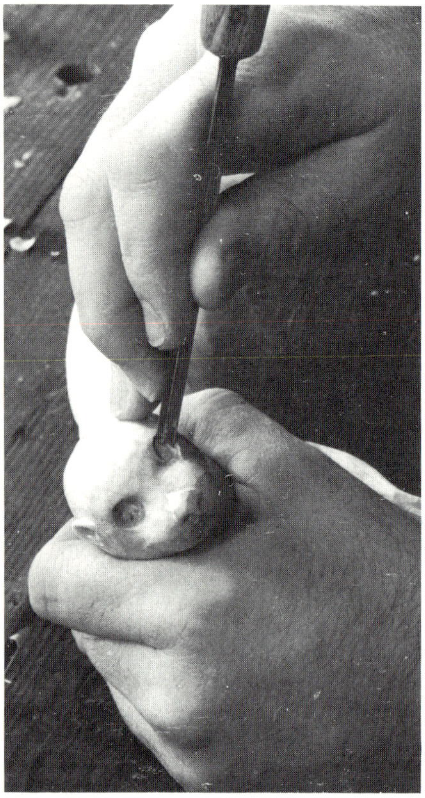

Die Augenhöhlen werden mit einem Hohleisen Nr. 8, 4 mm, etwa 5 mm tief und 6 mm im Durchmesser herausgeholt. Malen Sie 6-mm-Glasaugen mit hellbrauner Acrylfarbe rückseitig an und kitten Sie sie ein.

Die Ohrmuscheln werden mit einem Hohleisen Nr. 8, 4 mm, ausgehöhlt. Dann arbeiten Sie die Vertiefungen zwischen den Zehen heraus und schnitzen das Maul. Mit dem gleichen Eisen werden die Augenhöhlen 5 mm tief und etwas mehr als 6 mm im Durchmesser herausgeholt. Malen Sie 6-mm-Glasaugen rückseitig mit hellbrauner Acrylfarbe an. (Ich nehme Van-Dyke-Braun, das ich mit etwas Titanweiß aufhelle.) Danach werden die Augen eingekittet. Im Gegensatz zur Kohlmeise und zum Eisvogel hat der Otter mandelförmige Augenlider. Wie ich schon vorher ausführte, ist die Augenpartie äußerst wichtig, da erst sie den Tierfiguren ein lebensnahes Aussehen verleiht. Schon geringe Abweichungen in der Form der Lider verändern das Aussehen nachhaltig. Modellieren Sie den Kitt so lange mit einem flachen Zahnstocher, bis Ihnen der Ausdruck zusagt.

Vor dem Bemalen wird der Otterpelz mit einem 3-mm-Geißfuß oder einem Brennstab strukturiert. Ich selbst brenne die Struktur lieber ein, weil auch dadurch ein lebensnaheres Aussehen erzielt wird. Dies geschieht auf die gleiche Weise, wie es beim Eisvogel beschrieben ist, wobei die Brennlinien natürlich der Struktur eines Tierpelzes entsprechen müssen. Beginnen Sie am Schwanz und machen Sie kurze Linien von etwa 6 mm, denn ein Otterpelz ist kurz- und feinhaarig. Ziehen Sie die Linien so nahe beieinander wie möglich. Um sich die Struktur des Pelzes einzuprägen, sollten Sie entsprechende Fotografien studieren.

Zum Bemalen des Tierkörpers hellen Sie Ölfarbe aus Gebranntem Umbra mit etwas Weiß und Ocker auf. Die Pelztönung des Otters variiert je nach Jahreszeit von Hellbraun bis Dunkelgrau, wobei die Brust fast weiß bleibt. Malen Sie die Farbe ohne Grundierung direkt auf die Pelzstruktur auf, indem Sie mit dem Pinsel den eingebrannten Linien folgen. Lassen Sie die Farbe trocknen, dann versehen Sie die gesamte Figur mit einer leichten Lasur aus umbrafarbigem Acryl, das Sie, wie auf Seite 82 beschrieben, in einer Untertasse mit Wasser verdünnen und mit einem Pinsel Nr. 6 auftragen. Machen Sie kurze Striche und wischen Sie die Lasur mit einem sauberen, trockenen Tuch wieder ab. Dadurch bleibt eine dünne Schicht in den eingebrannten Linien zurück, die den Eindruck eines dichten, weichen Pelzes vermittelt. Die Nase wird mit einem Pinsel Nr. 1 mit schwarzer Farbe angemalt, ebenso die Pfoten. Kleben Sie dann den Otter auf der Unterlage mit Epoxykleber auf und schrauben Sie ihn mit einer Holzschraube fest.

Die Augenlider werden mit einem flachen Zahnstocher geformt. Geringfügige Formveränderungen tragen schon zu einer Veränderung des Aussehens bei.

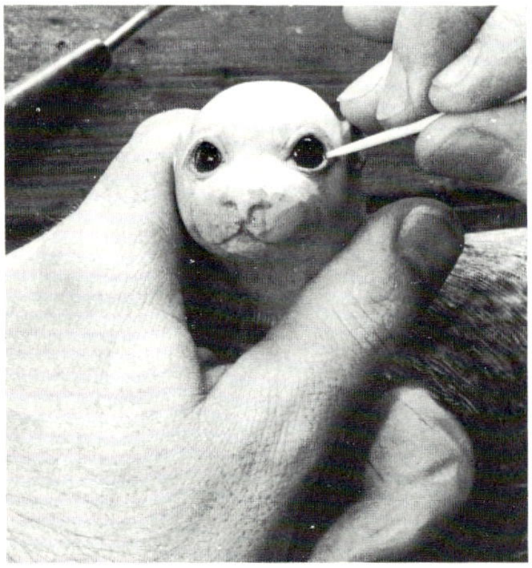

Brennen Sie 6 mm lange Linien für den Pelz ein und halb so lange Linien um Augen- und Maulpartie herum.

Den Schnurrbart habe ich aus 4 cm langen Pinselborsten gefertigt. Kleben Sie die Schnurrbarthaare in fünf oder sechs winzigen Löchern auf beiden Seiten der Nase entlang der Schnauze ein, dazu drei über jedes Auge, und das muntere kleine Biest ist fertig.

Sie lasieren den Otter, nachdem Sie die Pelzstruktur eingebrannt haben, mit einem dünnen Überzug aus Acrylfarbe, malen Nase und Pfoten an und montieren ihn auf der Unterlage. Dann bringen Sie für ein lebensechtes Aussehen noch 4 cm lange Pinselborsten um Nase und Augen an.

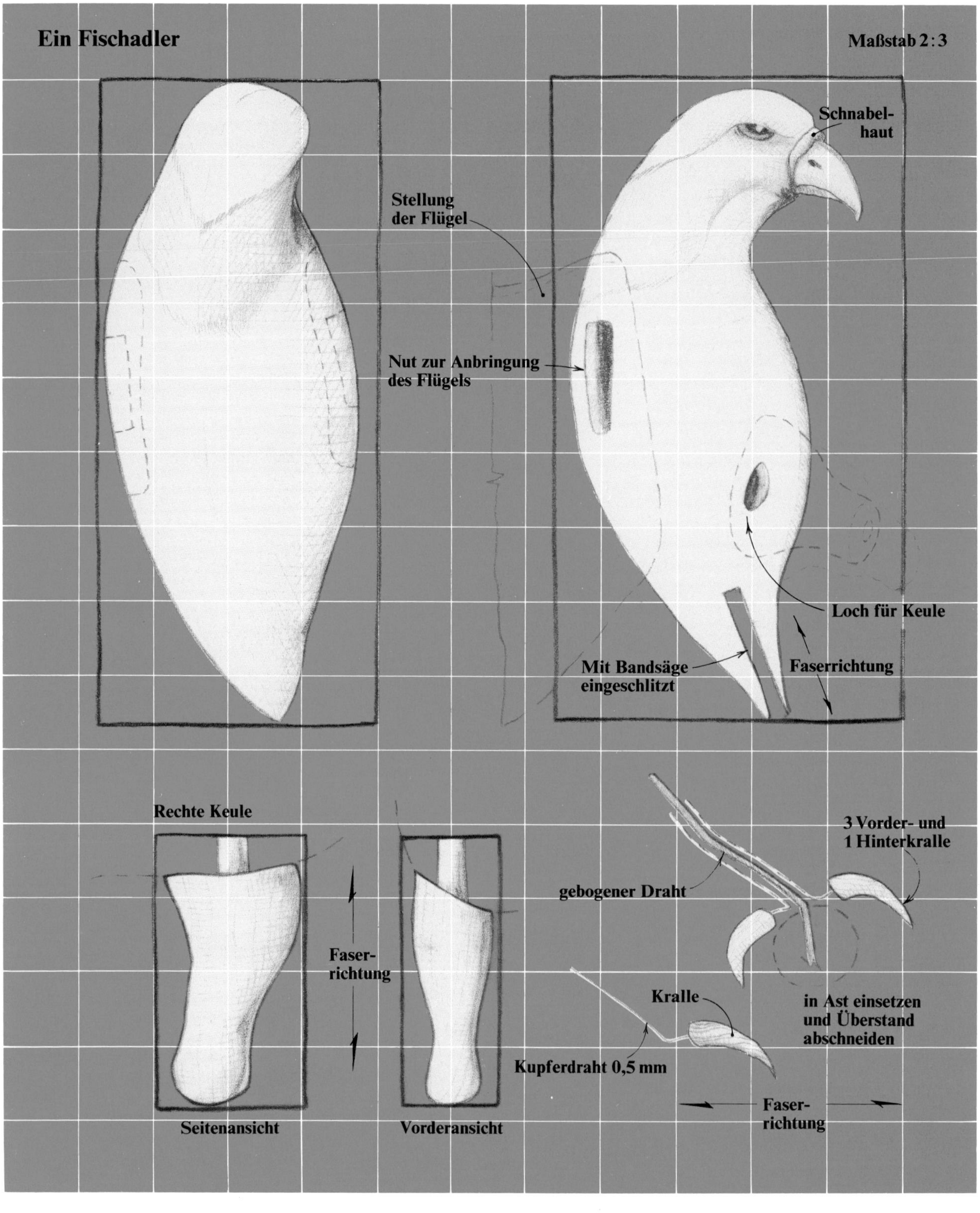
Ein Fischadler
Maßstab 2:3
Schnabel-
haut
Stellung
der Flügel
Nut zur Anbringung
des Flügels
Loch für Keule
Mit Bandsäge
eingeschlitzt
Faserrichtung
Rechte Keule
Faser-
richtung
Seitenansicht
Vorderansicht
3 Vorder- und
1 Hinterkralle
gebogener Draht
Kralle
in Ast einsetzen
und Überstand
abschneiden
Kupferdraht 0,5 mm
Faser-
richtung

Ein Fischadler

Der Fischadler ist ein großer Vogel mit einer Spannweite von über 1,20 Metern. Er lebt in der Nähe von Frischwassern oder Flüssen, wo er auf der Jagd nach Fischen umherkreist, und baut sein Nest in der Krone einer Kiefer oder eines Balsambaumes. Sein scharfes Auge erspäht die Beute noch aus großer Entfernung. Hat er sie entdeckt, flattert er kurz und stürzt sich dann ins Wasser. Ich habe einmal einen Fischadler beobachtet, der ganz unter Wasser tauchte und mit kräftigen Flügelschlägen wieder nach oben kam, in seinen langen, gebogenen Krallen einen Fisch haltend.
In diesem Anwendungsbeispiel wird der Fischadler so dargestellt, als ließe er sich gerade auf einem Ast nieder. Die Schwingen sind ausgebreitet, um seinen Flug abzubremsen, wobei sich die Spitzen der Flugfedern wie unter Druck biegen. Das Projekt erfordert gute Fertigkeiten im Messerschnitzen und im Reliefschnitzen.
Übertragen Sie die Vorlage auf ein Stück Holz von 17,5 × 10 × 7,5 cm Größe, und zwar derart, daß die Faserrichtung parallel zur Einschlitzung des Schwanzes verläuft, und sägen Sie die Umrisse und den Schwanzschlitz mit der Bandsäge aus. Dann schnitzen Sie mit dem Messer den Körper des Vogels. Der Schnabel erfordert eine rasiermesserscharfe Klinge, um Splittern zu vermeiden, denn die Schnitzrichtung verläuft hier quer zur Faserrichtung. Zeichnen Sie mit Bleistift die Schnabelhaut ein, die den Schnabel mit dem Kopf verbindet, umreißen Sie sie mit einem 3-mm-Geißfuß und schnitzen Sie sie mit einem scharfen Messer rund. Den Übergang in den Schnabel glätten Sie mit einem 220er-Schleifpapier. Zum Schluß kerben Sie mit dem Geißfuß eine Linie für die Schnabelöffnung ein.
Den Schwanz sägen Sie aus einem Holzstück mit den Maßen 125 × 95 × 6 mm aus, auf das Sie die Vorlage so einzeichnen, daß die Faser von vorne nach hinten verläuft. Dann passen Sie den Schwanz in den Schlitz ein, indem Sie überflüssiges Holz mit dem Messer wegschneiden. Er soll gut sitzen, aber nicht zu fest. Um die Paßstelle ziehen Sie eine Bleistiftlinie, die verhindern soll, daß Sie an dieser Stelle beim Schnitzen der Federn Holz wegnehmen, wodurch der Sitz nicht mehr gegeben wäre.
Anschließend befestigen Sie den Schwanz mit der Oberseite nach un-

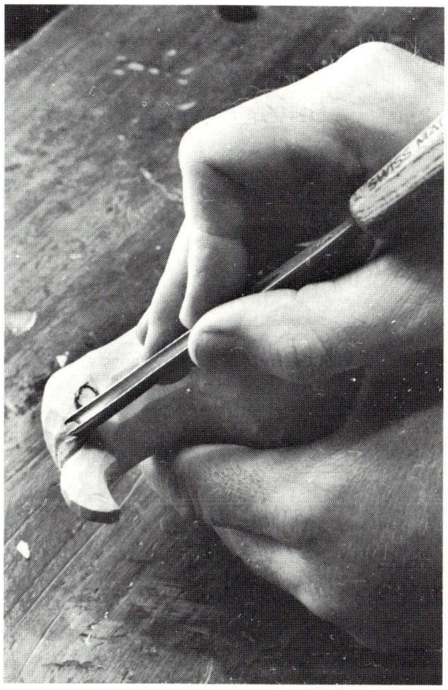

Kerben Sie mit einem 3-mm-Geißfuß eine Linie um die Schnabelhaut ein, runden Sie die Haut mit dem Messer ab und glätten Sie den Übergang zum Schnabel mit Schleifpapier.

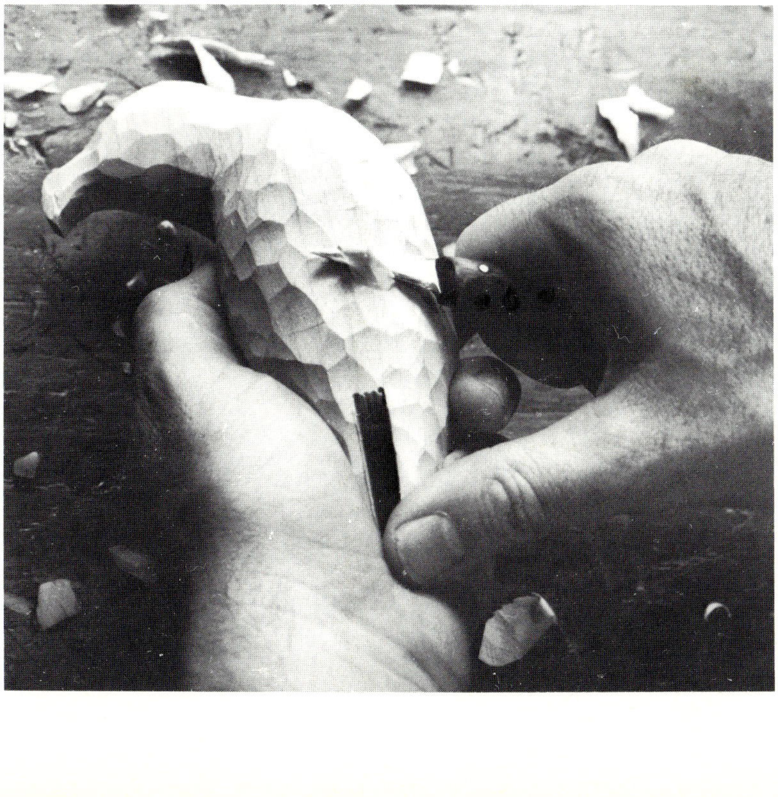

Der Schlitz für den Schwanz wird mit der Bandsäge eingeschnitten. Mit dem Messer wird der Körper ausgeschnitzt.

Arbeiten Sie die Federn mit einem 12-mm-Kasteneisen heraus. Seine rechteckige Form erzeugt einen abgestuften Effekt, wodurch sich die Federn zu überlappen scheinen.

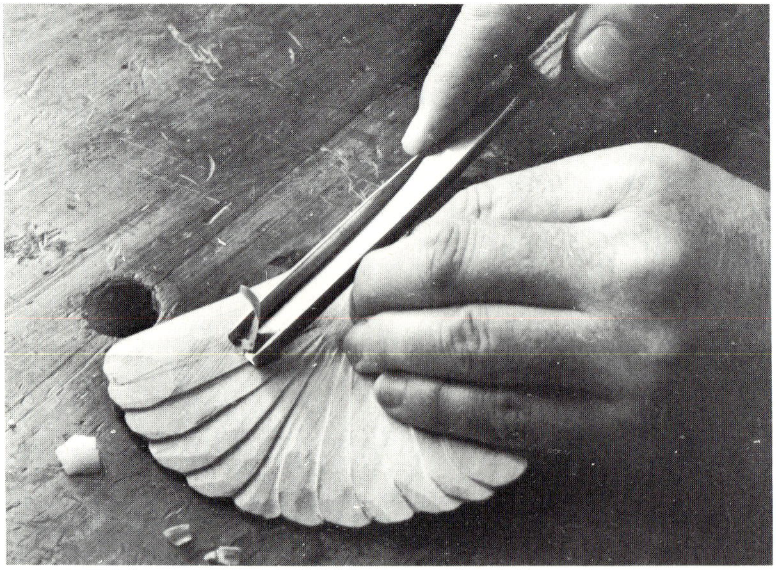

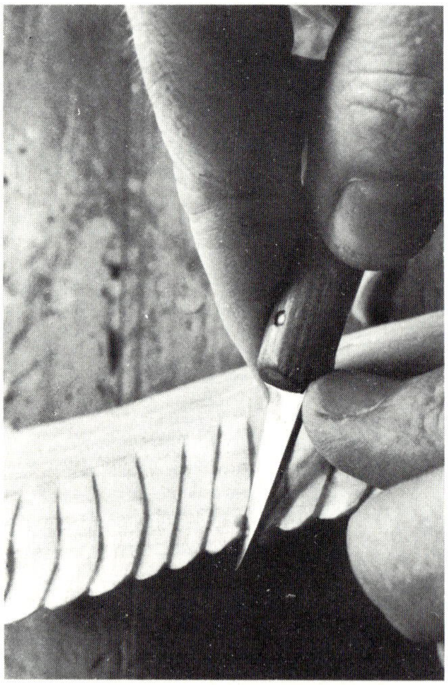

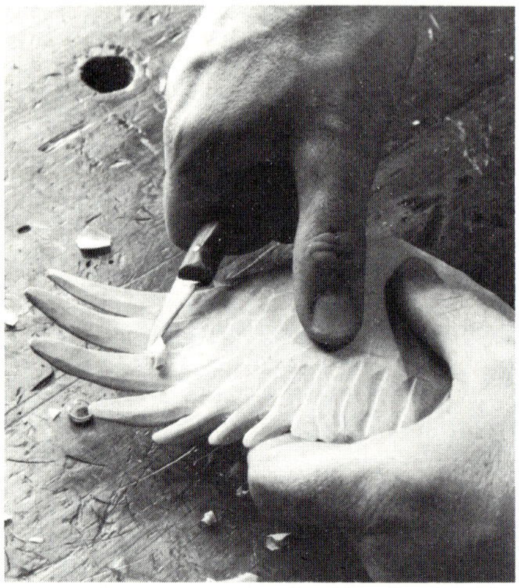

Mit einem Messer werden die hinteren Flugfedern im Hebelschnitt angeschrägt, so daß sie zu überlappen scheinen (oben). Die Spitzen der vorderen Flugfedern werden mit Schälschnitten im Winkel von 45° angeschrägt (unten). Dabei ist besonders darauf zu achten, daß das Holz an den dünnen Stellen nicht absplittert. Unebene Stellen auf den Federn werden mit einem 220er-Schleifpapier geglättet, jedoch bleiben die Schnittspuren auf dem restlichen Flügel stehen.

ten auf der Werkbank. Die Schraubzwinge bringen Sie an der Paßstelle an, von der ja kein Holz mehr entfernt wird. Mit einem Hohleisen Nr. 3, 15 mm, nehmen Sie von der Mitte der Unterseite etwa 3 mm Holz weg. Glätten Sie das Holz und lassen Sie es seitlich so auslaufen, daß eine schwache Wölbung entsteht. Dann drehen Sie den Schwanz herum und runden mit dem gleichen Eisen seine Oberseite ab. Nehmen Sie soviel Holz von den Seiten weg, bis nur noch etwa 3 mm stehenbleiben und die Oberseite gleichfalls gewölbt ist. Wenden Sie dabei nicht zuviel Druck an, sonst splittert das Holz und Sie müssen von vorne beginnen.

Zeichnen Sie nun die Federn auf der Oberseite ein. Die mittlere Schwanzfeder liegt am höchsten und überlappt die beiden danebenliegenden Federn. Umreißen Sie alle Federn mit einem 12-mm-Kasteneisen. Durch seine rechteckige Form erzeugt es einen stufenartigen Effekt, so daß die Federn wie überlappend aussehen. Achten Sie dabei wieder darauf, keinen zu starken Druck auszuüben. Danach klammern Sie den Schwanz los, runden mit einem Messer die Spitzen ab und lassen dabei die Abrundungen in die Kanten der überlappenden Federn übergehen.

Jetzt drehen Sie den Schwanz wieder herum und zeichnen die Umrisse der Federn auf der Unterseite derart ein, daß sie mit den Umrissen auf der Oberseite übereinstimmen. Nachdem Sie den Schwanz wieder eingespannt haben, arbeiten Sie die Federn in derselben Weise wie zuvor heraus. Beginnen Sie aber diesmal mit den zwei obersten Federn an den Außenseiten und schnitzen zur Mitte hin. Unebene Stellen und scharfe Kanten werden mit 220er-Schleifpapier glattgeschmirgelt, dann bewahren Sie den Schwanz an einem sicheren Ort auf.

Zeichnen Sie die Aufsicht der Flügel auf ein Holzstück von 30 x 12 x 5 cm Größe ein und sägen Sie sie mit der Bandsäge aus. Danach zeichnen Sie die Vorderansicht ein und sägen sie gleichfalls aus. Vergewissern Sie sich, daß Sie nicht zweimal den gleichen Flügel ausschneiden! Dann spannen Sie die Flügel auf die Werkbank und bearbeiten sie genauso, wie Sie den Schwanz bearbeitet haben. Für die Grobarbeit nehmen Sie ein Hohleisen Nr. 7, 18 mm, und zur Nacharbeit entweder ein Eisen Nr. 3, 15 mm, oder ein Schwalbenschwanzeisen Nr. 5, 12 mm. Zeichnen Sie die Federn auf und arbeiten Sie sie mit einem 12-mm-Kasteneisen heraus. Die oberste Feder auf der Oberseite ist diejenige, die direkt am Korpus liegt und die folgenden Federn überlappt.

Die vorderen Flugfedern bedürfen besonderer Aufmerksamkeit bezüglich der Faserrichtung des Holzes, damit sie nicht splittern. Auf der Oberseite des Flügels schnitzen Sie mit dem Eisen von den Federspitzen zur Flügelmitte hin. Auf der Unterseite beginnen Sie in der Mitte der Federn und schnitzen in beide Richtungen. Unebene Stellen an den Federn glätten Sie mit einem 220er-Schleifpapier, aber lassen Sie auf dem restlichen Flügel die Schnitzmarkierungen stehen. Die vorderen Flugfedern schrägen Sie mit Schälschnitten in einem Winkel von 45° ab, die hinteren mit Hebelschnitten. Säubern Sie da-

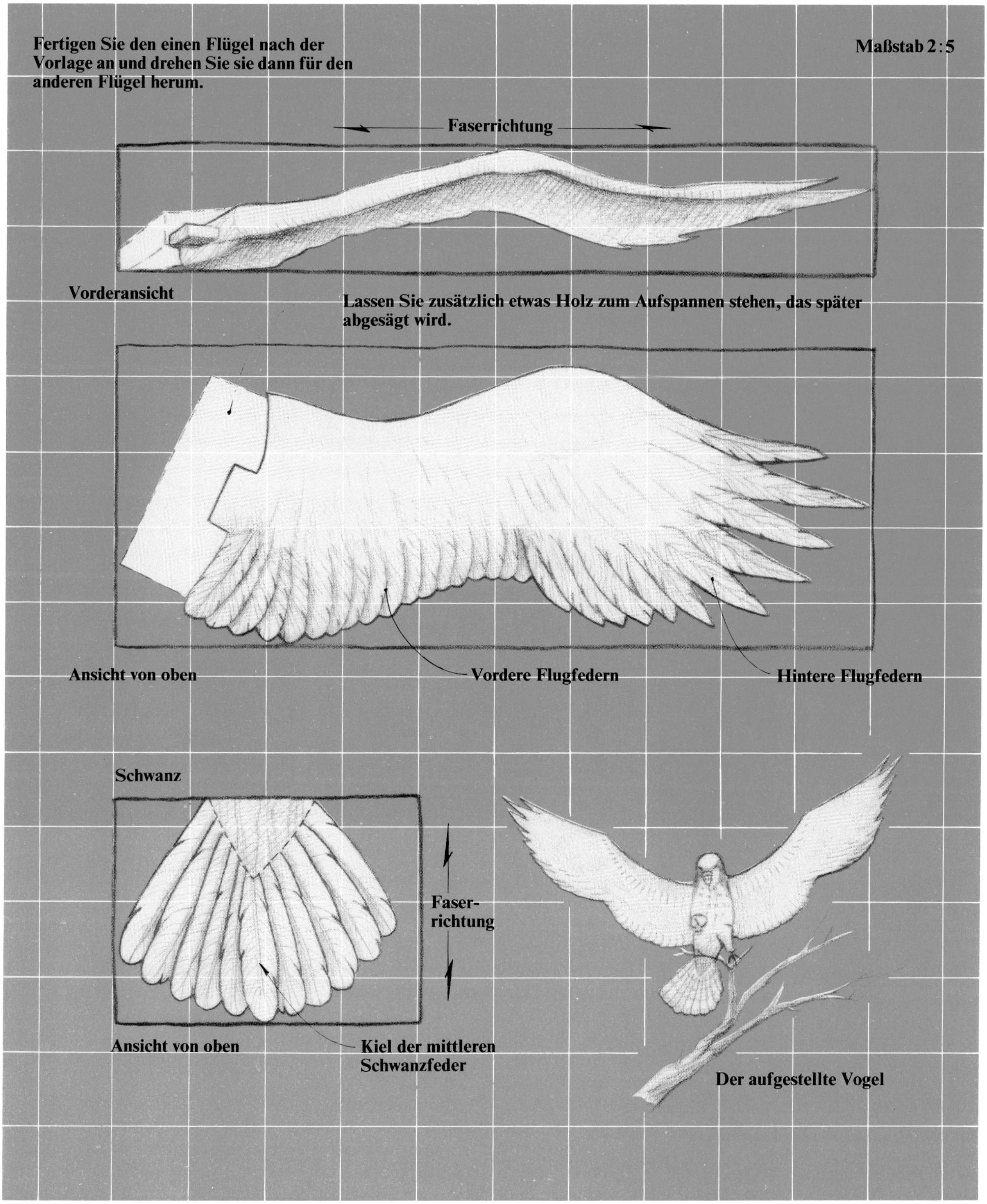

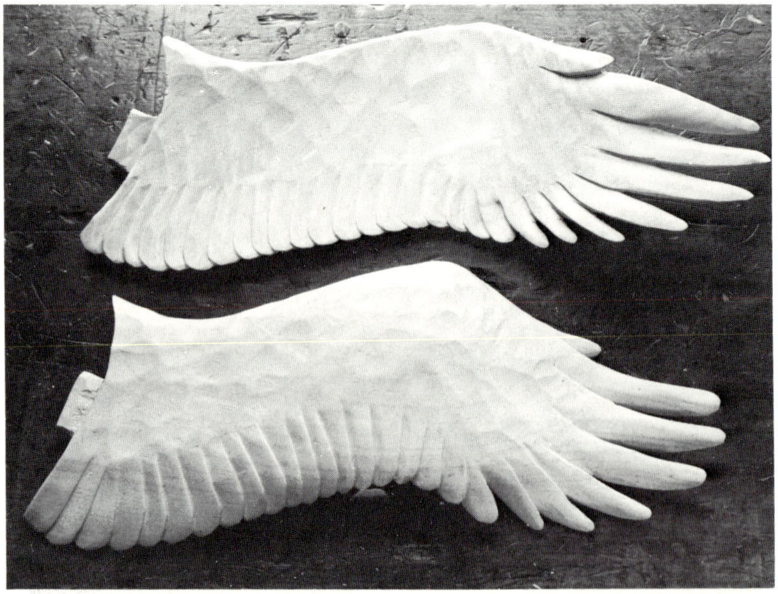

Die Flügel werden in die Nut am Körper mit einem Zapfen eingesetzt. Jeder Zapfen sollte etwa 10 mm lang, 30 mm breit und 6 mm stark sein.

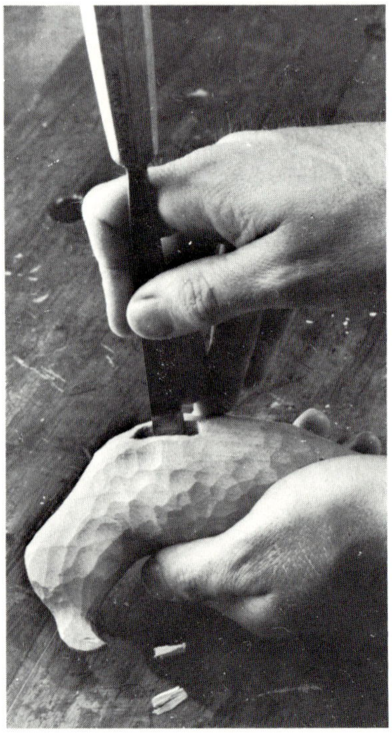

Für das Aushöhlen der Nuten werden an jedem Ende Löcher von 6 mm Durchmesser und 12 mm Tiefe gebohrt (links), wobei der Bohrer in einem Winkel von 45° zum Vogelrücken steht. Das Holz zwischen den Löchern holen Sie mit einem 12-mm-Stecheisen heraus (oben rechts). Dazu drücken Sie das Eisen an den Nutkanten ins Holz und holen es vorsichtig zur Mitte hin heraus. Zum Schluß werden die Nutkanten geglättet.

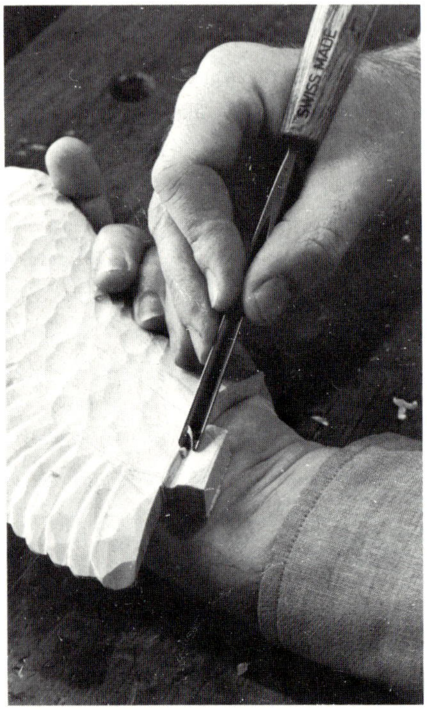

An der Zapfenbasis wird mit einem 6-mm-Geißfuß eine 3 mm tiefe Einkerbung gemacht, dann schnitzen Sie den Zapfen auf 6 mm Stärke bei, damit er in die Nut paßt.

nach die Zwischenräume der Federn und entfernen Sie die Riefen, die das Kasteneisen hinterlassen hat.

Die Flügel werden mit einem Zapfen in die Nuten des Körpers eingesetzt. Zeichnen Sie die Nuten auf beiden Seiten an den in der Vorlage vorgesehenen Stellen ein und bohren Sie an den Enden 12 mm tiefe und 6 mm breite Löcher in einem Winkel von 45° zum Rücken des Vogels. Das Holz zwischen den Löchern holen Sie mit einem 12 mm breiten Stecheisen heraus. Dazu fassen Sie das Eisen etwa 4 cm von der Schnittkante entfernt und drücken es an den Nutkanten ins Holz. Holen Sie das Holz vorsichtig in kleinen Mengen heraus und glätten Sie danach die Nutkanten.

Als nächstes sägen Sie das Holz ab, das für das Anklammern der Flügel stehengelassen wurde, wobei ein Zapfen von 10 mm Länge stehenbleibt. Mit einem 6-mm-Geißfuß machen Sie an der Zapfenbasis eine 3 mm tiefe Einkerbung und bearbeiten den Zapfen mit einem Messer, bis er etwa 6 mm stark ist und in die Nut hineinpaßt. Danach

kleben Sie beide Flügel und den Schwanz mit Epoxykleber in den Körper ein.
Die Keulen des Fischadlers werden aus einem halbzölligen Kiefernholz herausgesägt. Spannen Sie sie mit der Unterkante nach oben in einen Schraubstock und bohren Sie in der Mitte ein 3 mm starkes Loch von 25 mm Tiefe hinein. Danach runden Sie die Keulen mit einem Messer ab und schnitzen an ihrem oberen Ende einen Dübel von 6 mm Durchmesser an. In den Vogelkörper bohren Sie für diese beiden Dübel zwei Löcher mit dem gleichen Durchmesser, die etwa 42 mm vom hinteren Ende entfernt sind und 32 mm auseinanderstehen. Setzen Sie die Dübel probeweise ein, dann schnitzen Sie die Partie um sie herum so bei, daß die Keulen sich einwandfrei an den Korpus anlegen. Zum Einkleben nehmen Sie schnellhärtenden Epoxykleber.
Wenn der Kleber ausgehärtet ist, versiegeln Sie den ganzen Vogel mit Lack. Danach rollen Sie zwischen Ihren Handflächen eine Wurst aus Epoxykitt, die etwa 6 mm stark ist. Davon pressen Sie etwas auf die Verbindungsnähte der Flügel, des Schwanzes und der Keulen zum Vogelkorpus, tauchen Ihre Finger in Wasser und verschmieren den Kitt in den Nähten, bis sie nicht mehr sichtbar sind. Er muß 24 Stunden austrocknen und ergibt dann eine sehr haltbare Verbindung. Zum Schluß glätten Sie alle unebenen Stellen mit einem 220er-Schleifpapier.
Als nächstes grundieren Sie die Oberfläche mit zwei Kreideschichten. (Wenn Sie das Federkleid einbrennen wollen, müssen Sie das vorher machen.) Wenn die Kreide getrocknet ist, schneiden Sie die Augenhöhlen mit einem Hohleisen Nr. 8, 3 mm, heraus. Bemalen Sie ein Paar 8-mm-Glasaugen mit gelber Acrylfarbe und setzen Sie sie mit Epoxykitt ein.
Ein Schnitzstück von dieser Größe anzumalen, nimmt etwas Zeit in Anspruch. Legen Sie den Vogel zunächst auf den Rücken und bemalen Sie die Unterseite von Körper, Flügeln und Schwanz. Dazu neh-

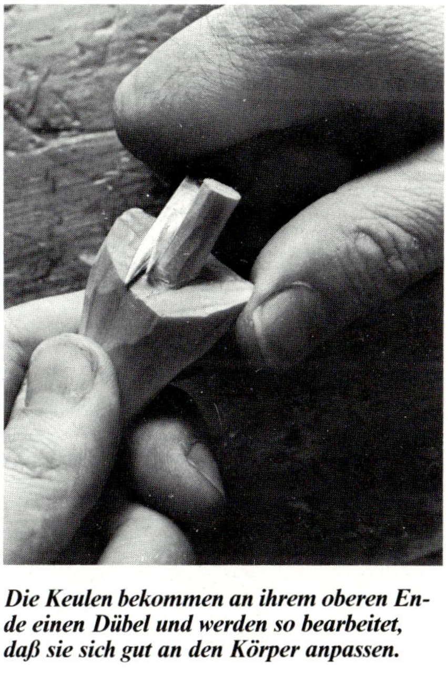

Die Keulen bekommen an ihrem oberen Ende einen Dübel und werden so bearbeitet, daß sie sich gut an den Körper anpassen.

Zum Einsetzen in den Korpus bohren Sie zwei Löcher von 6 mm Durchmesser. Passen Sie die Dübel erst probeweise ein, bevor Sie sie mit Epoxykleber eindübeln.

Sie rollen aus Epoxykitt eine dünne Wurst, tauchen Ihre Finger in Wasser und verschmieren den Kitt an den Verbindungsnähten von Flügeln, Schwanz und Keulen.

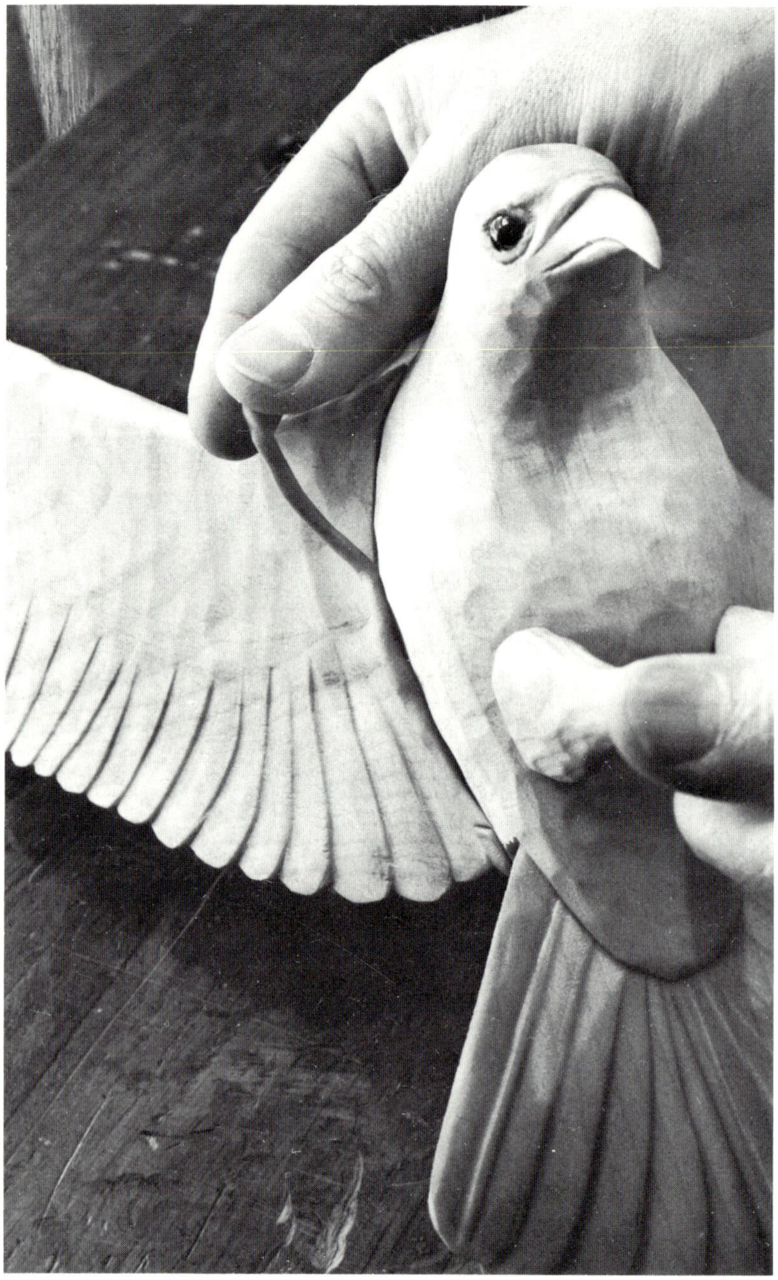

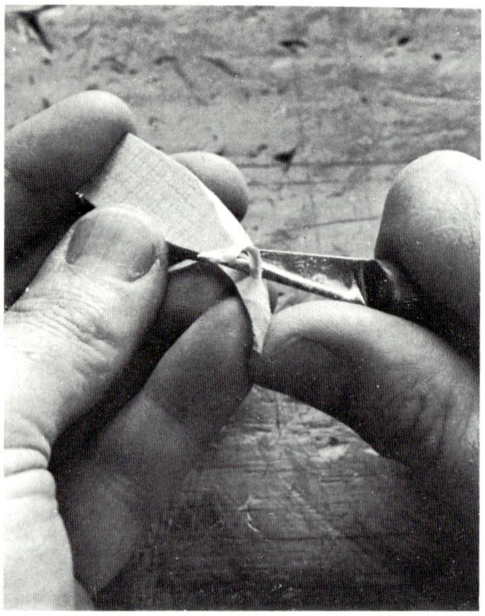

Schnitzen Sie acht Krallen aus 3 mm starkem Kiefernholz und schmirgeln Sie sie glatt.

Kleben Sie einen 9 cm langen Kupferdraht in jede Kralle und biegen Sie ihn, nachdem der Kleber ausgehärtet ist, etwa 6 mm von der Krallenkante entfernt L-förmig ab. Dann versiegeln Sie die Krallen mit Lack.

men Sie weiße Farbe, die Sie mit etwas Gebranntem Umbra und Gebranntem Siena tönen. Die Querbänder sind hellbraun. Wenn die Farbe getrocknet ist, halten Sie den Vogel an den Beinen und malen Haupt und Oberseite an. Der Kopf ist weiß mit einem schwarzen Streifen an den Augen, der in den Hals übergeht, und hat eine dunkelbraune Krone. Die Oberseite der Flügel und des Schwanzes hat die gleiche Tönung wie die Unterseite, aber eine Nuance dunkler. Die Querbänder an Schwanz und Flugfedern sind mit etwas Schwarz dunkler getönt. Tragen Sie zunächst die Grundfarben auf, dann tupfen Sie an der Kante der Flugfedern eine Schattierung und strukturieren das Ganze mit einem Fächerpinsel. Die Schnabelhaut wird grau und der Schnabel selbst grau oder schwarz angemalt.
Sie können den Vogel auf zwei Arten montieren, wie es auf den Seiten 168 und 169 dargestellt ist. Um ihn an der Wand anzubringen, schneiden Sie aus einem 20 mm starkem Holz ein ovales Stück von etwa 20 cm Länge und 15 cm Breite heraus. (Ich verwendete dazu Graue Walnuß, aber gewöhnliche Walnuß oder Kirsche erfüllen den

gleichen Zweck.) Glätten Sie das Holz mit Schleifpapier und runden Sie die Kanten ab. Dann bohren Sie von der Rückseite her ein 3 mm starkes, nach oben laufendes Loch nahe der Oberkante, an dem die Platte aufgehängt werden kann. Suchen Sie eine Astgabel aus verwittertem Holz, auf der Sie den Fischadler so montieren können, als sei er im Begriff zu landen. Sägen Sie das dicke Ende der Astgabel durch und schmirgeln Sie die Schnittfläche glatt. (Insgesamt sollte die Astgabel etwa 25 cm vorstehen.) Bohren Sie die Astgabel an und befestigen Sie sie mit einer 1½-zölligen Holzschraube Nr. 10 etwa 5 cm von der Unterkante der Platte. Die Platte hängen Sie mit einem Nagel an der Wand auf oder schrauben sie an.

Der Fischadler kann aber auch freistehend zur Ausstellung auf einem Wandbrett oder einem Kaminsims montiert werden. Dazu muß die Grundplatte aus Stabilitätsgründen etwas größer sein als bei der Wandaufhängung. Verwenden Sie deshalb ein 1½ Zoll starkes Holz und machen das Oval 25 cm lang. In diesem Fall genügt als Aufsatz statt der Astgabel ein einzelner dicker Ast oder ein Stück Treibholz.

Die acht Vogelkrallen schnitzen Sie aus 3 mm starkem Kiefernholz und schmirgeln sie glatt. Sie sind sehr zerbrechlich, also mit Vorsicht zu behandeln. Bohren Sie mit einer dicken Nähnadel in jede Kralle ein 5 mm tiefes Loch und kleben mit Epoxykleber einen 9 cm langen, 0,4 mm starken Kupferdraht hinein. Nach dem Aushärten des Klebers biegen Sie den Draht 6 mm vom Ende der Kralle entfernt L-förmig um (wie bei der Kohlmeise). Tauchen Sie die Krallen zur Versiegelung in Lack. Als nächstes rauhen Sie ein 15 cm langes Stück kräftigen Drahts mit 180er-Schleifpapier auf, damit der Kleber besser

Legen Sie den Vogel auf den Rücken und bemalen Sie die Unterseite von Körper, Flügeln und Schwanz mit weißer Ölfarbe, die mit etwas Gebranntem Umbra und Gebranntem Siena getönt wurde. Die Querbänder sind hellbraun. Das Haupt ist weiß mit einem schwarzen Streifen an den Augen. Schattieren Sie die Kanten der Flugfedern und strukturieren Sie das Ganze mit einem Fächerpinsel.

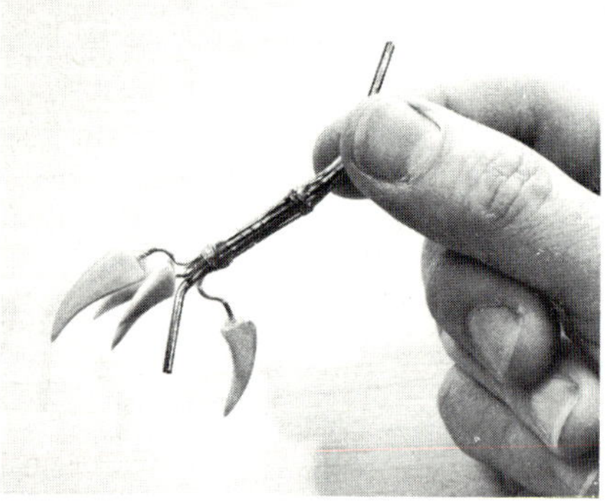

Bündeln Sie je vier Krallen um ein Drahtbein mit 0,5 mm starkem Draht zusammen. Danach überziehen Sie das Ganze mit Epoxyharz.

Kleben Sie die Beine in den Ast und die Keulen ein. Tragen Sie etwas Epoxykitt auf, in dem Sie Schuppen formen, und biegen Sie die Krallen um den Ast herum.

haftet. Schneiden Sie den Draht in zwei Hälften und biegen Sie ihn um, wie in der Modellzeichnung auf Seite 160 dargestellt.
Da kein Ast dem anderen gleicht, müssen Sie nun etwas probieren, um den Vogel in die gewünschte Position zu bringen. Machen Sie das unbedingt vor dem Festkitten, denn nachher ist es sehr schwierig, den Draht ohne Beschädigung der Montage noch umzubiegen. Bohren Sie zwei etwa 5 cm auseinanderliegende Löcher von 1,5 mm Durchmesser in den Ast und stecken Sie die Beindrähte dort hinein. Die Biegungen sollten die Astoberfläche dabei gerade berühren. Ist der Draht zu lang, müssen Sie ihn mit der Drahtschere abschneiden. Danach befestigen Sie das andere Ende beider Drähte in den Vogelkeulen. Lassen Sie den Vogel von jemand anderem festhalten, während Sie ihn in die richtige Position bringen. Dabei kann es erforderlich sein, daß Sie die Drähte noch ein wenig biegen müssen. Zwischen dem unteren Rand der Vogelkeule und dem Ast sollte ein Abstand von etwa 2,5 cm bestehen. Wenn Sie den Fischadler freistehend montieren wollen, ist es jetzt an der Zeit, seine Balance zu überprüfen. Gegebenenfalls müssen Sie die Drahtbiegung noch einmal etwas verändern.
Wenn Sie die Drähte zu Ihrer Zufriedenheit ausgerichtet haben, ziehen Sie sie wieder aus dem Ast heraus. Bündeln Sie jeweils vier Krallen um einen Draht und binden sie oben und unten mit einem 0,5 mm starkem Draht zusammen. Dann überziehen Sie das Ganze mit Epoxyharz. Nachdem dieses ausgehärtet ist, kleben Sie die Beine in Ast und Keulen ein. Die Krallen biegen Sie so, daß sie sich um den Ast klammern.
Lassen Sie die Montage über Nacht stehen und machen Sie dann die Nacharbeiten an den Beinen. Überziehen Sie die Drähte mit einer

Der Fischadler sitzt auf einem Stück Treibholz, das mit einer ovalen Platte an der Wand befestigt wird.

dünnen Schicht Epoxykitt und sorgen Sie für einen nahtlosen Übergang zu den Keulen. Die Schuppen auf den Krallen formen Sie mit einem kleinen Spatel oder einem flachen Zahnstocher. Tauchen Sie dabei das Werkzeug öfter in Wasser, damit der Kitt nicht anhaftet.
Ist der Kitt ausgehärtet, malen Sie die Beine mit weißer Acrylfarbe an, die mit etwas Gebranntem Umbra und Gebranntem Siena getönt ist. Dazu nehmen Sie einen Pinsel Nr. 6. Die Krallen werden mit einem dünnen Überzug elfenbeinschwarzer Acrylfarbe versehen, wofür Sie einen Pinsel Nr. 2 verwenden (und einen Pinsel Nr. 1 für die schwer erreichbaren Stellen). Der fertige Fischadler wird die Zierde einer jeden Sammlung sein.

Bei dieser Ausführung ist der Vogel freistehend so montiert, als ob er gerade auf dem Ast landen würde. Der Ast sitzt auf der gleichen, aber etwas größeren Grundplatte wie bei der Wandmontage.

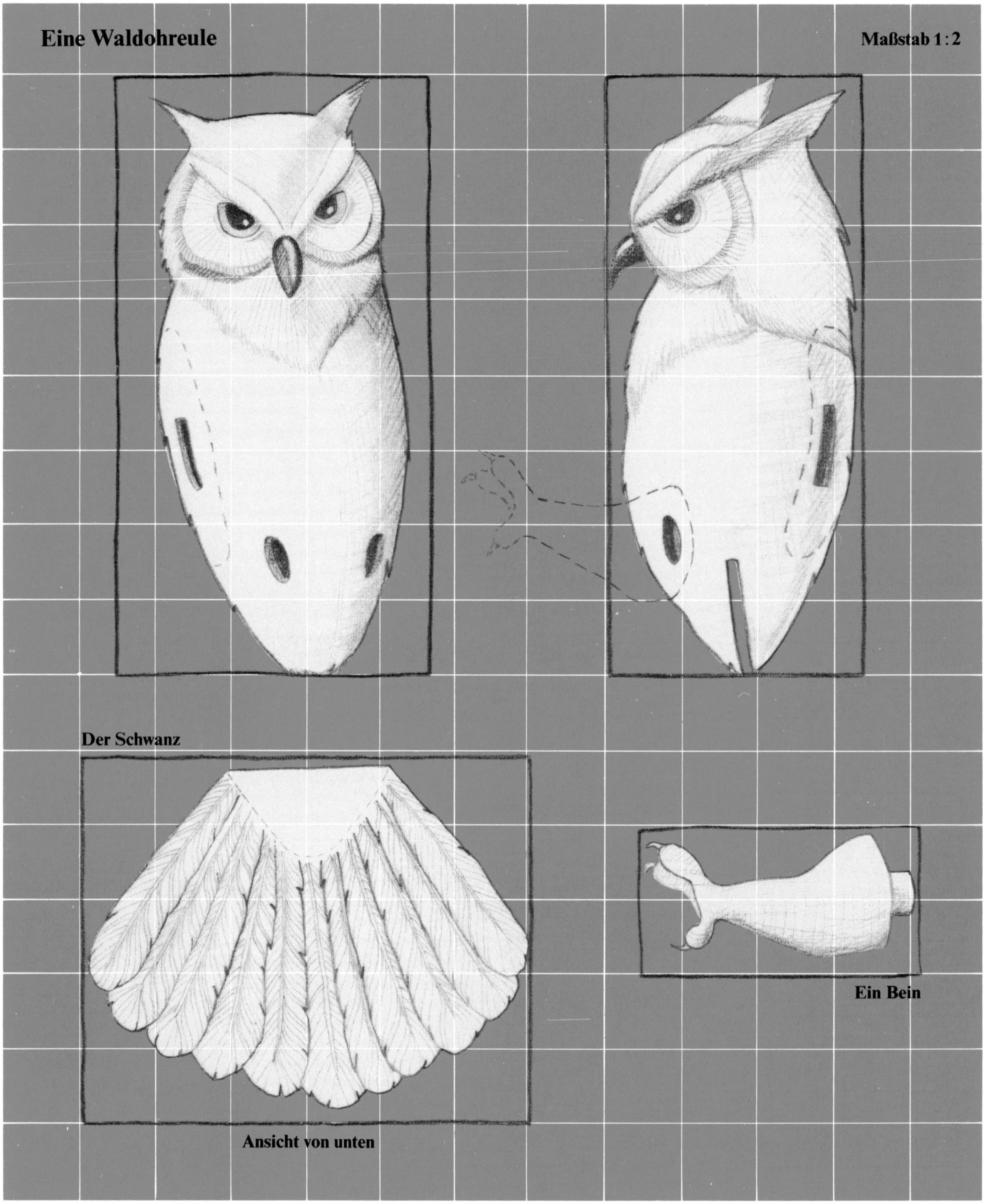
Eine Waldohreule
Maßstab 1:2
Der Schwanz
Ansicht von unten
Ein Bein

Die Waldohreule ist ein geschickter Jäger. Sie können sie mit den für den Fischadler beschriebenen Techniken anfertigen. Bohren Sie zur Aufstellung Löcher in die Schwanzfedern und die Halterung aus Treibholz, füllen Sie sie mit Epoxykitt und stecken Sie einen starken Draht hinein, der die Eule hält. Ihre Augen sind gelb und haben einen Durchmesser von 14 mm. Der Körper wird mit Gebranntem Siena, Gebranntem Umbra und Weiß angemalt. Der Schnabel kann getrennt geschnitzt und mit Epoxykleber aufgeklebt werden. Danach malt man ihn dunkelgrau oder schwarz an.

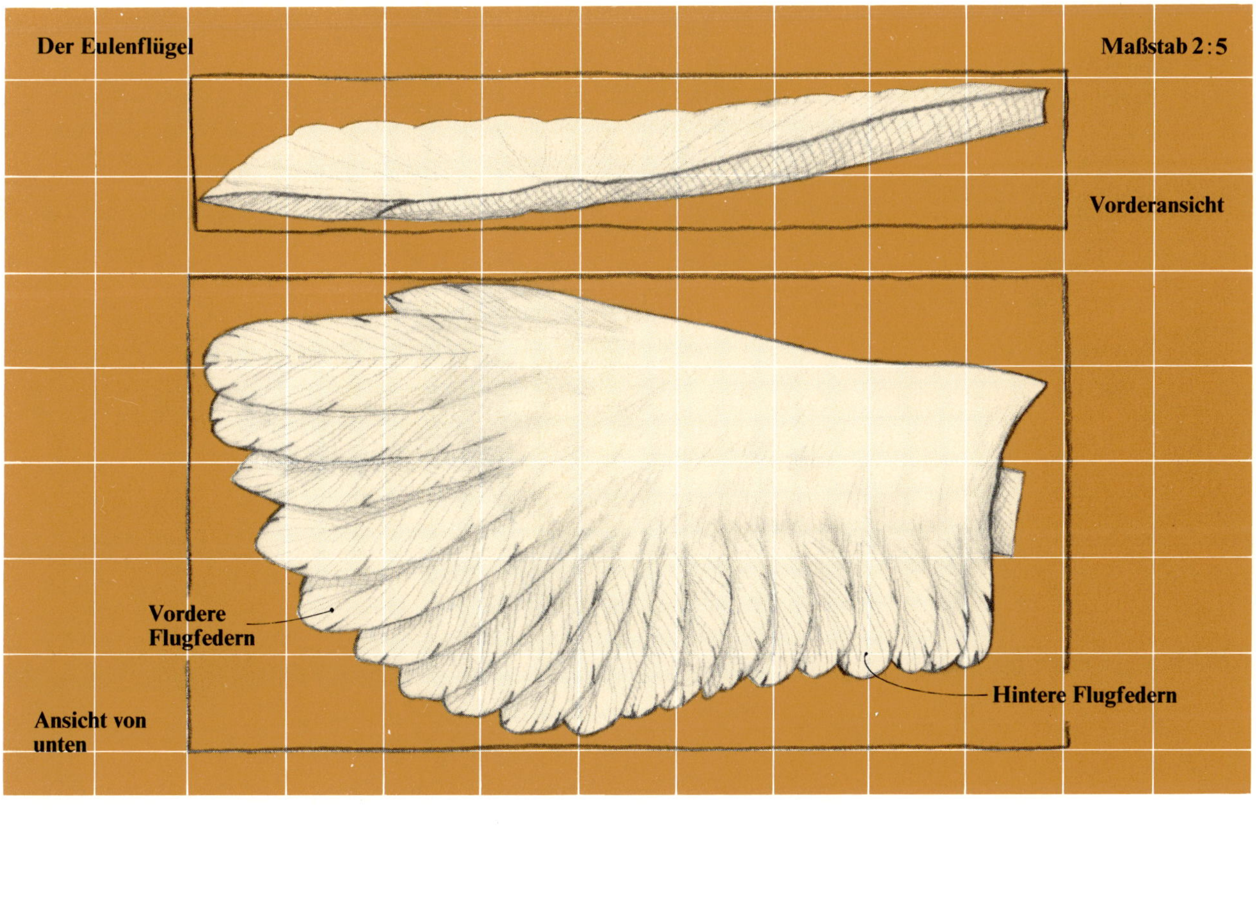

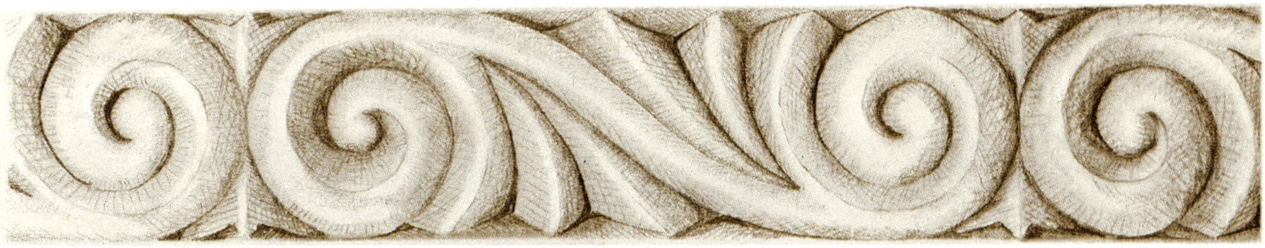

Schriftenschnitzen

In Holz geschnitzte Schriften verfügen wie kaum ein anderes Medium über Anziehungskraft und langanhaltende Schönheit. Mit ihrer Hilfe können Sie die Aufmerksamkeit vieler auf eine bestimmte Botschaft lenken oder aber Ihr Heim individuell ausschmücken.
Geschnitzt wurde schon lange bevor das Papier erfunden wurde. Deshalb kann man das Schnitzen als eine der ältesten Formen des Schreibens betrachten. In China wurden Knochen und Schildpatt mit eingeritzten Zeichen gefunden, die älter als 4000 Jahre sind. Inschriften aus längst vergangenen Zeiten können heute noch die Schnitzer inspirieren und sie mit neuen Ideen versehen.
Schriftenschnitzen ist jedoch eine der wenigen Schnitzarten, die neben reinem Vergnügen auch Arbeit bedeuten, weil es ein hohes Maß an Konzentration und Aufmerksamkeit verlangt. Aber wenn Sie dann endlich Ihr Werkzeug beiseite legen, werden Sie alle Mühen vergessen haben und Ihr Werk mit Stolz betrachten.

Materialien

Für die Arbeiten in diesem Kapitel verwendete ich je ein Hohleisen Nr. 7 in 6 und 18 mm Breite, ein Eisen Nr. 8, 4 mm, einen 3-mm-Geißfuß, ein löffelförmig gebogenes schräges Balleisen in 4 mm Breite und zwei Stecheisen 6 und 12 mm breit. Für das Schild auf Seite 180 benötigen Sie ein Hohleisen Nr. 3, 20 mm, und je ein Eisen Nr. 5 und Nr. 7 in 14 mm Breite. Die Kanten eingeschnittener Buchstaben lassen sich am besten mit der flachen Seite eines 30 mm breiten Stecheisens bearbeiten, und ein Geißfuß Nr. 13, 15 mm, eignet sich gut für das Umreißen und die Nacharbeiten. Für Serifen, das sind die Abschlußstriche bei bestimmten Schriftarten, nimmt man ein Schwalbenschwanzeisen in 10 oder 12 mm Breite.
Das Holz, das Sie verwenden, sollte eine gleichmäßige Maserung haben, denn unregelmäßig verlaufende Fasern könnten Ihnen viel Ärger verursachen, wenn Sie gerade Linien schnitzen wollen. Je nach Größe und Tiefe der Buchstaben kann das Holz zwischen einem halben und mehreren Zentimetern dick sein. Schneiden Sie nie tiefer als bis zu einem Drittel der Holzstärke, denn dann beginnt es, zerbrechlich zu werden. Für Schriften, die außen angebracht werden, sollten Sie entweder eine witterungsbeständige Holzsorte verwenden oder aber das Holz mit einem Bootsfirnis tränken, damit es sich nicht wirft.

In Holz geschnitzte Schriften vermitteln ein Gefühl der Beständigkeit und ziehen die Aufmerksamkeit des Betrachters an.

Dieser Kaminsims aus Grauer Walnuß enthält einen alten schottischen Spruch in modifizierter Frakturschrift. Der Hintergrund der flachen Reliefbuchstaben wird durch die stehengelassenen Bearbeitungsspuren aufgelockert.

Hier sind die Initialen eines Namens zu einem kunstvollen Puzzle verschlungen (geschnitzt von Fred M. Di Giovanni).

Ein Spruch aus dem Krieg der USA mit Mexiko im Jahre 1812, in Antiqua eingekerbt.

Altenglische Schrift

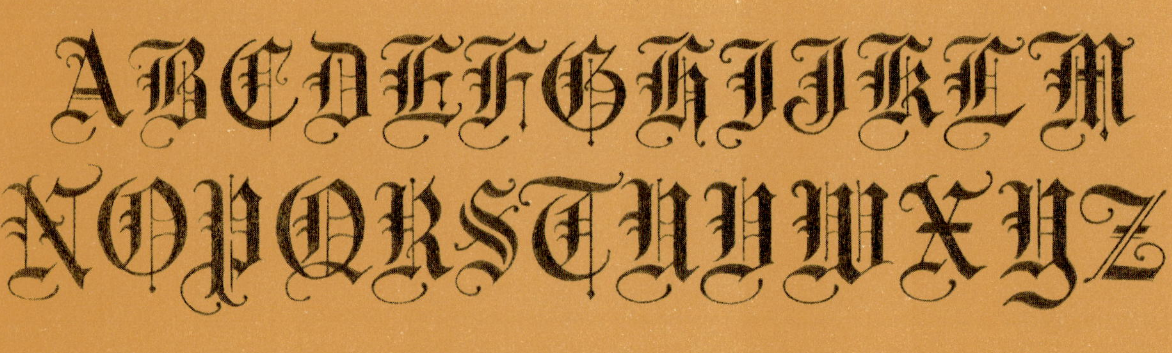

Versenkte Schriften

Man kann Buchstaben und Schriften auf zweierlei Weise anfertigen. Entweder versenkt man sie ins Holz oder läßt sie als erhabene Reliefschrift herausstehen. Bei der Anfertigung versenkter Schriften unterscheidet man zwischen Konturieren, Schrägschnitten und Intaglio. Die Anwendungsbeispiele auf dieser und den beiden folgenden Seiten wurden aus 9 cm starken Blöcken Grauer Walnuß oder Lindenholz gemacht, die mit einer Schraubklemme auf der Werkbank befestigt wurden.

Konturieren Sie den Buchstaben mit einem 3-mm-Geißfuß, dann lasieren Sie das Holz, damit sich der Buchstabe gut vom Hintergrund abhebt. Zur Strukturierung des Hintergrundes können Sie Punzen nehmen.

Konturieren

Dies ist die einfachste Herstellungsweise. Sie ist deshalb für komplizierte Schriftarten wie Altenglisch zu empfehlen.
Hobeln Sie das Holz eben ab oder bearbeiten Sie seine Oberfläche mit einem Hohleisen Nr. 3, 15 mm. Danach konturieren Sie den Buchstaben mit einem 3-mm-Geißfuß. Die Kontur muß nicht sehr tief sein. In einem 6 mm starken Brett sollte sie zum Beispiel nur 1,5 mm betragen. Als Oberflächenbehandlung für die nebenstehende Arbeit in Lindenholz wählte ich die auf Seite 54 beschriebene Lasierungstechnik, durch die die Konturen stärker hervortreten. Sie können die Holzoberfläche auch mit Punzen strukturieren.

Für den Schrägschnitt verwendet man einen Geißfuß Nr. 13, 15 mm. Breitere Stellen werden tiefer eingestochen.

Schrägschnitte

Bei dieser Anfertigungsart laufen die Buchstabenkanten nach innen schräg zu und formen in der Mitte ein V. Ich habe das Holz zunächst gebeizt und dann den Buchstaben herausgeschnitten, der noch die ursprüngliche Holztönung aufweist. Durch die Schrägkanten läßt sich diese Schrift besser einfärben, weshalb diese Technik für Außenschilder zu empfehlen ist.
Zeichnen Sie zunächst für jeden Buchstaben eine Mittellinie auf. Buchstaben bis zu einer Höhe von 2,5 cm kann man mit dem Messer im Schweifschnitt ausschneiden (siehe Seite 94). Für größere oder ornamentierte Buchstaben verwendet man einen Geißfuß Nr. 13, 15 mm. Wo der Buchstabe breiter wird, müssen Sie tiefere Schnitte machen. Serifen werden mit einem Messer mit gerader Schneidkante vervollständigt. Nach einiger Übung können Sie sowohl gerade wie geschwungene Linien wie auch Kursivschriften mit einem Geißfuß einschnitzen.
Weiterhin können Sie den Schrägschnitt auch mit Hohleisen, Stecheisen und Klüpfel machen. Machen Sie dazu senkrechte Schnitte auf der Mittellinie und nehmen das Holz wie auf Seite 181 beschrieben

Schreibschrift

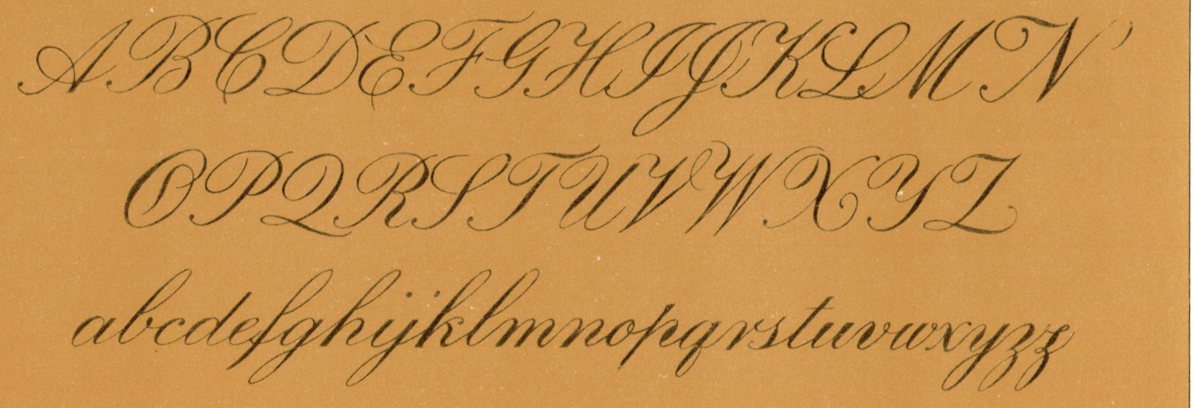

Schneiden Sie die Innenflächen dieses keltischen Buchstabens mit einem Schwalbenschwanz heraus und machen Sie die Nacharbeiten mit einem 4 mm breiten löffelförmig gebogenen schrägen Balleisen.

von den Seiten weg. Diese Methode eignet sich besonders für größere Buchstaben, aber auch zum Einschneiden kleinerer Buchstaben in Hartholz oder Holz mit unregelmäßigem Faserverlauf, bei denen saubere Schnitte mit dem Geißfuß schwierig sind.

Intaglio

So nennt man eingestochene Buchstaben mit einer senkrechten Kante und breiten Innenflächen. Ihre Herstellung erfordert mehr Mühe, weil die Innenflächen zusätzlich nachbearbeitet werden müssen. Andererseits wirken die Buchstaben plastischer und sind dadurch besser zu lesen. Besonders gut eignet sich diese Methode für größere Schriften, die auch aus der Entfernung gut lesbar sein sollen. Außerdem läßt sich natürlich das Innere eines größeren Buchstabens besser herausarbeiten, weil mehr Freiraum zwischen den Kanten vorhanden ist. Die Innenflächen können zur Verstärkung ihrer Wirkung eingefärbt, gebeizt oder punziert werden. Verwenden Sie solche Schriften aber nicht außen, da sich leicht Regenwasser darin ansammeln kann, wodurch das Holz fault.

Schneiden Sie den Buchstaben etwa 3 mm tief mit einem Werkzeug ein, dessen Krümmung den Schwüngen des Buchstabens entspricht. Zum Einschneiden des Buchstabens auf den Fotos links nahm ich ein Schwalbenschwanzeisen Nr. 5, 10 mm, ein Hohleisen Nr. 7, 6 mm, und je ein 6 und 12 mm breites Stecheisen; für die Bearbeitung der Innenflächen ein Hohleisen Nr. 3, 5 mm, und ein Schwalbenschwanzeisen Nr. 5, 10 mm. Halten Sie das Hohleisen beim Schneiden an den Innenkanten schräg, wie dies für das Schnitzen der Innenflächen der Tudorrose auf Seite 121 empfohlen wird. Zum Nachbearbeiten der Innenflächen nehmen Sie ein 4 mm breites löffelförmig gebogenes schräges Balleisen.

Schneiden Sie den Buchstaben höchstens so tief ein, wie er breit ist, besser noch nur bis zur Hälfte. Beispielsweise ist ein 5 cm hoher Buchstabe nur 6 mm breit, so daß er nur 3 bis 6 mm tief sein sollte. Natürlich können Sie ihn auch tiefer machen, aber dann wird es schwieriger, die Innenflächen herauszuarbeiten, und es besteht die Gefahr, daß heikle Partien abbrechen. Außerdem trägt eine größere Tiefe kaum mehr zur Lesbarkeit bei.

Keltische Schrift

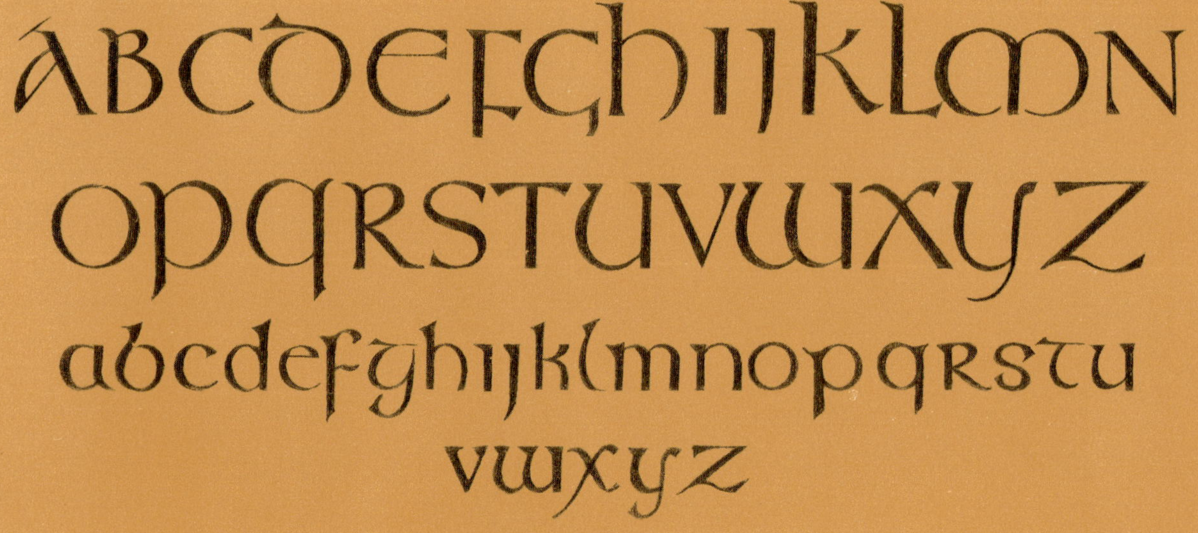

Reliefschriften

Reliefschriften werden mit Steil-, Rund- und Schrägkanten gefertigt. Die Methoden ihrer Herstellung sind die gleichen wie beim Reliefschnitzen (siehe Seiten 115 bis 120). Dabei wird das Holz rundherum entfernt, so daß die Buchstaben aus dem Hintergrund herausstehen. Diese Methode eignet sich am besten für Buchstaben in einer Größe von 3 bis 15 cm. Bei kleineren Buchstaben ist es schwierig, die Flächen innerhalb der Buchstaben und die Zwischenräume zwischen den Buchstaben herauszuarbeiten. Sind die Buchstaben dahingegen zu groß, wird die Arbeit zu mühselig, weil man zuviel Holz wegnehmen muß.
Eine Möglichkeit, Reliefbuchstaben von 15 bis 30 cm Größe anzufertigen, besteht darin, sie mit der Bandsäge auszuschneiden. Dann entfernt man das Holz zwischen den Schenkeln solcher Buchstaben wie A, B, D, O oder P mit Hilfe eines Bohrers und einer Dekupiersäge. Bohren Sie zunächst ein Loch in die zu entfernende Fläche, dann spannen Sie das Blatt der Dekupiersäge aus, führen es durch das Loch, spannen es wieder ein und sägen das Holz aus. Danach kleben und schrauben Sie die Buchstaben auf den Hintergrund auf. Sie können sie scharfkantig lassen oder abrunden und abschrägen, wie nachstehend beschrieben.

Steilschriften

Reliefschriften können flach oder hoch sein. Flache Reliefbuchstaben ragen weniger als 6 mm aus dem Hintergrund hervor. Sie sind einfach und leicht zu schnitzen und deshalb für lange Beschriftungen zu empfehlen.
Zur Anfertigung des rechts abgebildeten 8 cm großen Buchstabens kerben Sie die Umrisse mit einem 3-mm-Geißfuß 1,5 mm tief ein, wie es auf Seite 175 beschrieben ist. Dann nehmen Sie das umliegende Holz fort, indem Sie flache Hohlschnitte mit einem Hohleisen Nr. 8, 4 mm, machen. Nehmen Sie nicht zuviel Holz weg, sondern gerade soviel, daß der Hintergrund eine Struktur bekommt. Diese Methode eignet sich besonders gut für alle Schriftarten in Weichhölzern, be-

Flache Reliefschriften sind am leichtesten zu schnitzen. Umreißen Sie die Konturen in einer Tiefe von 1,5 mm und nehmen Sie nur wenig Holz zur Strukturierung des Hintergrundes weg.

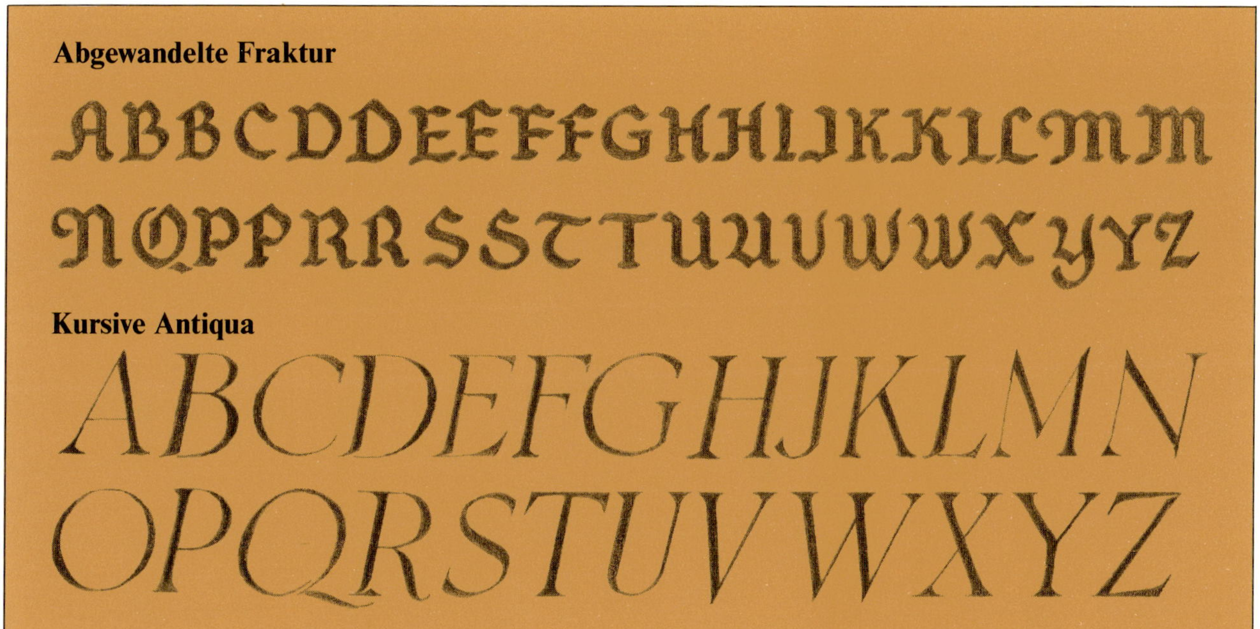

Hohe Reliefschriften werden mit einem Eisen konturiert, dessen Krümmung den Rundungen des Buchstabens entspricht. Danach werden die Konturierschnitte verbreitert und der Hintergrund weggenommen.

sonders, wenn Sie ein dünnes Brett verwenden und deshalb nicht zu tief hineingehen können.

Sie müssen den Hintergrund gar nicht tief herausarbeiten, um die Reliefschrift hervortreten zu lassen. Bei dem auf Seite 177 abgebildeten Buchstaben wurden nur etwa 1,5 mm weggenommen. Man kann zwar auch mehr Holz wegnehmen, aber das verbessert nicht unbedingt das Erscheinungsbild der Schrift oder macht sie leserlicher.

Reliefbuchstaben in einer Höhe von 6 mm oder mehr wirken gut bei Blockschriften wie der unten abgebildeten fetten Antiqua und der abgewandelten Fraktur auf Seite 177.

Für hohe Reliefschriften verwenden Sie dieselben Werkzeuge wie für Intaglioschriften. Anstatt wie bei letzteren die Innenflächen herauszuholen, kerben Sie bei der Reliefschrift die Konturen des Buchstabens ein und nehmen das Holz rundherum weg. Ich konturierte die geraden Linien des nebenstehend abgebildeten Buchstabens 6 mm tief mit zwei 6 und 12 mm breiten Stecheisen. Wenn Sie ein Hartholz bearbeiten, könnte es notwendig sein, daß Sie den Buchstaben vorher grob umreißen müssen, besonders, wenn Sie Schriften schnitzen, die größer als 8 cm sind, und Sie deshalb den Hintergrund in einer Tiefe von 6 bis 12 mm wegnehmen müssen. Durch das vorherige Umreißen wird die Spannung zwischen Holz und Werkzeug vermindert. Ich selbst verwendete für den Buchstaben Graues Walnußholz. Bei diesem Hartholz besteht keine Gefahr, daß das Werkzeug abbricht.

Zur Konturierung der Außenkante des Bogens beim R nehme ich ein Hohleisen Nr. 7, 18 mm, und für die Innenkante ein Eisen Nr. 7, 14 mm. (Halten Sie das Eisen in einem Winkel von 20 bis 25°, um die Schräge der Schneidkante auszugleichen, und machen Sie senkrechte Schnitte.) Die Konturierschnitte werden – wie auf Seite 116 und 117 beschrieben – mit einem Schwalbenschwanz Nr. 5, 10 mm, verbreitert. Damit wird auch der Hintergrund innerhalb und außerhalb des Buchstabens beigearbeitet. Für den Hintergrund rund um die Serifen verwendet man ein löffelförmig gebogenes Hohleisen.

Fette Antiqua

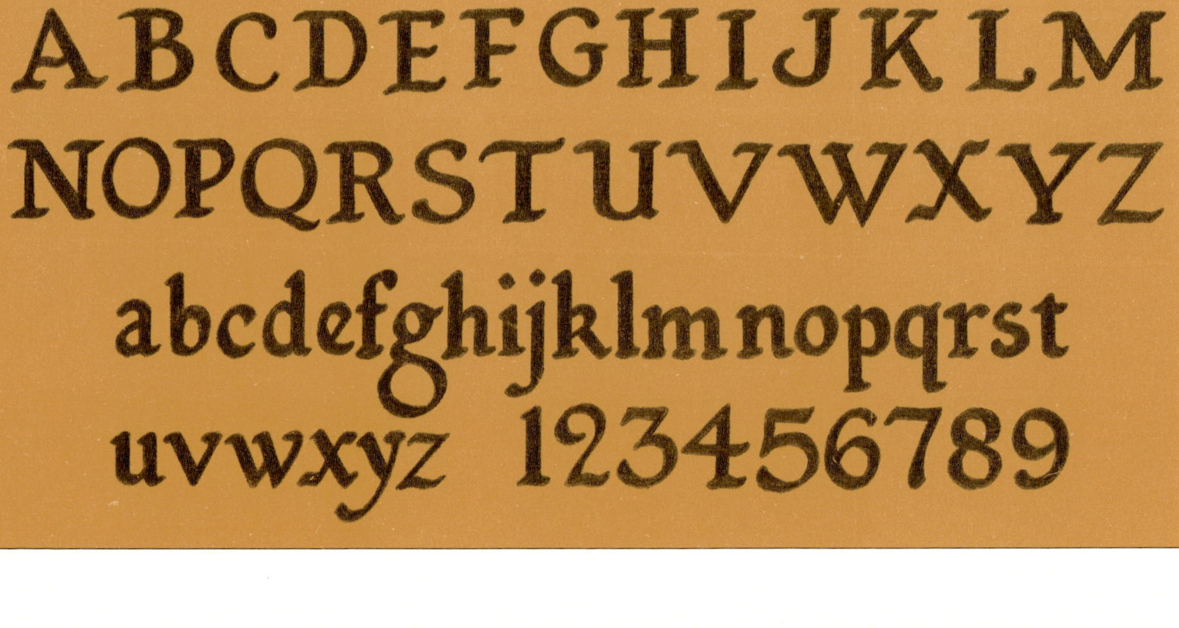

Rundschriften

Die Reliefbuchstaben können auch gerundete Kanten haben. Meist sieht man das bei Schriftarten, deren Buchstaben gerundete Formen und Serifen haben, wie die auf der vorhergehenden Seite abgebildete fette Antiqua.
Die Buchstaben werden zunächst als Steilschrift geschnitzt. Zum Konturieren nimmt man einen Schwalbenschwanz Nr. 5, 10 mm, ein Hohleisen Nr. 7, 6 mm, ein Eisen Nr. 8, 4 mm, und ein 12 mm breites Stecheisen. Zum Umreißen verwenden Sie den Schwalbenschwanz. Dann runden Sie die steilen Kanten mit einem 6-mm-Stecheisen ab und schmirgeln, falls notwendig, mit einem Schleifpapier nach.

Eine Rundschrift wird genauso wie eine Steilschrift geschnitzt, danach rundet man die Kanten mit einem 6-mm-Stecheisen ab.

Schrägschriften

Man kann die Schenkel der Reliefbuchstaben auch schräg schneiden. Damit erzielt man den entgegengesetzten Effekt wie bei versenkten Schriften.
Ziehen Sie zunächst in einen Steilschriftbuchstaben Mittellinien ein, dann machen Sie an den Stellen, an denen die Serifen ansetzen und wo die Schenkel zusammenlaufen, mit einem zwölf Millimeter breiten Stecheisen Schnitte von 45°, wie auf dem Foto Mitte rechts gezeigt wird. Die Schnitte müssen von der Außenkante zur Mittellinie laufen. Danach stechen Sie mit einem Eisen das Holz beidseitig der Mittellinien in einem Winkel von 45° weg.
Bei Schrägschriften spielt der Hintergrund eine wichtige Rolle. Die Schnitzmarkierungen sollten deshalb sehr regelmäßig sein. Sie können den Hintergrund auch punzieren. Die Beachtung solcher Feinheiten erweist erst den wahren Meister.
Gebeizte oder lasierte Reliefschriften heben sich besonders vom Hintergrund ab, da ihre Tönung heller ist. Der Hintergrund bleibt dunkler, da sich die Farbe in seine Vertiefungen setzt. Wischen Sie sie deshalb nicht ab, wenn Sie das Schnitzstück säubern.

Für eine Schrägschrift zeichnen Sie in den Buchstaben Mittellinien ein, dann machen Sie Schnitte von 45° an den Stellen, an denen die Serifen ansetzen und die Schenkel zusammentreffen. Mit einem Stecheisen wird der Buchstabe beiderseits der Mittellinien im Winkel von 45° abgeschrägt.

Ein Schildentwurf

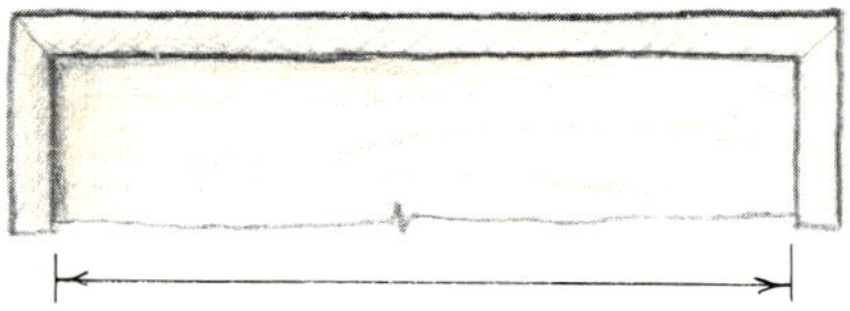

Messen Sie die Gesamtfläche für die Beschriftung.

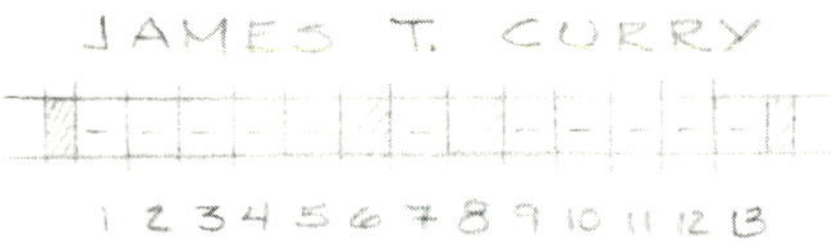

Zeichnen Sie die Beschriftung auf und zählen Sie die Buchstaben und Zwischenräume. Dann rechnen Sie anhand der Formel die Buchstabenbreite aus. Ziehen Sie danach drei parallele Linien und zeichnen Buchstaben und Zwischenräume ein. Korrigieren Sie, falls notwendig, die Abstände.

Für einen Bogen wenden Sie die gleiche Methode an, markieren aber die Buchstabenbreiten auf den Innenlinien, damit die Buchstaben nicht zusammengedrängt werden.

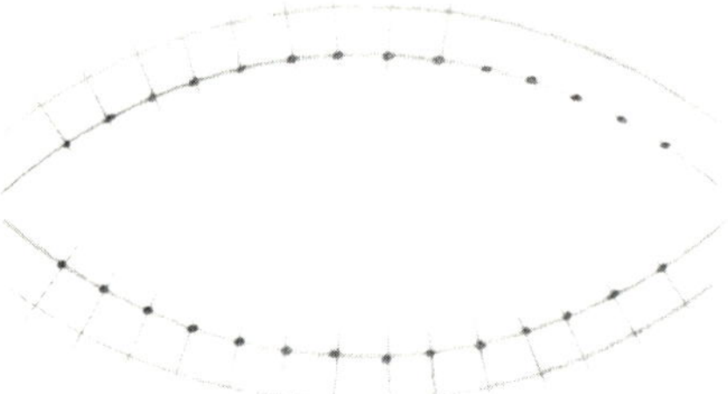

Das Schnitzen eines Schildes

Der Zweck eines Schildes ist es, eine Botschaft zu übermitteln. Egal, ob diese Botschaft heiter oder traurig, bedeutungsvoll oder sentimental ist, ihre Wirkung kann durch die Schriftart, die Sie wählen, noch verstärkt werden. Diese Schriftart ist außerdem sehr wichtig für die Lesbarkeit der Botschaft. Eine geschnörkelte Schrift kann zum Beispiel sehr gut sein für eine Schrifttafel, die nur wenige Schritte vom Betrachter entfernt ist, aber ob sie von der anderen Straßenseite aus noch zu lesen ist, selbst wenn ihre Buchstaben sehr groß sind, ist zu bezweifeln.
Auch die Schriftgröße ist ein wichtiger Faktor für die Lesbarkeit einer Schrift. Drei Zentimeter große Buchstaben sind noch aus einer Entfernung von zwei bis drei Metern lesbar, doppelt so große Buchstaben aus doppelt so großer Entfernung. Deswegen ist es empfehlenswert, zunächst ein Modell des benötigten Schildes zu machen und es aus der gewünschten Entfernung daraufhin zu überprüfen, ob die Schrift noch lesbar ist.

Der Entwurf

Das Wichtigste beim Entwurf einer einwandfreien Beschriftung sind die richtigen Abstände der Buchstaben, denn unterschiedlich geformte Buchstaben benötigen auch unterschiedliche Abstände. Wird diese Regel nicht beachtet, dann sieht ein Wort unausgewogen aus und ist schwierig zu lesen. In den meisten Fällen muß der Abstand am größten sein, wenn Buchstaben mit geraden Senkrechten nebeneinander stehen, wie bei dem Wort HILFE. Diese Buchstaben müssen eine halbe Breite auseinanderstehen. Runde Buchstaben kann man wegen der Innenflächen, die sie umschließen, enger zusammenrücken. Buchstaben mit diagonalen Schenkeln kann man noch enger zusammensetzen, zum Beispiel ein A mit einem W. Ein runder oder schräger Buchstabe kann auch in den Leerraum eines nebenstehenden vertikalen Buchstabens hineinragen.
Den richtigen Abstand der Buchstaben herauszufinden ist nicht so einfach und erfordert manchmal ein Hin- und Herrücken um Millimeter, aber dieser Ausgleich ist sehr wichtig. Wir sehen Wörter und Schriften fast den ganzen Tag und sind an korrekte Abstandsgebung gewöhnt, deswegen bemerkt unser Auge selbst geringe Unterschiede.
Haben Sie sich diese Grundregel zu eigen gemacht, dann können Sie daran gehen, Beschriftungen zu entwerfen. Zeichnen Sie sich am besten zunächst eine Skizze auf. Lassen Sie zwischen jedem Wort einen vollen Zwischenraum, zwei Zwischenräume am Satzende für den Punkt und mindestens einen halben Zwischenraum am Anfang und Ende einer Zeile, damit die Wörter nicht zu nahe am Rand stehen. Messen Sie die genaue Länge, die die Beschriftung einnehmen soll, und zählen Sie die Anzahl der Buchstaben und Zwischenräume. Teilen Sie die ermittelte Länge durch die Anzahl der Buchstaben und Zwischenräume und Sie erhalten die Einzelbreite pro Buchstaben. Da die meisten Buchstaben quadratisch sind, ist diese Breite in etwa auch die Höhe. Die Formel hierfür ist demnach:

Gesamtbreite : Anzahl der Buchstaben = Buchstabenbreite

Diese Formel können Sie auch umkehren, um die Breite einer Beschriftung zu ermitteln, wenn Ihnen die anderen Werte bekannt sind. Besteht die Beschriftung zum Beispiel aus neun 10 cm hohen Buchstaben mit zwei halben Zwischenräumen, dann multiplizieren Sie die Anzahl der Buchstaben und Zwischenräume mit der Buchstabengröße, in diesem Fall also 10×10, und erhalten als Breite der Beschriftung 100 cm. Mit dieser Formel können Sie allerdings nur die generelle Buchstabenbreite errechnen. Die Abstände der Buchstaben untereinander müssen Sie nach Augenmaß festlegen.

Machen Sie sich von der Beschriftung eine Vorlage, in der die Buchstaben im richtigen Abstand plaziert sind. Zeichnen Sie in jeden Buchstaben eine Mittellinie ein, dann übertragen Sie die Vorlage auf das Holz.

Für die Beschriftungsvorlage ziehen Sie auf einem Bogen Papier zwei parallele Linien im Abstand der Buchstabenhöhe und in der Länge der Beschriftung. In der Mitte dazwischen ziehen Sie eine weitere Linie, die die Mitte solcher Buchstaben wie A, E und B festlegt. Markieren Sie die errechnete Buchstabenbreite auf den Linien und zeichnen Sie in die dadurch erhaltenen Felder die Buchstaben ein, indem Sie Zwischenräume zwischen den Wörtern und am Anfang und Ende lassen. Sie können zu diesem Zweck auch Pappbuchstaben verwenden, die sich verschieben lassen. Bei mehreren Zeilen lassen Sie zwischen den Zeilen einen Abstand von der Hälfte bis Dreiviertel der Buchstabenhöhe.

Soll die Beschriftung in einem Bogen angeordnet werden, müssen Sie die Buchstabenbreite auf den Innenlinien markieren, da sonst die Buchstaben zu nahe zusammenrücken. Lassen Sie sich bei Ihrem Entwurf Zeit! Merzen Sie Fehler schon auf dem Papier aus, nicht erst beim Schnitzen.

Ehe Sie die Vorlage auf das Holz übertragen, hobeln Sie es ab oder glätten es mit einem Hohleisen Nr. 3, 20 mm. Das Eisen gibt der Oberfläche eine leichte Strukturierung, die manchmal nicht unerwünscht ist. Übertragen Sie die Vorlage mit untergelegtem Kohlepapier.

Die Beschriftung des abgebildeten Schildes erfolgte in Antiqua, und zwar in der auf den Seiten 91 bis 94 beschriebenen Kerbschnitt-Technik. Zeichnen Sie Hilfslinien wie für einen Sechsschnitt ein. Sehen Sie für jeden Buchstaben eine Mittellinie vor und sich treffende Linien für die Serifen.

Machen Sie zunächst mit einem 30-mm-Stecheisen und einem Klüpfel senkrechte Schnitte, die nicht tiefer als 6 mm sind, entlang der geraden Mittellinien. Danach machen Sie für die Außenkanten zwei Winkelschnitte von jeder Seite des Buchstabens zu den Senkrechtschnitten hin, die einem V gleichen, dessen Schenkel in einem Winkel von etwa 30° zur Holzoberfläche liegen. Schneiden Sie nicht über die Mittellinie hinaus, weil sonst die Gefahr besteht, daß das Holz auf der anderen Seite splittert; besonders, wenn Sie parallel zur Faserrichtung schneiden.

Bei Senkrechtschnitten für geschwungene Buchstaben wird die gleiche Technik angewandt. Nehmen Sie dafür aber ein Hohleisen, dessen Krümmung der Biegung des Buchstabens entspricht. Für die Biegungen der Buchstaben J, S, R und U der Vorlage habe ich zum

Zum Einkerben großer, geradliniger Buchstaben macht man mit einem Stecheisen und einem Klüpfel vertikale Schnitte an der Mittellinie.

Schneiden Sie von beiden Seiten im Winkel von 30° ein, so daß ein V-förmiger Ausschnitt entsteht.

Das Stechen von Serifen

Zeichnen Sie die Anschnittslinien ein.

Machen Sie mit einem Schwalbenschwanz Senkrechtschnitte von der Mitte der Serife zur Außenkante.

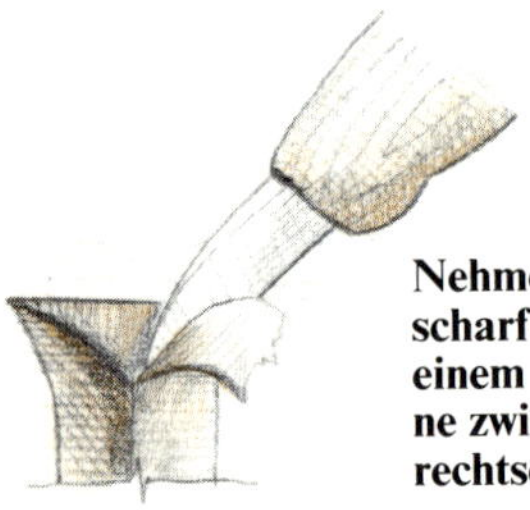

Nehmen Sie mit einem scharfen Messer oder einem Stecheisen Späne zwischen den Senkrechtschnitten heraus.

Geschwungene Linien werden in der gleichen Weise wie gerade Linien eingekerbt, jedoch mit einem Hohleisen, dessen Krümmung der Biegung der Linie entspricht. Für die Serifen machen Sie mit einem Schwalbenschwanz Senkrechtschnitte und holen die Späne mit einem Messer heraus.

Beispiel ein Hohleisen Nr. 7, 24 mm, genommen und für das C ein Eisen Nr. 5, 14 mm. Bei den meisten Schriftarten genügen ein oder zwei verschiedene Eisen für alle Biegungen. Ihre Größe hängt von der Größe des Buchstabens ab. Mit dem gleichen Eisen können Sie auch die Winkelschnitte für die Buchstabenkanten machen.

Die Serifen schneiden Sie erst an, wenn der Buchstabe fertig ist. Auf diese Weise können Sie alle Schnitte mit einem einzigen Eisen hintereinander machen. Es gibt allerdings eine Ausnahme: wenn der gerade Schenkel eines Buchstabens parallel zur Faserrichtung läuft, wie das zum Beispiel beim Querbalken des T der Fall ist. Dann sollten die Serifen vorher angeschnitten werden. Besonders wichtig ist das bei Hartholz, in dem Risse sich stärker ausdehnen als in Weichholz. Die Serifen wirken wie Senkrechtschnitte und verhindern, daß etwaige Risse sich über den Buchstaben hinaus ausdehnen.

Zum Schnitzen der Serifen an den Buchstaben in diesem Anwendungsbeispiel halten Sie einen Schwalbenschwanz Nr. 5, 12 mm, mit der konkaven Seite gegen das Holz. Mit der Schneidkantenecke schneiden Sie in die Mitte der Serife etwa 6 mm tief ein, um die tiefste Stelle zu markieren. Dann drehen Sie den Griff des Werkzeugs in Richtung zur Serifenaußenkante. Damit machen Sie einen kleinen, geschwungenen Schnitt, der an der Holzoberfläche wieder heraustritt. Mit einem scharfen Messer oder einem Stecheisen schneiden Sie an der Serifenkante in einem Winkel von etwa 35° zur Mitte hin und holen damit einen dreieckigen Span heraus. Mit dieser Methode, die der Kerbschnitt-Technik entspricht, erhalten Sie eine scharfe Kante. Für die Beschriftung in der zweiten Zeile der Vorlage nehmen Sie einen Geißfuß Nr. 13, 15 mm, und arbeiten damit wie auf Seite 175 beschrieben. Schleifen Sie die innere Schneidkante des Geißfußes mit einem harten Arkansas-Schleifstein zu. Mit dem gleichen Werkzeug können Sie auch die Innenflächen der Großbuchstaben von Splittern säubern. Zum Schluß machen Sie den Punkt, indem Sie ein Schnitzeisen Nr. 8, 5 mm, zwischen Ihren Handflächen drehen, wie das in der Abbildung auf Seite 172 dargestellt ist. Diese Technik eignet sich natürlich auch für alle anderen Punkte, zum Beispiel dem auf einem i oder einem j.

Schleifen Sie die innere Schneidkante eines Geißfußes Nr. 13, 15 mm, zu und kerben Sie damit die Schreibschrift aus. Mit dem gleichen Werkzeug können Sie die Flächen der Blockbuchstaben von Splittern säubern.

Ein verschnörkelter keltischer Buchstabe **Maßstab 1 : 1**

Initialen, Monogramme und ähnliches geben Ihnen die Chance, kreativ zu sein, und machen viel Spaß beim Schnitzen. Sie können sich dabei viel einfallen lassen. Die abgebildete Initiale wurde einem Vorbild aus dem aus dem 8. Jahrhundert stammenden irischen »Book of Kells« nachempfunden. Derartige Muster, die von verschlungenen Knoten oder verflochtenem Leder inspiriert sind, wurden von keltischen Völkern sehr oft als Verzierungen in Holz, Metall und Stein verwendet.

SWISS MADE

Dekoratives Schnitzen

Vor Jahrhunderten war das Ausschmücken des Holzwerks in Kirchen und Herrenhäusern die Haupteinnahmequelle der berufsmäßigen Holzbildhauer. Da derartige Arbeiten nicht billig sind, findet man sie heutzutage nur noch äußerst selten. Deshalb gibt es nur noch wenige lebende Holzschnitzer, die in der Lage sind, die komplizierten ornamentalen Schnitzwerke des 17. und 18. Jahrhunderts nachzuempfinden.
Man kann es nur bedauern, daß diese Art von dekorativer Innenausstattung so außer Gebrauch geraten ist. In ihr gehen Holzschnitzerei und Zimmermannsarbeit eine ideale Synthese ein. Mit ihrer Hilfe kann man seinem Heim einen unverwechselbaren Charakter geben. In den letzten Jahren hat das dekorative Schnitzen allerdings bei der Restaurierung historischer Gebäude eine Art Wiedergeburt erlebt. Für mich ist das eine begeisternde Entwicklung, denn nichts kann uns die Eleganz einer vergangenen Epoche wieder so nahe bringen wie die Erneuerung ihrer handgeschnitzten Innenausstattungen.
Beim dekorativen Schnitzen kann fast jede der bisher beschriebenen Holzschnitzmethoden eingesetzt werden. Bei den in diesem Kapitel beschriebenen Zierleisten sind es vorwiegend Kerbschnitt und Reliefschnitzen, die in Frage kommen. Als weiteres Beispiel bringe ich eine Faltenverzierung, wie sie in der Gotik sehr populär war, die man an Türen, Wandschirmen, Truhen, Wandbrettern und Vitrinen anbringen kann. Sie können sogar die Wände ganzer Zimmer mit Faltenverzierungen versehen, wie man das im Mittelalter machte, oder Paneele zum Anbringen an der Wand damit versehen.

Benötigte Materialien

Bei den Zierleisten in diesem Kapitel benötigen Sie ein Hohleisen Nr. 3, 5 mm, einen Schwalbenschwanz Nr. 5, 10 mm, je ein Hohleisen Nr. 7, 18 mm, Nr. 8, 4 mm, und Nr. 9, 6 mm, einen 6-mm-Geißfuß und ein 12-mm-Stecheisen. Für die Faltenverzierung auf Seite 194 benötigen Sie außerdem ein Hohleisen Nr. 5, 20 mm, ein verkehrt gekröpftes Hohleisen Nr. 5, 8 mm, und zwei Hohleisen Nr. 7 in 6 und 14 mm Breite.

Dekoratives Schnitzen und Zimmermannsarbeiten können eine ideale Zusammenarbeit eingehen. Faltenverzierungen werden an Paneelen, Türen und Wandschirmen angebracht (geschnitzt von Evan J. Quiros).

Ein Treppenpfosten aus Eiche, geschnitzt 1929 von Peter Mansbendel (Foto mit freundlicher Genehmigung der University of Texas, Institute of Texan Cultures in San Antonio).

Eine Haustür, von Charles Marshall Sayers für sein eigenes Haus geschnitzt (Foto mit freundlicher Genehmigung von Kenneth Marshall Davis).

Außcrdem werden Sie einige Profilleisten benötigen, die es im Handel zu kaufen gibt. Ich selbst ziehe es vor, alle meine Profilleisten eigenhändig anzufertigen, und zwar mit alten Profilhobeln. Mit einigen dieser Hobel, zum Beispiel dem Rundstabhobel, kann man Profile herstellen, die im Handel nicht mehr erhältlich sind. Der Rundstabhobel hat eine konkave Hobelsohle und ein konkaves Messer, mit denen man halbrunde Formen hobeln kann. Alte Hobel sind selten geworden, aber Sie können auch einen modernen Kombinationshobel aus Eisen mit austauschbaren Messern nehmen.
Für die Faltenverzierung benötigen Sie einen Simshobel, mit dem man rechteckige Ausschnitte hobeln kann. Damit hobeln Sie die Kanten der Paneele ab. Weiterhin benötigen Sie einen Nuthobel, mit dem man die Vertiefungen in den Paneelflächen sowie die Nuten an Türen und Rahmen zum Einsetzen der Paneele heraushobelt. Der Nuthobel, den ich verwende, hat eine verstellbare Höheneinstellung an der Hobelsohle und zwei mit Gewinden versehene Holzstäbe, die durch den Hobel hindurchgehen. Diese Stäbe sind an einer Führung befestigt, die an den Kanten des zu hobelnden Paneels entlangläuft. Damit kann man den Abstand der Nut von der Kante einstellen. Nuthobel werden mit verschieden breiten Messern geliefert. Ich verwende meist ein Messer mit 5 mm Breite. Zum Hobeln des Hintergrundes und der langen Falten benötigt man außerdem einen Schlichthobel und einen Rundhobel. Hölzerne Hobel bedürfen keiner großen Pflege. Tränken Sie sie einmal im Monat mit etwas Leinöl. Die Messer reiben Sie nach dem Schärfen mit etwas Maschinenöl ein, um sie vor Rost zu schützen. Derartig gepflegt, werden Sie die Hobel jahrzehntelang einsetzen können.
Außerdem benötigen Sie ein Streichmaß. Das ist ein verstellbares Werkzeug mit einer scharfen Spitze, mit der man Linien in das Holz einkerben kann. Es besteht aus einem Holzblock, der auf einem hölzernen Schaft gleitet und mit Flügelschrauben festgestellt wird. Zu seinem Gebrauch stellen Sie den Block auf den gewünschten Abstand zur Spitze ein und stellen ihn fest. Dann legen Sie ihn an der Kante des Brettes an und ziehen die Spitze leicht über das Holz, wodurch Sie eine Linie im benötigten Abstand bekommen.
Zur Montage der Zierleisten benötigen Sie einige Tischlerwerkzeuge. Um die Leisten zum Beispiel rechtwinklig aneinander zu stoßen, müssen Sie eine Gehrung im Winkel von 45° anbringen. Diese Gehrung schneiden Sie mit einem 50-cm-Fuchsschwanz oder mit einer Feinsäge mit 12 Zähnen pro Zoll. Die Blätter dieser Sägen verfügen über dünne Schneidkanten und sind auf dem Rücken verstärkt. Sie können auch eine Tischlersäge benutzen. Um gerade Schnitte zu machen, sollten Sie zur Führung der Säge eine Gehrungslade verwenden. Eine solche Gehrungslade können Sie sich selber anfertigen, indem Sie drei Bretter von 60 × 8 × 2 cm zu einem Trog zusammennageln. Machen Sie zur Führung der Säge quer über den Boden drei Einschnitte, einen im Winkel von 90° und zwei im Winkel von 45°.
Zum Annageln der Zierleisten an Wänden und Decken benötigen Sie dünne Stahlstifte mit winzigen Köpfen, die Sie mit Hammer und Versenker bis zu 3 mm tief in das Holz hineintreiben können. Die Stifte sollten eine Länge von 40 bis 45 mm haben. Nach dem Annageln füllen Sie die Löcher über den Köpfen mit Holzkitt oder Wachskreide in der Tönung des Holzes aus.

Zierleistenprofile

Torus oder Halbrund

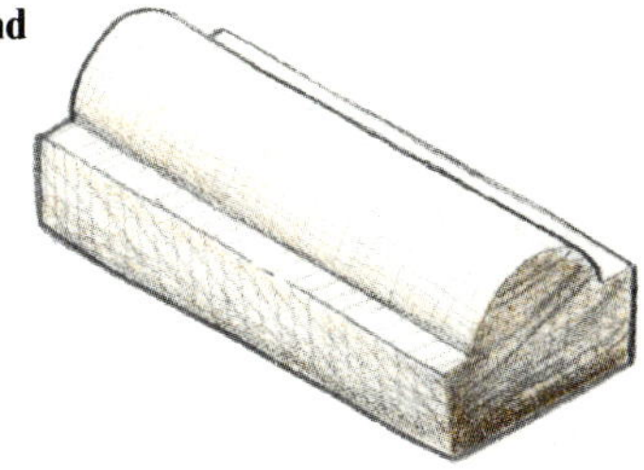

Rundstab

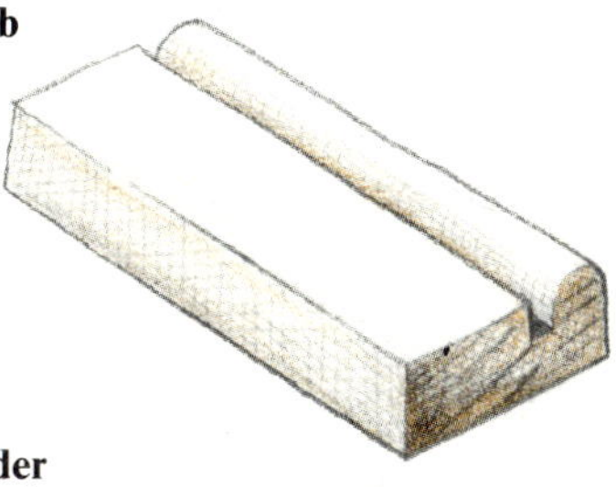

Ovolo oder Viertelstab

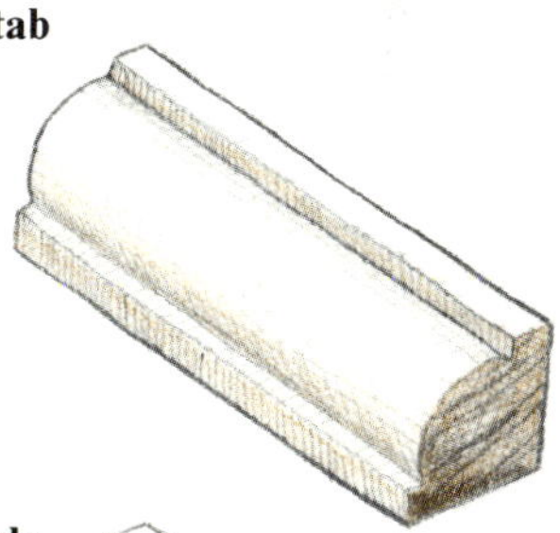

Hohlkehle

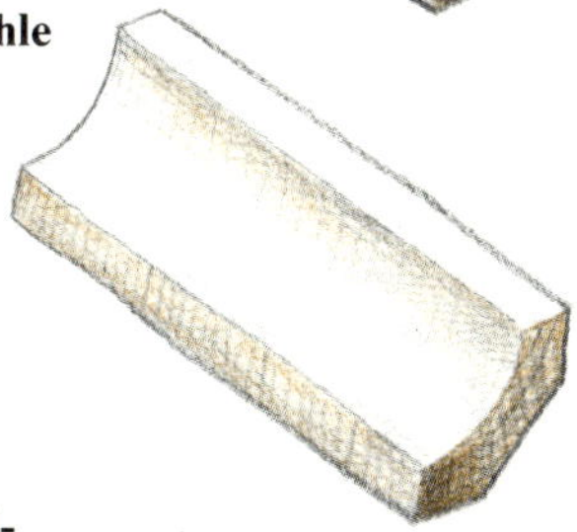

Scheitelbogen

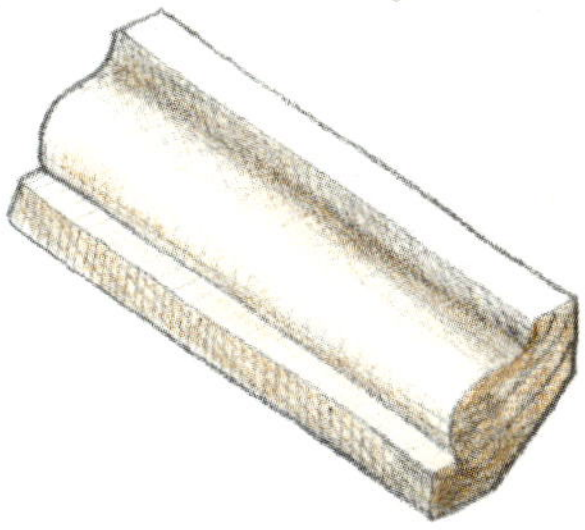

Dorisches Kyma

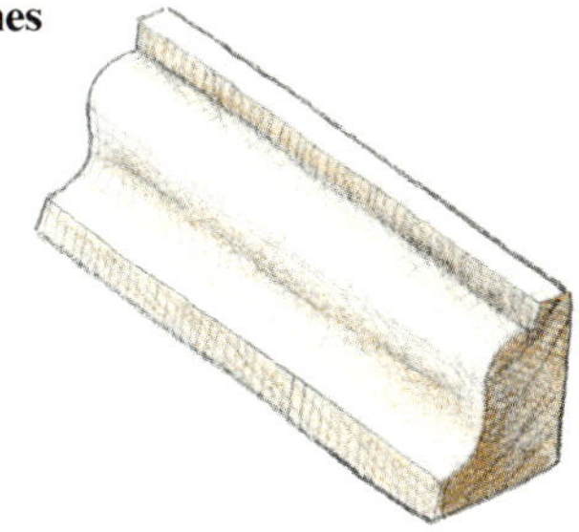

Ein hölzerner Hobel

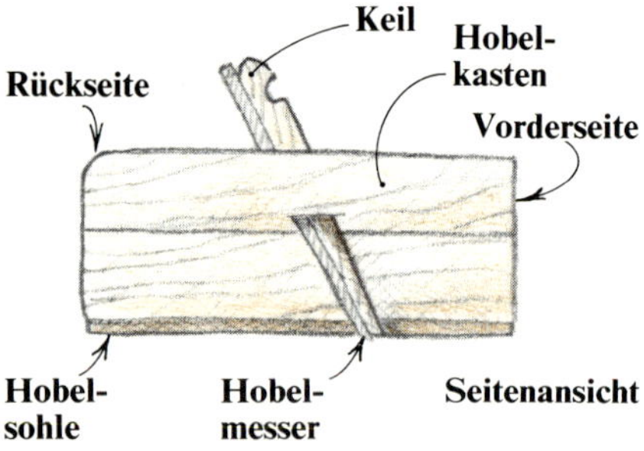

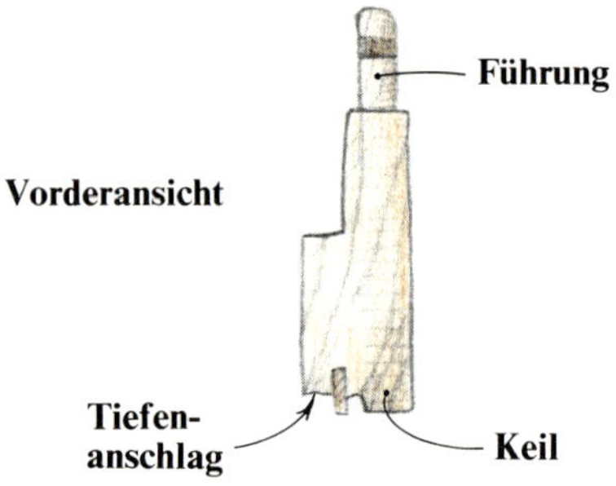

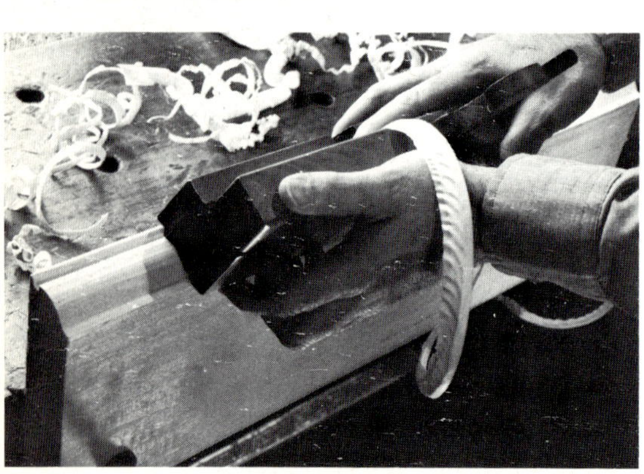

Zum Herausnehmen des Messers schlagen Sie mit einem Klüpfel leicht auf die Rückseite des Hobels. Hämmern Sie das Messer mit einem kleinen Eisenhammer wieder so tief ein, daß es dünne, regelmäßige Späne abhobelt.

Das Hobeln

Bevor Sie einen Hobel benutzen, müssen Sie überprüfen, ob seine Messerschneide scharf genug ist. Das Messer nehmen Sie heraus, indem Sie den Hobel mit dem hölzernen Keil nach unten halten, mit der linken Hand das obere Ende des Hobelmessers festhalten und mit einem Klüpfel einige leichte, scharfe Schläge auf den Hobelrükken machen. Nehmen Sie keinen Eisenhammer, weil Sie damit das Holz beschädigen, wodurch der Hobel unter Umständen sogar reißen kann. Durch diese Schläge lockert sich der Keil, und das Messer rutscht heraus. Wenn Sie den Hobel lange Zeit nicht benutzt haben, wird es eine Weile dauern, bis sich das Messer lockert. Prüfen Sie seine Schärfe mit dem Fingernagel, wie auf Seite 32 beschrieben. Um es zu schärfen, reiben Sie seine flachen Seiten mit kreisenden Bewegungen auf einem feinen India-Schleifstein oder einem weichen Arkansas-Stein. Schleifen Sie das Messer mit Formsteinen im Winkel von 25° für Weichholz und im Winkel von 35° für Hartholz an. Einige Hobel, wie zum Beispiel diejenigen zum Hobeln S-förmiger Rinnen, haben unregelmäßig geformte Schneidkanten und müssen mit verschiedenen Formsteinen geschliffen werden.

Viele alte Hobelmesser sind aus Verbundstahl geschmiedet. Das ist eine Stahlsorte, die aus einem Verbund eines harten, spröden Stahls mit einem weichen Stahl besteht. Damit erhält man eine scharfe, robuste Schneide. Diese Messer zu schärfen nimmt weitaus mehr Zeit in Anspruch, weil sie so hart sind. Sie bleiben aber auch viel länger scharf als moderne Hobelmesser.

Nach dem Schärfen setzen Sie das Messer wieder ein, und zwar so, daß die Schneide etwa 6 mm hinter der Hobelsohle zurücksteht. Dann setzen Sie den Keil wieder ein und schlagen ihn mit einem Klüpfel fest. Danach schlagen Sie das obere Ende des Messers mit einem kleinen Eisenhammer so tief ein, daß die Schneide unten etwas über die Hobelsohle hinausragt. Spannen Sie ein Stück Abfallholz auf der Werkbank ein und machen Sie einen Probeschnitt. Wenn Sie damit keinen Span abhobeln, müssen Sie noch einmal nicht zu fest auf das obere Ende des Messers schlagen. Diese Prozedur wiederholen Sie so lange, bis der Hobel einen kleinen, gleichmäßigen Span abhobelt. Haben Sie das Messer zu weit herausgeschlagen, bekommen Sie einen zu dicken Span und die Holzoberfläche wird rauh anstatt glatt und gleichmäßig. Ist das der Fall, dann müssen Sie den Keil noch einmal lockern und das Messer erneut ausrichten. Lassen Sie sich nicht entmutigen, wenn das beim erstenmal nicht klappt.

Das Holz für die Zierleiste spannen Sie mit Klammern oder Zwingen auf der Werkbank auf, wobei Sie zum Schutz vor den Metallbacken wieder ein Stück Abfallholz zwischenklemmen. Wenn ich lange, dünne Leisten bearbeite, mache ich dies in kürzeren Abschnitten und spanne das Holz auf etwa einem Meter Länge ein. Stellen Sie sich nun am rechten Ende der zu hobelnden Leiste auf (von der Vorderseite der Werkbank aus gesehen) und setzen Sie Ihre Füße schulterbreit auseinander. Ihren Körper drehen Sie so, daß Sie über die Länge der Leiste hinwegblicken. In dieser Position können Sie sich ungehindert vor der Werkbank bewegen. Setzen Sie die Hobelsohle auf die Leiste auf und hobeln Sie die Länge von rechts nach links ab. Pressen Sie dabei die rechte Handfläche gegen die Rückseite des Hobels, wobei Sie Daumen und Finger an den Seiten ausstrecken. Die Vorderseite des Hobels halten Sie mit der linken Hand. Der Daumen liegt obenauf, während Ihre Finger nach der Hobelsohle greifen und als Führung des Hobels an der Leistenkante entlang wirken. Drücken Sie den Hobel mit dem linken Daumen fest auf das Holz, damit die Hobelsohle flach aufliegt und schieben Sie ihn stetig vorwärts, bis Ihr rechter Arm ganz ausgestreckt ist. Heben Sie dann den Hobel vom Holz ab und wiederholen den Vorgang. Ziehen Sie auf keinen Fall den Hobel über das Holz zurück, denn dadurch wird das Messer stumpf.

Mit einem Schlichthobel oder einer Rauhbank muß man etwa ein halbes Dutzend Stöße machen, um eine Leiste glattzuhobeln. Mit einem Profilhobel braucht es viel mehr Stöße, um eine Leiste zu formen, weil er eine unregelmäßig geformte Sohle hat. An ihr befindet sich ein Tiefenanschlag, der bewirkt, daß der Hobel nicht mehr schneidet, wenn die benötigte Tiefe erreicht ist. Hobeln Sie zunächst einen Abschnitt von einem Meter fertig, dann spannen Sie die Leiste um und hobeln den nächsten Abschnitt.
Machen Sie, bevor Sie mit dem Hobeln beginnen, zunächst ein paar Probestöße, um sich mit der besten Methode vertraut zu machen, und stellen Sie alle Hobel vor sich auf der Werkbank auf, um sie immer gleich zur Hand zu haben.

Bilderrahmen werden auf die gleiche Weise wie Zierleisten angefertigt, doch setzt man zunächst die Einzelteile zusammen, bevor man mit dem Schnitzen beginnt. Dieser Rahmen aus Lindenholz hat eine Auflage aus Goldfolie bekommen. (Geschnitzt von Edmond McKamey. Foto mit freundlicher Genehmigung des Künstlers.)

Zierleisten

Zierleisten werden rund um Decken, Türen und Fenster eines Zimmers angebracht zur Verbesserung des Gesamteindrucks des Raumes. Bereits angebrachte Zierleisten kann man jederzeit erneuern. Jeden Winter, wenn wir mehr oder minder von der Außenwelt abgeschlossen sind, erneuere ich die eine oder andere Zierleiste in unserem Haus, alles entsprechend einem Generalplan, den ich vor Jahren aufgestellt habe.

Das Planen

Der erste Schritt bei der Anfertigung von Zierleisten ist die Überlegung, welche Ausführung sie haben sollen. Ist das Haus, in dem man sie anbringen will, im Baustil vom Ende des letzten Jahrhunderts, dann sollten die Leisten Ornamente und Laubwerk als Verzierung aufweisen. Historische Gebäude sollte man mit Zierleisten ausstatten, die ihrem Baustil entsprechen und auch nur, um bereits existierende Simse zu ersetzen. Wenn Sie sich über die Ausführung schlüssig geworden sind, machen Sie eine Skizze der Flächen, an denen Sie die Zierleisten anbringen wollen, um sich über den Gesamteindruck klarzuwerden. Sie können auch einen vollmaßstäblichen Entwurf aufzeichnen und diesen mit Heftzwecken oder Klebeband an der entsprechenden Fläche anbringen. Findet der Entwurf dann Ihre volle Zustimmung, können Sie ihn direkt als Vorlage zur Übertragung auf das zu bearbeitende Holz benutzen.
Die Begutachtung des Entwurfs an Ort und Stelle hat außerdem den Vorteil, daß man sich über seinen Maßstab klarwerden kann. Ein kurzer Abschnitt einer geschnitzten Zierleiste kann sehr gut aussehen, aber fünf Meter davon hoch an der Wand vermitteln dann einen ganz anderen Eindruck. Ein Sims mit vielen Ornamenten kann ein kleines Zimmer erdrücken. Auf der anderen Seite kann eine Zierleiste mit vielen sich wiederholenden winzigen Details in einem großen Raum praktisch untergehen.
Um eine Zierleiste an der Wand oder Decke anzubringen, müssen Sie die Länge ausmessen und markieren. Fertigen Sie zunächst das Schnitzwerk an, dann schneiden Sie die Leisten so zu, daß sich die Muster an den Stoßstellen ergänzen. (Bilderrahmen werden auf die gleiche Weise hergestellt, aber bei ihnen werden zunächst die Teilstücke zusammengefügt und dann wird das Muster geschnitzt.) Legen Sie dazu die Leiste in die Gehrungslade, zeichnen die Linie ein, die Sie mit einer der 45°-Nuten angerissen haben, halten Sie die Leiste fest, daß sie nicht verrutschen kann, und sägen sie auf Gehrung. Das andere Ende der Leiste sägen Sie im entgegengesetzten Winkel ab, dann nageln Sie die Leiste mit Stahlstiften an. Messen und sägen Sie die anstoßende Leiste in der gleichen Weise ab, dann stoßen Sie die zwei Leisten aneinander.

Im 16. und 17. Jahrhundert gehörten Schnitzwerke zur Innenausstattung fast jeder Kirche. Rechts eine Kanzelverkleidung in Bovey Tracey in der Grafschaft Devon. (Geschnitzt von Grinling Gibbons. Foto mit freundlicher Genehmigung der Royal Commission on Historical Monuments, London.)

Um einen Perlstab anzufertigen, hobeln Sie zunächst mit einem Rundstabhobel ein Halbrund von 8 mm.

Ein Perlstab

Zur Anfertigung eines Perlstabs hobeln Sie mit einem Rundstabhobel ein Halbrund von 8 mm. Dann machen Sie mit einem 12-mm-Stecheisen eine Serie von Senkrechtschnitten. Halten Sie das Eisen senkrecht und machen Sie alle 6 mm 3 mm tiefe Einschnitte. Wenn Sie Hartholz bearbeiten, nehmen Sie einen Klüpfel zu Hilfe. Greifen Sie das Eisen nahe an der Schneidkante mit dem linken Daumen und Zeigefinger, wie auf dem Foto unten gezeigt. Dabei ruht Ihre Hand auf dem Holz und stützt das Eisen ab, wodurch Sie sehr schnell arbeiten können.

Anschließend machen Sie mit einem umgedrehten Hohleisen Nr. 9, 6 mm, zwischen diesen Senkrechtschnitten Rundschnitte, indem Sie beim Hineinschneiden den Griff drehen. Diese Technik gleicht der auf Seite 119 für die Rosettenknospe beschriebenen. Wiederholen Sie den Schnitt von der gegenüberliegenden Seite, wodurch Sie eine Art Perle erhalten. Sie können ein solches Muster in beliebiger Länge anbringen.

Mit dem gleichen Hohleisen können Sie auch Abwandlungen dieses Musters anfertigen. Plazieren Sie die Perlen 4 cm auseinander und machen Sie auf jeder Seite 10 mm lange Hohlschnitte. Dadurch erhalten Sie das unten abgebildete Muster mit versenkten Perlen. Die angewandte Technik entspricht der für die Blütenblätter der Rosette beschriebenen auf Seite 119 und 120.

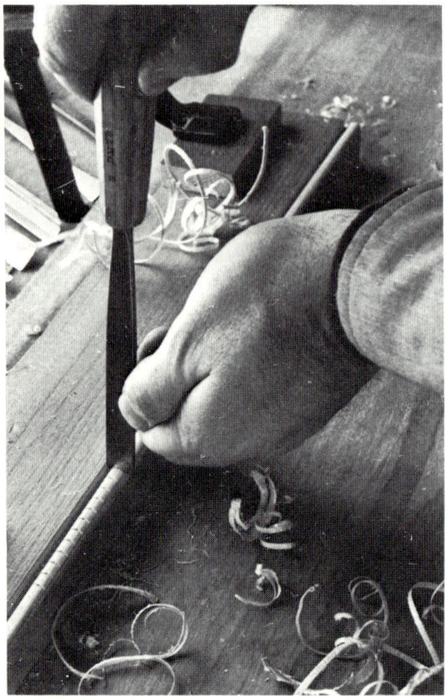

Danach machen Sie mit einem 12-mm-Stecheisen alle 6 mm Senkrechtschnitte von 3 mm Tiefe (oben) und bringen anschließend mit einem umgedrehten Hohleisen Nr. 9, 6 mm, Rundschnitte an (rechts).

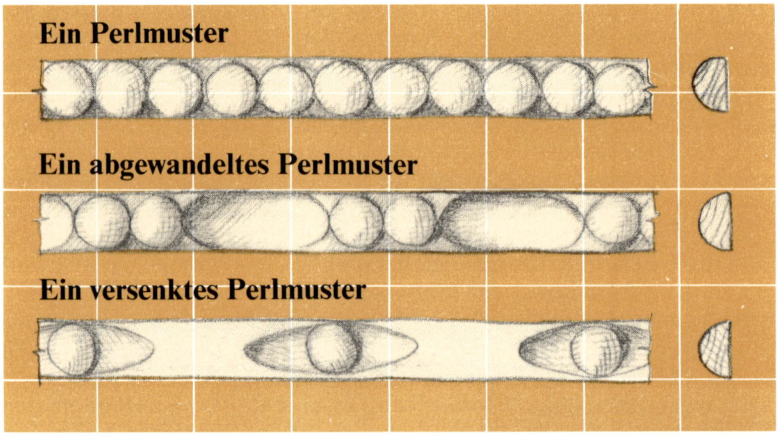

Ein verschlungenes Band

Band- oder Flechtmuster jeder Art nennt man auch Guillochen. Das älteste Muster dieser Art wurde im Grab des Pharaos Tutenchamun gefunden. Abwandlungen dieser Muster sind aus Afrika, Persien, China und Europa bekannt. Die Griechen benutzten solche Muster im 7. Jahrhundert als Verzierung an Bauwerken, und sie sind eins der typischen Merkmale der Architektur und Möbeltischlerei der jakobinischen Periode im England des 17. Jahrhunderts. Dieses Motiv ist sehr vielseitig. Man kann es mit verschlungenen Knoten versehen und die Breite der Bänder beliebig ändern. In der Schweiz wurden damit oft die gebogenen Rückenlehnen von Sesseln verziert.
Beim Schnitzen komplizierter, sich wiederholender Muster wie bei diesem Zierband benutzen Sie am besten eine Schablone zur Übertragung auf das Holz, wie auf Seite 63 beschrieben. Ich habe dem Muster eine hohlrunde Form gegeben. Konturieren Sie die Begrenzungsnuten mit zwei 3 mm tiefen Senkrechtschnitten, die Sie mit einem umgedrehten Hohleisen Nr. 7, 18 mm, machen. Das Holz zwischen den Schnitten stechen Sie mit einem Eisen Nr. 3, 5 mm, weg. Die Schnitte ähneln den Dreischnitten bei der Kerbschnitt-Technik, nur daß sie mit einem Hohleisen statt einem Messer gemacht werden. Zum Umreißen der Kanten der Bänder nehmen Sie einen 6-mm-Geißfuß.

Übertragen Sie das Bandmuster mit einer Schablone auf das Holz.

Eine Guilloche (Verschlungenes Bandmuster)

Ein keltisches Flechtmuster

Kann auf abgerundeten oder flachen Zierleisten angebracht werden.

Konturieren Sie die Begrenzungsnuten mit einem umgedrehten Hohleisen Nr. 7, 18 mm, indem Sie je zwei Senkrechtschnitte von 3 mm Tiefe machen.

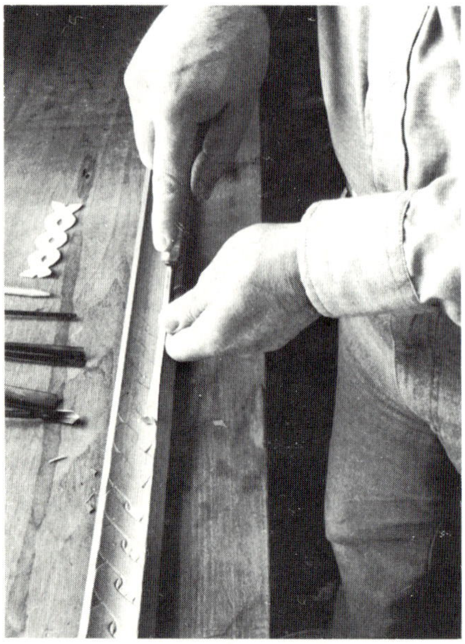

Zum Herausholen des Holzes machen Sie mit einem Hohleisen Nr. 3, 5 mm, zwischen diesen Senkrechtschnitten einen langen Kerbschnitt. Das Ganze ähnelt der bereits beschriebenen Dreischnittmethode.

Wenn Sie noch weitere Details anbringen wollen, kerben Sie in der Mitte des Musters eine durchlaufende Linie ein. Der Hintergrund kann mit einem viereckigen oder diamantförmigen Körner strukturiert werden. Sie können auch statt einer Mittellinie zwei anbringen und dazwischen mit einem Diamant-Körner in regelmäßigen Abständen weitere Muster einprägen.

Diese Zierleiste kann so angebracht werden, daß sich das Muster um die Ecken herum fortsetzt. Wenn aber die Fläche begrenzt ist, müssen Sie sich vorher Gedanken darüber machen, daß das Muster nicht unvermittelt abbricht. Zum Beispiel habe ich bei dem keltischen Flechtmuster für die Türverzierung auf Seite 199 vorgesehen, daß ein verschlungener Knoten an jedem Ende den Blick des Betrachters wieder auf das Muster zurücklenkt.

Umreißen Sie die Bänderkanten mit einem 6-mm-Geißfuß. Als weitere Details können Sie mit einem Geißfuß eine zusätzliche Mittellinie einschneiden, oder Sie strukturieren den Hintergrund mit einem Diamantkörner.

Ein abgewandeltes Pfeil-und-Bogen-Muster

Alle Schnitzarbeiten für dieses Muster wurden mit einem Hohleisen Nr. 8, 4 mm, und einem Schwalbenschwanzeisen Nr. 5, 10 mm, ausgeführt.
Zeichnen Sie das Muster auf das Holz auf und graben Sie mit dem Hohleisen im Abstand von 24 mm Löcher von 6 mm Durchmesser aus. Halten Sie dabei das Eisen senkrecht und machen Sie die Einschnitte 6 mm tief. Danach holen Sie mit einer leicht drehenden Bewegung das Holz heraus.
Als nächstes machen Sie mit dem Schwalbenschwanz senkrechte Schnitte für die Dreiecke in der oberen Hälfte des Bandes. Halten Sie das Werkzeug so angewinkelt, daß die Einschnitte in der Mitte des Dreiecks am tiefsten sind, so wie beim Sechsschnitt, dann holen Sie mit dem Schwalbenschwanz das überflüssige Holz heraus.
In der unteren Hälfte des Bandes machen Sie für jeden Bogen zwei Stoppschnitte, beginnend unter den Löchern. Dann machen Sie zwei weitere Senkrechtschnitte an den Unterkanten des Pfeils, und zwar so, daß sie dort am tiefsten sind, wo sie auf die Bogeneinschnitte treffen. Nachdem Sie die Späne für die kleinen Dreiecke an den beiden Seiten eines jeden Pfeils herausgenommen haben, nehmen Sie noch zwei kleine Späne vom Pfeil selbst ab, so daß er in der Mitte hervorsteht.
Ich habe das Band auf einem 4 cm starken Kiefernbrett geschnitzt, das ich mit einem Profilhobel rundhobelte. Die Leiste kann als Sims oder Konsole für eine Kaminverkleidung verwendet werden. Man kann sie aber auch, wenn man das dicke Ende wegsägt, als Zierleiste an der Decke verwenden. Hierfür eignen sich derartige Motive mit kleinen, regelmäßig wiederkehrenden Mustern besonders gut.

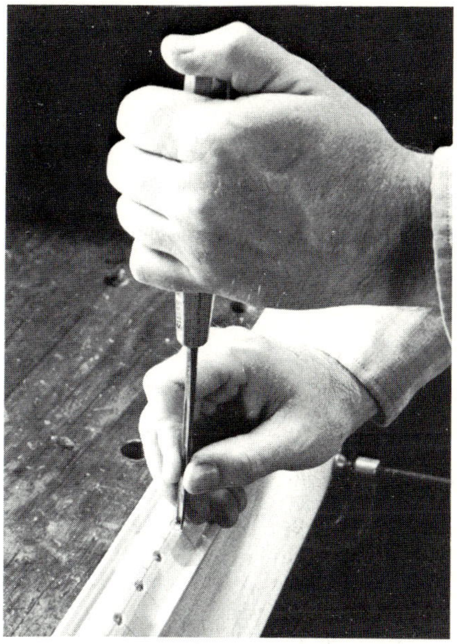

Machen Sie mit einem Hohleisen Nr. 8, 4 mm, in 24 mm Abständen 6 mm runde Löcher. Das Holz holen Sie mit einer leicht drehenden Bewegung heraus.

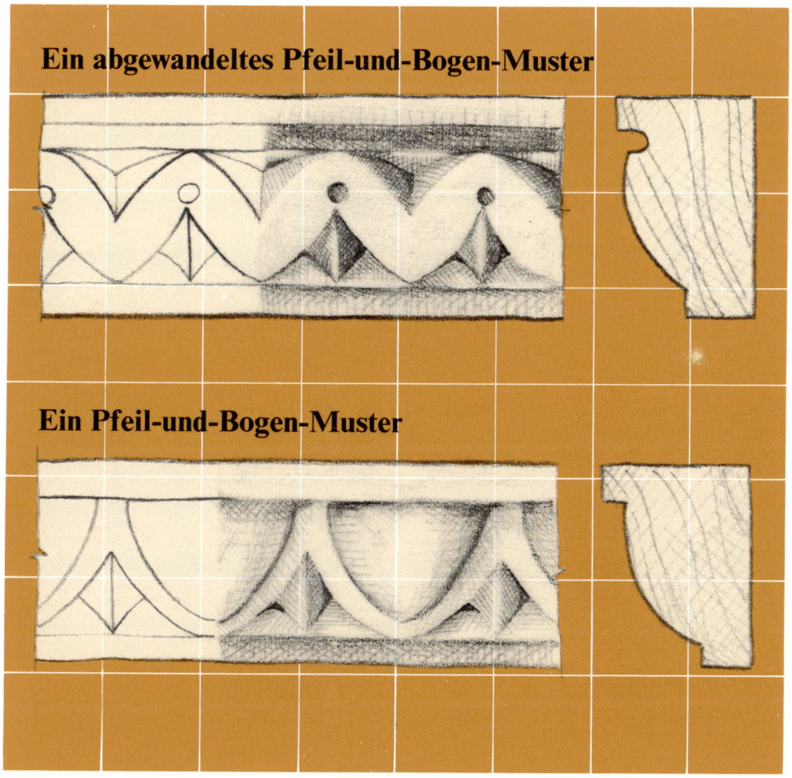

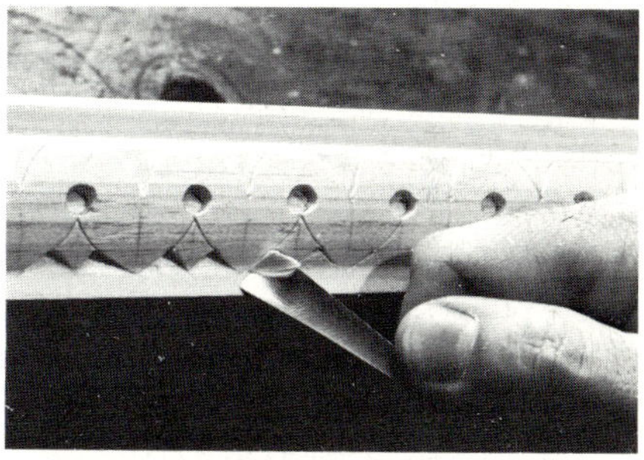

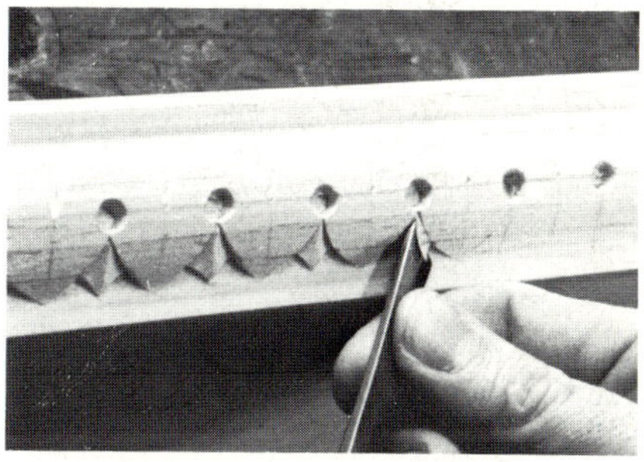

Nachdem Sie die Dreiecke am oberen Rand eingeschnitten haben, machen Sie mit dem Schwalbenschwanz Nr. 5, 10 mm, gekurvte Senkrechtschnitte am unteren Rand. Holen Sie die Späne an beiden Seiten des Pfeils heraus (oben) und nehmen Sie zwei kleine Späne an seiner Oberfläche ab (unten).

Typische Faltenmuster

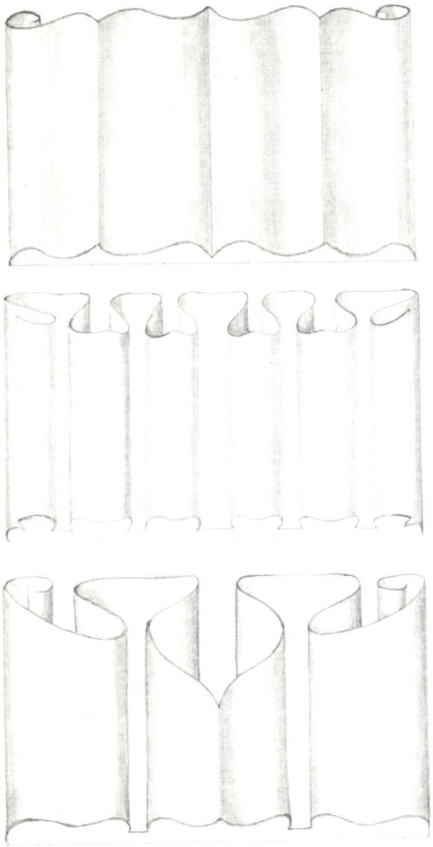

Ein Faltenmuster-Paneel

Geschnitzte Faltenmuster-Paneele sollen den Eindruck einer wogenden Faltenwand aus Stoff vermitteln. Sie gehen auf französische und holländische Holzbildhauer in der Zeit der frühen Gotik zurück, in der sie die dekorativen Formen mit Stoff drapierter Altäre nachahmen sollten. Manche Faltenmuster haben noch kompliziert geschnitzte Ränder, die Stickereien darstellen sollen. Derartige Schnitzereien waren auch bei englischen Holzbildhauern sehr beliebt, so daß sie zu einem untrüglichen Kennzeichen des Tudorstiles wurden. Während die damals geschnitzten Faltenmuster noch realistische Nachahmungen ihrer Vorbilder aus Stoff waren, wurden sie später immer mehr stilisiert und verloren dadurch ihre Ähnlichkeit mit den Drapierungen.

Faltenmuster wurden für gewöhnlich in rechteckige Paneele eingeschnitzt und dann in Falzrahmen eingesetzt. Die Muster wurden oft in der Länge variiert und sowohl für Wandvertäfelungen in europäischen Herrenhäusern und Kirchen verwendet als auch als Füllungen in Türen, Schränken, Betten, Wandschirmen und anderen alltäglichen Möbelstücken.

Das Schnitzen eines Faltenmusters geschieht in zwei Stufen. Zunächst werden die langen Falten herausgehobelt, dann schnitzt man mit einem Hohleisen die Faltenenden. Um ein Brett in der benötigten Größe zu erhalten, kann es notwendig sein, daß Sie mehrere Bretter aneinanderleimen müssen. Dabei müssen Sie darauf achten, daß die Kanten der einzelnen Bretter gut glattgehobelt sind und ihre Faserrichtung aufeinander abgestimmt ist, wie dies auf Seite 150 bespro-

Die Körnung auf diesem Faltenmuster aus dem 15. Jahrhundert vermittelt den Eindruck eines bestickten Gewebes. (Foto mit freundlicher Genehmigung des Metropolitan Museum of Art, The Cloisters Collection, 1925.)

Eine Spanische Wand. (Geschnitzt von Peter Mansbendel. Foto mit freundlicher Genehmigung der University of Texas, Institute of Texan Cultures in San Antonio.)

chen wurde. Lassen Sie die Faserrichtungen beim Zusammenleimen der Kanten sich abwechseln, um ein späteres Verwerfen zu verhindern. Spannen Sie die Bretter während der Trocknungszeit des Leims mit Zwingen oder Knechten zusammen.

Um ein Paneel in der benötigten Breite zu erhalten, können mehrere schmale Bretter zusammengeleimt werden. Hobeln Sie die Kanten glatt und spannen Sie die Bretter bis zum Trocknen des Leims mit Zwingen oder Knechten zusammen.

Der Entwurf

Bei Faltenmustern ist ein genauer Entwurf sehr wichtig, weil man das Endresultat der Arbeit erst im letzten Stadium begutachten kann. Zeichnen Sie sich den Querschnitt im Maßstab 1 : 1 auf, um sich über die Tiefe der Falten klarzuwerden, und machen Sie auch einen genauen Entwurf der Faltenenden. Sie können dabei unter vielen traditionellen Vorbildern auswählen. Ein paar Beispiele habe ich gebracht. Wichtiger Bestandteil des Charmes eines gotischen Faltenmusters sind die kunstvollen Variationen der einzelnen Schnitzereien. Holzbildhauer früherer Epochen haben die Vertäfelungen ganzer Zimmer oder Flure gefertigt, ohne daß das Ganze monoton wirkte, indem sie die Muster jeweils leicht abwandelten. Zum einen wurde ihnen die Arbeit dadurch nie langweilig, und zum anderen bekamen ihre Schöpfungen eine Lebendigkeit, die sie von späteren Nachahmungen wesentlich unterscheidet.

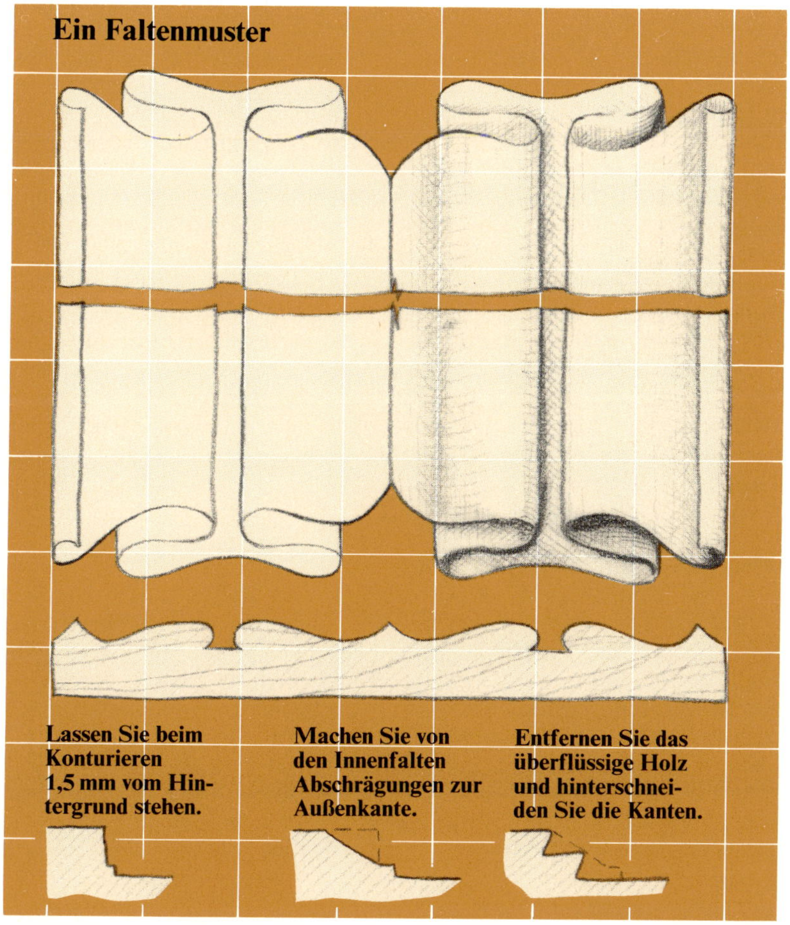

Das Hobeln der Konturen

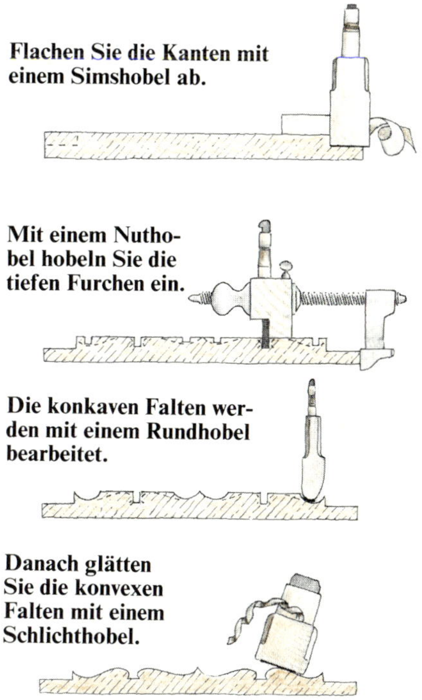

Hobeln Sie mit einem Simshobel einen 18 mm breiten Rand an den Seiten und einen 22 mm breiten Rand an den Paneelenden. Zeichnen Sie am Faltenende den Querschnitt ein und hobeln Sie mit einem Nuthobel die größten Vertiefungen aus. Mit einem Rundhobel höhlen Sie danach die Konturen aus.

Das Heraushobeln der Konturen

Das abgebildete Faltenmuster habe ich aus einem Brett von rund 46 × 23 × 2 cm gefertigt. Reißen Sie zunächst mit einem Streichmaß einen 18 mm breiten Rand an den Seiten und einen 22 mm breiten Rand an den Enden an und falzen Sie die Ränder mit einem Simshobel ab. Sofern Sie das Paneel in eine Türfalz oder einen Möbelrahmen einsetzen wollen, müssen Sie noch etwa 38 mm rundum zugeben.

Spannen Sie zur Führung des Hobels ein glattes, 50 × 25 mm großes Brett auf und achten Sie darauf, daß die Kanten einwandfrei gerade werden. Der Hintergrund sollte zu nicht mehr als einem Drittel bis höchstens zur Hälfte der Brettstärke weggenommen werden. Ich selbst habe etwa 10 mm abgehobelt. Wenn Sie zuviel Holz abhobeln, werden die Falze zu schwach, was sich auf die Standfestigkeit des Paneels ungünstig auswirkt. Hobeln Sie zunächst an den Enden quer zur Faserrichtung, da das Holz dort am leichtesten ausreißt. Diese Risse werden dann entfernt, wenn Sie die Seitenränder abhobeln.

Wenn die Falze gehobelt sind, machen Sie eine Querschnittsschablone, die Sie auf das Holz übertragen. Achten Sie darauf, daß die Schablonen für beide Enden symmetrisch sind und genau übereinstimmen, sonst bekommen Sie verzogene Falten. Lösen Sie die Schraubenmuttern an den Gewindestäben des Profilhobels und stellen Sie Führung und Hobelmesser auf die Distanz von der Seitenkante ein. Drehen Sie die Muttern danach wieder fest und stellen Sie den Tiefenanschlag ein. Plazieren Sie die Führung an der Paneelkante und legen Sie Ihre rechte Hand auf die Rückseite des Hobels, mit ihren Fingern um die Mutter. Umfassen Sie die Führung nahe der Vorderkante mit der linken Hand und pressen Sie sie gegen die Paneelkante, während Sie den Hobel mit der rechten Hand vorwärtsschieben. Hobeln Sie nun die Nuten, die bis zur tiefsten Stelle des eingezeichneten Querschnitts gehen, bis der Hobel sich nicht mehr weiterbewegen läßt.

Machen Sie die weiteren Nuten parallel und gleich tief wie die ersten. Danach hobeln Sie mit einem 18-mm-Rundhobel vorsichtig die konkaven Falten rund. Dafür muß das Hobelmesser sehr scharf sein. Die Hobelsohle schmieren Sie am besten mit Paraffin oder Skiwachs ein, damit sie leicht gleitet und die Schnitte sauber werden. Anschließend hobeln Sie mit einem kleinen Putzhobel die konvexen Flächen heraus. Riefen, die die Hobel hinterlassen haben, säubern Sie mit einem 12-mm-Stecheisen oder einem Hohleisen Nr. 5.

Das Schnitzen der Faltenenden

Fertigen Sie eine Schablone für die Endstücke an und übertragen Sie sie auf das Holz. Konturieren Sie alle Linien mit einem Hohleisen Nr. 7, 6 mm, einem Eisen Nr. 5, 20 mm, und einem Klüpfel. Diese Vertikalschnitte sollten 3 bis 6 mm tief sein. Danach stechen Sie das überflüssige Holz horizontal von den Kanten her weg. Beim Konturieren müssen Sie etwa 1,5 mm vom Hintergrund stehenlassen, weil die Umrisse der Faltenenden später hinterschnitten werden, um sie vom Hintergrund abzusetzen und den Anschein größerer Tiefe zu erzeugen. Wenn Sie die Konturierschnitte zu tief machen, werden sie nach dem Hinterschneiden sichtbar.

Runden Sie die konturierten Kanten mit einem Hohleisen Nr. 7, 14 mm, ab, indem sie von der inneren zur äußeren Falte geschwungene Schrägen stechen. Lassen Sie dabei eine Stufe von mindestens 1,5 mm stehen, wie in der Zeichnung auf Seite 195 dargestellt. Zeichnen Sie auf der abgeschrägten Oberfläche die S-Kurven der Faltenenden ein, dann umreißen Sie die Konturen mit einem 6-mm-Geißfuß. Beginnen Sie die Schnitte an den Faltenkanten und schneiden Sie zur Mitte hin, um Risse zu vermeiden. Kerben Sie die Konturen mit einem Hohleisen Nr. 7, 6 mm, und einem Schwalbenschwanz Nr. 5, 10 mm, ein. Dann machen Sie mit einem Hohleisen Nr. 3, 5 mm, waagerechte Einschnitte, um das überflüssige Holz herauszuholen.

Als nächstes glätten Sie die konvexen Oberflächen der Falten mit einem kleinen Putzhobel. Riefen, die der Hobel hinterläßt, können Sie mit einem Stecheisen oder einem Hohleisen Nr. 5 beiarbeiten.

Zeichnen Sie die Faltenenden ein (ganz oben). Konturieren Sie sie etwa 6 mm tief und machen Sie mit einem Hohleisen Nr. 7, 14 mm, eine Abschrägung von der Falteninnenkante zur Außenkante (links). Dann umreißen Sie die Faltenkanten mit einem Geißfuß von außen nach innen (oben).

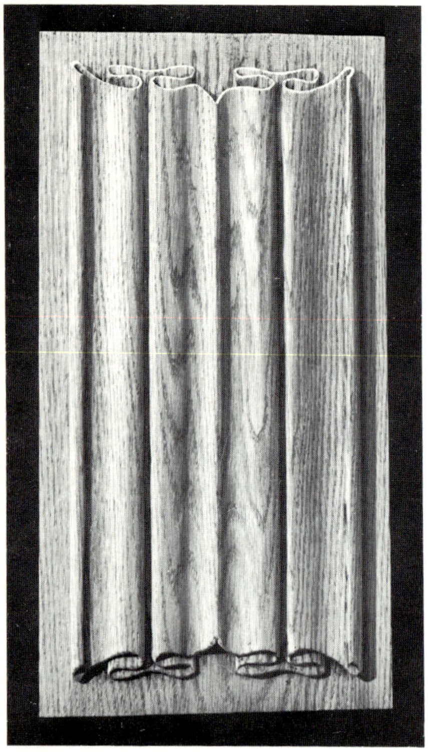

Stehengelassene Bearbeitungsspuren verleihen der Holzoberfläche eine interessante Struktur.

Mit einem verkehrt gekröpften Hohleisen Nr. 5, 8 mm, begradigen Sie die vertikalen Kanten der Innenfalten und hinterstechen sie dabei leicht. Mit einem solchen Eisen schnitzt man genau umgekehrt wie mit einem löffelförmig gebogenen. Üben Sie die Schnitte zuvor. Sie können für das Hinterstechen auch ein nicht gebogenes Schnitzeisen benutzen, aber dabei besteht die größere Gefahr, daß das Holz splittert, weil Sie mit diesem Eisen mehr Druck auf die dünne Kante ausüben. Hinterstechen Sie dann noch die Außenkanten und säubern und glätten Sie unebene Stellen mit einem Hohleisen Nr. 3, 5 mm.

Als letzten Schritt schrägen Sie die Faltenkanten mit einem Stecheisen oder einem Hohleisen leicht ab. Die Abschrägung reflektiert das Licht, womit die Kanten auch aus der Entfernung deutlicher sichtbar sind. Gerade Kanten sind fast unsichtbar, und damit würde der beabsichtigte Eindruck von Stoffkanten verlorengehen. Irgendwelche rauhen Stellen auf dem Schnitzstück schmirgeln Sie mit Schleifpapier glatt. Dies gilt aber nicht für die Werkzeugspuren, die Sie stehenlassen sollten. Sie verleihen der Holzoberfläche zusätzlich eine interessante Struktur. Die Schönheit eines geschnitzten Faltenmusters liegt in der Einfachheit seiner Ausführung und der Lebendigkeit seiner Details.

Die Oberfläche des Paneels versiegele ich mit einem Terpentinöl, dann poliere ich sie mit Wachspaste. Haben Sie die Absicht, es als Wandpaneel zu benutzen oder in ein Möbelstück einzusetzen, sollten Sie die Oberflächenbehandlung erst nachträglich vornehmen, und zwar entsprechend der Behandlung, die die umgebenden Teile erfahren haben.

Hinterstechen Sie die Faltenenden mit einem verkehrt gekröpften Hohleisen Nr. 5, 8 mm (oben), dann bringen Sie an den Kanten mit einem Stecheisen oder einem Hohleisen Abschrägungen an, die das Licht reflektieren (rechts).

Die Zierleiste neben der Tür besteht aus einer Abwandlung des verschlungenen Bandmusters. An jedem Ende befindet sich ein verschlungener Knoten, der die Aufmerksamkeit des Betrachters auf das Muster selbst zurücklenkt. Details dieser Art müssen vorher sorgfältig überlegt werden, damit das Muster auf einer Zierleiste nicht unvermittelt abbricht und damit einen unschönen Anblick bietet. Die Länge kann nach Belieben gestaltet werden, so daß man das Muster auf Zierleisten jeder Art verwenden kann.

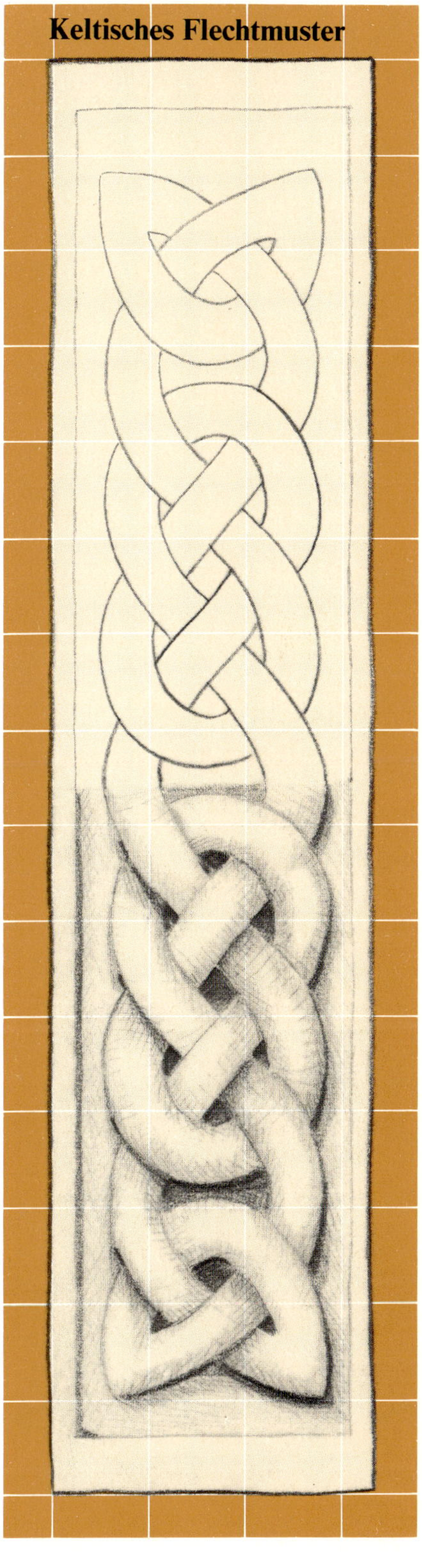

Stichwortverzeichnis